普通高等教育“十二五”系列教材

无机与分析化学实验

主　编　李　荣
参　编　杨　云　闻　燕　许公峰

机　械　工　业　出　版　社

本书主要内容包括化学实验基础知识和基本操作、实验两部分。实验部分又分为无机化学实验（10个实验）、分析化学实验（16个实验）、综合化学实验（6个实验）和趣味化学实验（4个实验）四部分。无机化学实验部分以无机盐及配合物的制备，以及根据化学原理测定平衡常数为主，注重基本操作和基本技能的训练。分析化学实验部分强化定量分析的“量”的概念和数据的正确记录与处理，以酸碱滴定分析、配位滴定分析、氧化还原滴定分析和重量分析等化学分析法为主，同时加强分光光度法的学习与训练。综合化学实验部分涉及了X射线单晶衍射仪、红外光谱仪和紫外光谱仪等大型仪器的使用，旨在培养学生分析问题和解决问题的能力，锻炼学生独立思考和综合运用的科研能力。趣味化学实验的引入，能使学生对化学实验由最初的学习认识上升到感兴趣和喜爱。

本书系高等学校生物工程、食品科学、制药工程、生物技术及应用化学等专业的无机与分析化学实验教材，也可供各类大专院校及相关人员作为教材或参考书使用。

图书在版编目（CIP）数据

无机与分析化学实验/李荣主编．—北京：机械工业出版社，2014.9（2025.9重印）

普通高等教育“十二五”系列教材

ISBN 978-7-111-48003-7

Ⅰ.①无…　Ⅱ.①李…　Ⅲ.①无机化学-化学实验-高等学校-教材②分析化学-化学实验-高等学校-教材　Ⅳ.①061-33②0652.1

中国版本图书馆CIP数据核字（2014）第214579号

机械工业出版社（北京市百万庄大街22号　邮政编码100037）

策划编辑：王玉鑫　杨晓昱

责任编辑：王玉鑫　陈　洁　责任校对：李锦莉

封面设计：马精明　　　　　责任印制：李　昂

北京华宇信诺印刷有限公司印刷

2025年9月第1版·第12次印刷

184mm×260mm·12印张·285千字

标准书号：ISBN 978-7-111-48003-7

定价：37.00元

电话服务

客服电话：010-88361066

010-88379833

010-68326294

网络服务

机　工　官　网：www.cmpbook.com

机　工　官　博：weibo.com/cmp1952

金　书　网：www.golden-book.com

机工教育服务网：www.cmpedu.com

前　言

有关生物、食品、制药及应用化学等专业的《无机及分析化学实验》、《无机化学实验》和《分析化学实验》的书籍有很多，在我们的实验教学中我们参考了很多书，同时根据学生做实验的情况于1995年编写了《无机化学实验》和《分析化学实验》实验讲义，并在多年的教学中随学生学习状态的改变而不断进行改写完善。我们的实验讲义得到了学生的认可，收到了很好的教学效果，在此基础上我们编写了这本《无机与分析化学实验》书，使我们的成果能让更多的学生来分享。

我们的书秉承了现有书籍的精髓和根本，着眼于实验的特点，加进去实验流程图和数据记录与处理的表格。面对大学一年级的学生，使他们在预习实验时很直观地知道怎么去做实验，又如何处理实验数据，即使在中学阶段没有做过化学实验的学生，也能清晰地知道用什么仪器如何去操作。我们真实地看到了学生在实验课上不再紧张怵头，而是轻松愉快地做实验。让刚走进大学校门的学生对实验产生兴趣，不仅奠定了他们未来走向科学研究的基石，更是我们教育工作者义不容辞的责任。

我们的《无机与分析化学实验》以无机化学的基本原理为主线，注重基本操作和基本技能的训练。无机化学部分以无机盐及配合物的制备，根据化学原理测定平衡常数为主。分析化学部分强化定量分析的“量”的概念，数据的正确记录与处理，以化学分析法为主同时加强分光光度法的学习与训练。在此基础上我们还编写了综合实验和趣味实验两部分，旨在培养学生分析问题和解决问题的能力，锻炼学生独立思考和综合运用的科研能力，使学生对化学实验由最初的学习认识上升到有兴趣和热爱。

参加本书编写的有闻燕（负责第1章至第3章的编写、合编第7章和附录），许公峰（负责第6章的编写、合编附录），李荣（负责前言、第4章和第5章的编写、合编第7章），杨云（负责第8章、第9章和参考文献的编写、合编附录），全书由李荣教授策划和统稿。

本书是在无机及分析化学课程组各位老师长期努力下完成的。在这里我们感谢学校及相关部门的支持，特别向提供我们参考书和文献的兄弟学校和作者表示诚挚的感谢。

由于我们水平有限，书中错误和不足之处在所难免，请读者谅解及批评指正。

编者

2014年6月

目　　录

第 1 部分

化学实验基础知识和基本操作

第1章 化学实验规则和安全知识

1.1 化学实验规则

（1）实验前要认真预习，明确实验目的和要求，弄懂实验原理，了解实验方法，熟悉实验步骤，并且写出预习报告。

（2）严格遵守实验室各项规章制度，爱护公物，节约化学药品、水、电等。

（3）实验前要认真清点仪器和化学药品，如有破损或缺少，应立即报告指导教师，按规定手续补领。实验时如有仪器损坏，应立即主动报告指导教师，进行登记，换取新仪器，不得擅自拿其他位置上的仪器使用。

（4）实验室要保持肃静，不得大声喧哗。实验应在规定的位置上进行，未经允许，不得擅自挪动。实验时要认真观察，如实记录实验现象。使用仪器时，应严格按照操作规程进行。化学药品应按规定量取用，无规定量的，应本着节约的原则，尽量少用。

（5）保持实验室整洁、卫生和安全。实验后应将仪器洗刷干净，将化学药品放回原处，摆放整齐，用洗净的湿抹布擦净实验台。实验过程中的废纸等固体垃圾，要放入废物桶内，以免堵塞水池或弄脏地面；规定回收的废液要倒入废液缸（或瓶）内，以便统一处理。严禁将实验仪器、化学药品擅自带出实验室。

（6）实验结束后，学生轮流值日，值日生清扫地面和整理实验室，检查水龙头、门、窗是否关好，电源是否切断，在得到指导教师许可后方可离开实验室。

1.2 化学实验室安全知识

1. 实验室安全守则

化学实验要用到各种化学药品、电器设备、玻璃仪器及水、电等，这些都具有潜在的危险。进入化学实验室的每位学生都必须高度重视实验室安全问题，安全意识要贯穿整个化学实验，要像重视实验本身一样认真阅读实验教材中有关的安全指导，熟悉实验的操作步骤和操作方法，了解有关化学药品的性能及实验中可能碰到的各种危险，一定要遵守如下规则：

（1）熟悉实验室环境，了解与安全有关的设施（如水、电的总开关，以及消防用品、急救箱等）的位置和使用方法。

（2）容易产生挥发性、刺激性物质及有毒气体的实验应在通风橱内进行。

（3）一切易燃、易爆物质的操作应在远离火源的地方进行。

（4）使用强腐蚀性试剂（如浓硫酸、浓硝酸、浓碱和浓过氧化氢等）时，切勿溅在皮肤和衣服上；使用有毒试剂时，应严防其进入口内或伤口。

（5）切勿俯视正在加热的液体，以免溅出的液体烫伤眼、脸。闻气体的气味时，鼻子不能直接对着瓶（管）口。

（6）切勿将各种化学药品随意混合，以防发生意外。

（7）切勿用湿手操作电器设备，以防触电。

（8）实验室内严禁饮食、吸烟、游戏打闹、大声喧哗；实验完毕离开实验室前应将双手洗净。

化学实验室安全守则是人们长期从事化学实验工作的经验总结，是保持良好的工作环境和工作秩序，防止意外事故发生，保证实验安全顺利完成的前提，人人都应严格遵守。

2. 实验室事故的处理

（1）实验室的医药箱　实验室应配备医药箱，以便在发生意外事故时作临时处置之用，不允许随便挪动或借用。医药箱应配备如下药品和工具：

1）药品包括碘酒、红药水、创可贴、止血粉、消炎粉、烫伤油膏、鱼肝油、甘油、无水乙醇、硼酸溶液（1% ~3%，饱和）、2%醋酸溶液、1% ~5%碳酸氢钠溶液、20%硫代硫酸钠溶液、紫草油软膏、硫酸镁糊剂、蓖麻油、20%硫酸镁溶液、1%柠檬酸溶液、5%硫酸铜溶液、1%硝酸银溶液、20%硫酸镁-18%甘油-水-1.2%盐酸普鲁卡因配成的药膏等。

2）工具包括医用镊子、剪刀、纱布、药棉、棉签、绷带、医用胶布等。

（2）中毒、酸与碱的灼伤及其他意外事故的处理　在实验过程中，若感到咽喉灼痛，嘴唇脱色或发紫，胃部痉挛，或者出现恶心呕吐、心悸、头晕等症状时，则可能是中毒所致，经以下急救后，立即送医院抢救。

1）固体或液体中毒。嘴里若还有毒物，应立即吐掉，并且用大量水漱口。碱中毒者，先饮大量水，再喝牛奶；误饮酸者，先喝水，再服氢氧化镁乳剂，最后饮些牛奶；重金属中毒者，喝一杯含几克硫酸镁的溶液，立即就医；汞及汞化合物中毒者，立即就医。用作金属解毒剂的药物见表1-1。

表1-1　金属元素的解毒剂

金属元素	解毒剂	金属元素	解毒剂
铜	*R*-青霉胺	铊、锌	二苯硫腙
镍	二乙氨基二硫代甲酸钠	汞、镉、砷等	2，3-二巯丙醇
铍	金黄素三羧酸	铅、铀、钴、锌等	乙二胺四乙酸合钙酸钠

2）气体或蒸气中毒。若不慎吸入溴蒸气、氯气、氯化氢、硫化氢等气体时，应立即到室外呼吸新鲜空气，必要时进行人工呼吸或送医院治疗。

3）酸或碱灼伤，具体处理如下：

①酸灼伤：先用大量水冲洗，再用饱和碳酸氢钠溶液或稀氨水冲洗，然后浸泡在冰冷的饱和硫酸镁溶液中半小时，最后敷以20%硫酸镁-18%甘油-水-1.2%盐酸普鲁卡因配成的药膏。伤势严重者，应立即送医院急救。酸溅入眼睛时，先用大量水冲洗，再用1%碳酸氢钠溶液洗，最后用蒸馏水或去离子水洗。

②碱灼伤：先用大量水冲洗，再用1%柠檬酸或1%硼酸，或者2%醋酸溶液浸洗，最后用水洗，再用饱和硼酸溶液洗，最后滴蓖麻油。

4）其他意外事故处理。此处具体讲割（划）伤、烫伤和触电的处理方法。

①割（划）伤：化学实验中要用到各种玻璃仪器，不小心则很容易被碎玻璃划伤或刺伤。若伤口内有碎玻璃渣或其他异物，应先取出；轻伤可用生理盐水或硼酸溶液擦洗伤处，

并且用3%的过氧化氢溶液消毒，然后涂上红药水，撒些消炎粉，再用纱布包扎；伤口较深，出血过多时，可用云南白药或止血带止血，并且立即送医院救治。玻璃溅进眼里，千万不要揉擦，任其流泪，速送医院处理。

②烫伤：一旦被火焰、蒸汽、红热玻璃、陶器、铁器等烫伤，轻者可用10%高锰酸钾溶液擦洗伤处，撒上消炎粉，或者在伤处涂烫伤药膏（如氧化锌药膏或鱼肝油等），重者需送医院救治。

③触电：人体若触碰50Hz、25mA交流电时，会感到呼吸困难，100mA以上则会致死。因此，使用电器必须制订严格的操作规程，以防触电。已损坏的接头、插座、插头，或者绝缘不良的电线，必须更换；电线有裸露的部分，必须绝缘；不要用湿手接触或操作电器；接好线路后再通电，用后先切断电源再拆线路；一旦遇到有人触电，应立即切断电源，尽快用绝缘物（如竹竿、干木棒、绝缘塑料管棒等）将触电者与电源隔开，切不可用手去拉触电者。

3. 实验室消防

（1）预防为主，消除隐患　化学实验室是消防安全重点单位，应坚持贯彻预防为主的方针。

1）对一些易燃、易爆的危险化学药品，必须严格按照操作规程进行管理和使用，以防火灾等事故的发生。一些常见的危险化学药品见表1-2所示。

表1-2　危险化学药品的分类、性质与管理

类　别	举　例	性　质	注意事项
爆炸品	硝酸铵、苦味酸、三硝基甲苯	遇高热摩擦、撞击等，引起剧烈反应，放出大量气体和热量，产生猛烈爆炸	存放在阴凉、低处。轻拿轻放
易燃液体	丙酮、乙醚、甲醇、乙醇、苯等有机溶剂	沸点低、易挥发，遇火则燃烧，甚至引起爆炸	存放在阴凉处，远离热源。使用时注意通风，不得有明火
易燃固体	红磷、硫、萘、硝化纤维	沸点低，受热、摩擦、撞击或遇氧化剂，均可引起剧烈连续燃烧、爆炸	存放在阴凉处，远离热源。使用时注意通风，不得有明火
易燃气体	氢气、乙炔、甲烷	因受热、撞击引起燃烧，与空气按一定比例混合则会爆炸	使用时注意通风。钢瓶气不得在实验室存放
遇水易燃品	钠、钾	遇水剧烈反应，产生可燃气体并放出热量，此反应热会引起燃烧	保存于煤油中，切勿与水接触
自燃物品	白磷	在适当温度下被空气氧化放热，达到燃点而引起自燃	保存于水中
氧化剂	硝酸钾、氯酸钾、过氧化氢、过氧化钠、高锰酸钾	具有强氧化性，遇酸、受热及与有机物、易燃品、还原剂等混合时因反应引起燃烧或爆炸	不得与易燃品、爆炸品、还原剂等一起存放
剧毒品	氰化钾、三氧化二砷、氯化汞、氯化钡	剧毒，少量侵入人体（误食或接触伤口）引起中毒甚至死亡	专人、专柜保管，现用现领。用后的剩余物，不论是固体还是液体都应交回保管人，并且应设有使用登记制度

2）煤气开关应该经常检查，保持完好，煤气灯和橡皮管使用前也要仔细检查。发现漏气立即熄灭室内所有火源，打开门窗，关闭煤气总阀。用肥皂水找出漏气处，若不能自己解决，立即告知有关单位及时抢修。

3）大量溢水也是实验室中时有发生的事故。为了保持下水道畅通，应注意水槽的清洁，废纸、碎玻璃等物应扔入废物缸中。化学实验室冷凝管的冷却水不宜开得过大，水压过高时，橡皮管会弹开而引起事故。

（2）自行灭火　当实验室不慎起火时，一定要冷静处置。一方面要抓住起火的初始阶段，妥善自行灭火；另一方面，应根据情况需要及时报火警，争取外援。

由于物质燃烧需要空气和一定的温度，所以，灭火的原则是降温或将燃烧的物质与空气隔绝。以下是一些常见的灭火操作：

1）小火用湿布、石棉布覆盖燃烧物即可灭火，大火可用泡沫灭火器灭火。活泼金属钠、钾、镁、铝等引起的着火，应用干燥的细沙覆盖灭火；有机溶剂着火，切勿用水灭火，而应用二氧化碳灭火器、沙子和干粉灭火器等灭火。

2）在加热时着火，应立即停止加热，关闭煤气总阀，切断电源，把一切易燃易爆物移至远处。

3）电器设备着火，先切断电源，再用四氯化碳灭火器灭火，也可用干粉灭火器或1211灭火器灭火。有关灭火器的常识见表1-3。

表1-3　常用灭火器种类及其适用范围

灭火器种类	适用范围
泡沫灭火器	用于一般失火及油类的灭火。此种灭火器是由硫酸铝和碳酸氢钠溶液作用产生大量的氢氧化铝及二氧化碳泡沫，泡沫将燃烧物质覆盖与空气隔绝而灭火。因为泡沫能导电，所以不能用于扑灭电器设备着火
四氯化碳灭火器	用于电器设备及汽油、丙酮等的灭火。此种灭火器内装液态四氯化碳。四氯化碳沸点低，相对密度大，不会被引燃，所以把四氯化碳喷射到燃烧物的表面，四氯化碳液体迅速气化，覆盖在燃烧物上面而灭火
1211灭火器	用于油类、有机溶剂、精密仪器、高压电器设备的灭火。此种灭火器内装二氟一氯一溴甲烷液化气，灭火效果好
二氧化碳灭火器	用于电器设备失火及忌水的物质的灭火。内装液态二氧化碳
干粉灭火器	用于油类、电器设备、可燃气体及遇水燃烧等物质的灭火。内装碳酸氢钠等物质和适量的润滑剂和防潮剂。此种灭火器喷出的粉末能覆盖在燃烧物上，组成阻止燃烧的隔离层，同时它受热分解出二氧化碳，能起中断燃烧的作用，因此灭火速度快

4）当衣服上着火时，切勿慌张跑动，应赶快脱下衣服或用石棉布覆盖着火处，或者在地上卧倒打滚。

1.3　实验室“三废”的处理

在化学实验室中会遇到各种有毒的废渣、废液和废气（简称“三废”），如不加处理随意排放，就会对周围的环境、水源和空气造成污染，形成公害。“三废”中的有用成分，不加回收，在经济上也是个损失。通过处理，消除公害，变废为宝，综合利用，也是实验室工作的重要组成部分。

1. 废渣处理

有回收价值的废渣应收集起来统一处理，回收利用；少量无回收价值的有毒废渣也应集中起来分别进行处理或深埋于离水源远的指定地点。

(1) 钠屑、钾屑及碱金属、碱土金属的氢化物、氨化物等应悬浮于四氢呋喃中，在搅拌下慢慢滴加乙醇或异丙醇至不再放出氢气为止，再慢慢加水后冲入下水道。

(2) 硼氢化钠（钾）用甲醇溶解后，用水充分稀释，再加酸并放置，此时有剧毒硼烷产生，所以应在通风橱内进行，其废液用水稀释后冲入下水道。

(3) 酰氯、酸酐、三氯化磷、五氯化磷、氯化亚砜等在搅拌下加入大量水冲走。

(4) 沾有铁、钴、镍、铜催化剂的废纸、废塑料，干后易燃，不能随便丢入废纸篓内，应趁未干时深埋于地下。

(5) 对重金属及其难溶盐，能回收的尽量回收，不能回收的集中起来深埋于远离水源的地下。

2. 废液处理

(1) 废酸、废碱液　将废酸液与废碱液中和至 pH6 ~ 8 后排放；如有沉淀应过滤后排放。

(2) 氰化物废液　少量含氰废液可加入硫酸亚铁使之转变为毒性较小的亚铁氰化物冲走，也可用碱将废液调到 pH 大于 10 后，用适量高锰酸钾将氰基氧化。大量含氰废液则需将废液用碱调至大于 pH10 后，加入足量的次氯酸盐，充分搅拌，放置过夜，使氰基分解为碳酸根和氮气后，再将溶液调到 pH6 ~ 8 排放。

$$2CN^- + 5ClO^- + 2OH^- = 2CO_3^{2-} + N_2\uparrow + 5Cl^- + H_2O$$

(3) 含砷废水　处理方法如下：

1) 石灰法。将熟石灰投入到含砷废水中，使之生成难溶的砷酸盐和亚砷酸盐。

$$As_2O_3 + Ca(OH)_2 = Ca(AsO_2)_2\downarrow + H_2O$$
$$As_2O_5 + 3Ca(OH)_2 = Ca_3(AsO_4)_2\downarrow + 3H_2O$$

2) 硫化法。用硫化氢或硫氢化钠作硫化剂，使之生成难溶硫化物沉淀，沉降分离后，调溶液 pH6 ~ pH8，排放。

3) 镁盐脱砷法。在含砷废水中加入足够的镁盐，调节镁砷比为 8 ~ 12，然后利用石灰或其他碱性物质将废水中和至弱碱性，控制 pH9.5 ~ 10.5，利用新生的氢氧化镁与砷化合物共沉积和吸附作用，将废水中的砷除去。沉降后，将溶液调到 pH6 ~ 8 排放。

(4) 含汞废水处理　处理方法如下：

1) 化学沉淀法。在含汞离子的废液中通入硫化氢或加入硫化钠，使汞离子形成硫化汞沉淀。为防止形成二硫化汞负离子，可加入少量硫酸亚铁，使过量硫离子与亚铁离子作用生成硫化亚铁沉淀。过滤后残渣可回收或深埋，滤液调 pH6 ~ 8 后排放。

2) 还原法。利用镁粉、铝粉、铁粉、锌粉等还原性金属，将汞离子，亚汞离子还原为单质汞。

3) 离子交换法。利用阳离子交换树脂把汞离子、亚汞离子交换于树脂上，然后再回收利用。

（5）含铬废水处理 处理方法如下：

1）铁氧体法。在含六价铬的酸性溶液中加硫酸亚铁，使六价铬还原为三价铬，再用氢氧化钠调至 pH6～8，并且通入适量空气，控制六价铬与硫酸亚铁的比例，使其生成难溶于水的组成类似于四氧化三铁（铁氧体）的氧化物（此氧化物有磁性），借助于磁铁或电磁铁可使其沉淀分离出来，达到排放标准（$0.5\ mg \cdot L^{-1}$）。

2）离子交换法：含铬废水中，除含有六价铬外，还含有多种阳离子。通常将废液在酸性条件下（pH2～3）通过强酸性 H 型阳离子交换树脂，除去金属阳离子，再通过大孔弱碱性 OH 型阴离子交换树脂，除去硫酸根等阴离子，流出液为中性，可作为纯水循环再用。

阳离子树脂用盐酸再生，阴离子树脂用氢氧化钠再生，再生后可回收铬酸钠。

3. 废气处理

当做产生有毒气体的实验时，应在通风橱中进行。应尽量安装气体吸收装置来吸收这些气体，然后进行处理。例如，卤化氢、二氧化硫等酸性气体，可以用氢氧化钠溶液吸收后排放；碱性气体用酸溶液吸收后排放；一氧化碳可点燃转化为二氧化碳气体后排放。

1.4 化学试剂的分类、等级和包装

1. 化学试剂的分类

化学试剂是用以研究其他物质的组成、性状及其质量优劣的纯度较高的化学物质。化学试剂的纯度级别及其类别和性质，一般在标签的左上方用符号注明，规格则在标签的右端注明，并且用不同颜色的标签加以区别。

国际纯粹化学与应用化学联合会（IUPAC）对化学标准物质的分类见表 1-4。其中 C 级与 D 级为滴定分析标准试剂，E 级为一般试剂。

表 1-4 IUPAC 对化学标准物质的分类

A 级	原理量标准
B 级	基准物质
C 级	质量分数为 100% ±0.02% 的标准试剂
D 级	质量分数为 100% ±0.05% 的标准试剂
E 级	以 C 级或 D 级试剂为标准进行对比测定所得的纯度或相当于这种纯度的试剂，比 D 级的纯度低

2. 化学试剂的等级

按照化学试剂中杂质含量的多少，我国生产的化学试剂分为 4 个等级（见表 1-5）。

表 1-5 化学试剂的级别

级 别	一级品	二级品	三级品	四级品
英文名称	Guaranteed Reagent	Analytical Reagent	Chemically Pure	Laboratorial Reagent
英文缩写	GR	AR	CP	LR
瓶签颜色	绿色	红色	蓝色	棕色或黄色

随着科学技术的发展，对化学试剂的纯度要求也愈加严格与专门化，因而出现了具有特殊用途的专门试剂。例如，以符号 CGS 表示高纯试剂；以 GC、GLC 表示色谱纯试剂；以 BR、CR、EBP 表示生化试剂等。

实践中应根据实验的不同要求选用不同级别的试剂。在一般的无机化学实验中，化学纯试剂就基本上能符合要求，但在有些实验中则要用分析纯试剂。

3. 化学试剂的包装

化学试剂在分装时，一般把固体试剂装在广口瓶中，把液体试剂或配制的溶液盛放在细口瓶或带有滴管的滴瓶中，而把见光易分解的试剂或溶液（如硝酸银等）盛放在棕色瓶中。每一试剂瓶上都贴有标签，上面写有试剂的名称、规格或溶液的浓度及日期，在标签外面涂上一层蜡或蒙上一层透明胶纸进行保护。

第 2 章　化学实验基本仪器

化学实验中用到的基本仪器见表 2-1。

表 2-1　化学实验基本仪器

仪　器	规　格	主要用途及注意事项
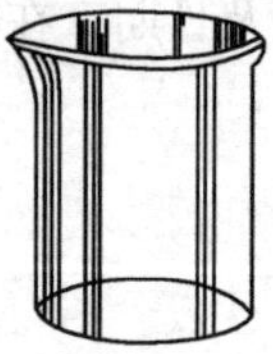 烧杯	以容积表示，如 50mL、100mL、150mL、200mL、400mL、500mL、1000mL、2000mL 等规格。此外还有 1mL、5mL、10mL 等微型烧杯	常温或加热条件下，用作反应物较多时的反应容器，还可以用来配制溶液。 加热时将烧杯外壁擦干，烧杯底部要垫石棉网，所盛反应液体积一般不能超过烧杯容积的 2/3
 圆底烧瓶	以容积表示，如 50mL、100mL、250mL、500mL 等规格	反应容器。反应物较多且需要长时间加热时使用。 可以加热至高温，使用时应注意勿使温度变化过于剧烈；加热时底部垫石棉网或用电热套，使其受热均匀
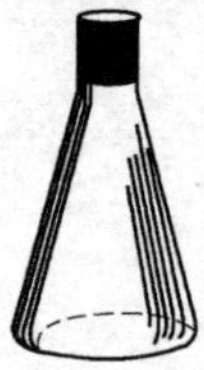 锥形瓶	以容积表示，如 100mL、250mL、500mL 等	反应容器。振荡方便，适用于滴定操作或作为接收器。 加热时底部要垫石棉网，使其受热均匀
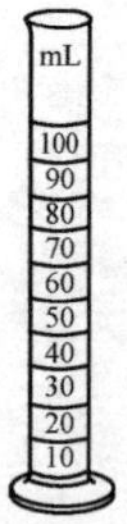  量筒　量杯	以最大容积表示，如 10mL、20mL、50mL、100mL、200mL、500mL 等	用于液体体积的计量。 不能量热的液体，不可加热
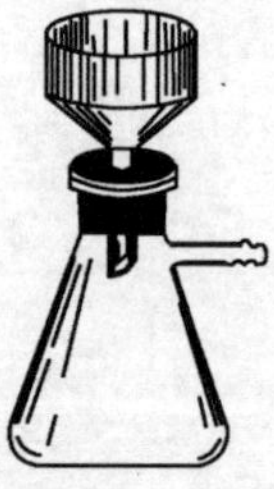 布氏漏斗和吸滤瓶	布氏漏斗规格以直径表示，如 4cm、6cm、8cm、10cm 等。 吸滤瓶规格以容积表示，如 250mL、500mL 等	用于减压过滤，不能用火直接加热

（续）

仪　器	规　格	主要用途及注意事项
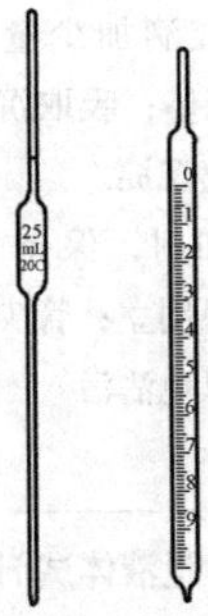 移液管　吸量管	以最大容积表示，如 1mL、2mL、5mL、10mL、25mL、50mL 等	用于精确量取一定体积的液体，常与容量瓶配合使用。 不能加热。管口上无“吹”字样者，使用时，尖端的溶液不允许吹出
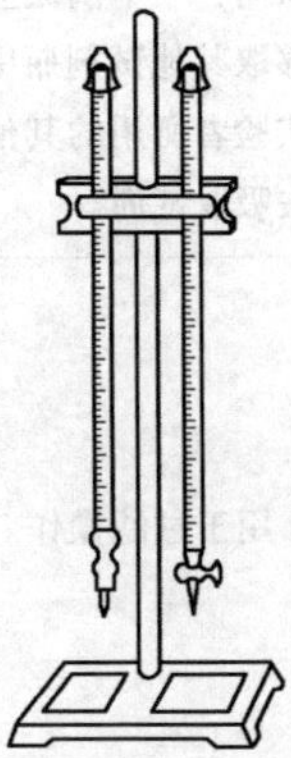 滴定管和滴定管架	常用碱式滴定管（左侧）、酸式滴定管（右侧）。以容积表示，如 25mL、50mL 等。有无色和棕色之分	滴定管用于滴定操作或精确量取一定体积的液体。滴定管架由滴定台与蝴蝶夹组成，用于夹持与固定滴定管。 碱式滴定管盛装碱性溶液或还原性溶液；酸式滴定管盛装酸性溶液或氧化性溶液，不能混用。见光易分解的滴定液应用棕色滴定管盛装。活塞要原配，以防漏液。量取溶液时必须先排除滴定管尖端部分的气泡
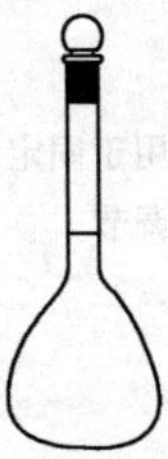 容量瓶	以容积表示，如 25mL、50mL、100mL、250mL、500mL、1000mL 等	用于配制准确浓度的标准溶液或被测溶液，一般与移液管配合使用。 不可直接加热；不能量热的液体；不能在其中溶解固体；定容时溶液温度应与室温一致；不能长时间存储溶液；塞与瓶配套使用，不能更换
 称量瓶	以外径 × 高来表示，如 50mm × 30mm	要求准确称取一定量的固体样品时用。 不能直接用火加热，盖与瓶配套，不能互换

（续）

仪　器	规　格	主要用途及注意事项
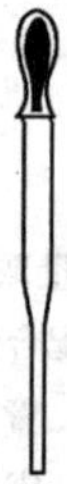 滴管	以管长表示，常用 90mm、100mm	吸取或滴加少量（数滴或 1 ~ 2mL）液体；吸取沉淀后的上层清液以分离沉淀。 滴加时，保持垂直，避免倾斜，尤忌倒立；管尖不可接触其他物体，以免沾污
 滴瓶	以容积表示，如 30mL、60mL、125mL 等。有无色和棕色之分	盛放少量液体试剂。 见光易分解的试剂应用棕色瓶，碱性物质用带橡皮塞的滴瓶。对于无特殊要求的实验，严禁滴管伸入试管口内；一个滴瓶上的滴管不能用来移取其他试剂瓶中的试剂；不能用实验者所用的其他滴管伸入试剂瓶去吸取试剂
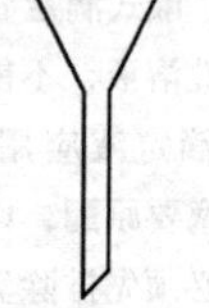 漏斗	以口径表示，如 4cm、6cm 等	漏斗用于过滤操作。不得用火加热
 漏斗架	漏斗架有木制和铁制之分	漏斗架用于固定漏斗，漏斗板的高度可以调节
 干燥器	以直径表示，如 10cm、15cm、18cm 等。分普通干燥器和真空干燥器	存放样品保持干燥。定量分析时，将灼烧过的坩埚或烘干的称量瓶等置于其中冷却。 使用时应检查干燥剂是否失效，注意及时更换。磨口处要涂凡士林。不得放入过热物体。温度较高物体放入后，在短时间内应把干燥器盖打开 1 ~ 2 次，以免干燥器内造成负压

（续）

仪　器	规　格	主要用途及注意事项
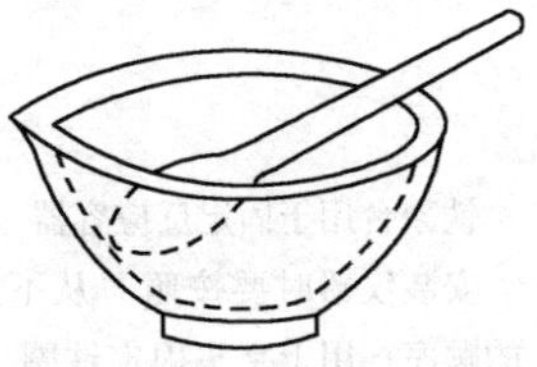 研钵	以口径表示，如9cm、12cm 等。材质有瓷、玻璃、玛瑙等。	用于研磨固体物质。 按固体的性质、硬度和测定的要求选用不同材质的研钵。不能加热。大块物质只能压碎，不能敲击。放入固体的量不能超过容积的 1/3
 坩埚	以容积表示，如 30mL、50mL 等。材质有瓷、铁、铂、镍、银、石英等	用于灼烧固体。 坩埚能直接在泥三角上加热，可耐高温，注意瓷坩埚加热后不能骤冷。应视试样性质选用不同材质的坩埚。取高温坩埚时，坩埚钳要预热
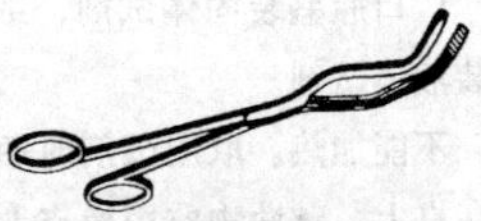 坩埚钳	以长度表示，如 25cm、30cm、35cm 等	坩埚钳用来夹持坩埚和坩埚盖
 蒸发皿	以容积表示，如 50mL、100mL、125mL 等。材质有瓷、石英或金属等，以瓷质常用	用作反应容器，还可用于蒸发液体。 能直接加热，可耐高温，但高温时不能骤冷。根据液体性质不同，选用不同质地的蒸发皿
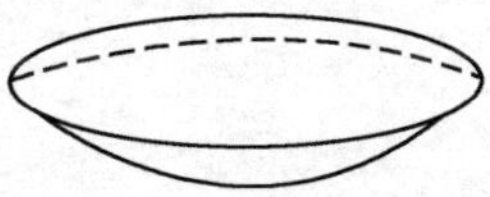 表面皿	以直径表示，如 6mL、7mL、9mL、12cm 等。玻璃质	盖在烧杯或蒸发皿上以防液体溅出。也用来盛放要干燥的固体样品。 不能直接加热
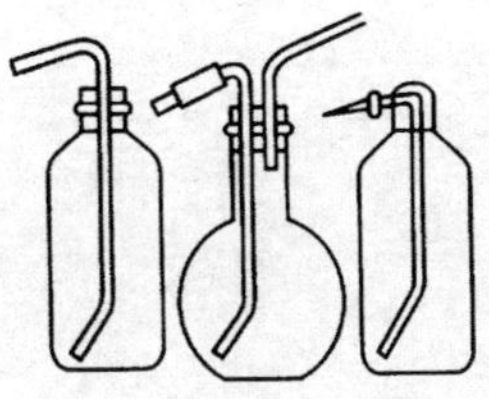 洗瓶	以容积表示，如 250mL、500mL 等	盛装蒸馏水用于洗涤沉淀或容器。 塑料洗瓶不能加热

（续）

仪　　器	规　　格	主要用途及注意事项
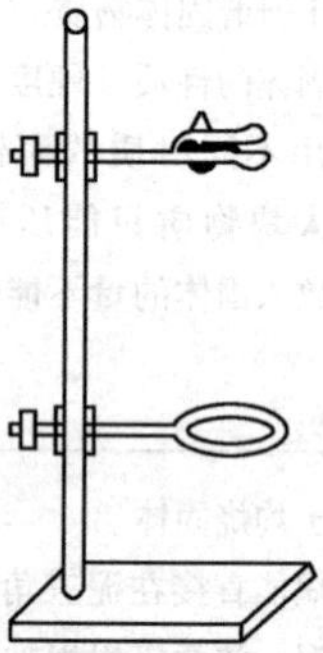 铁架台（铁夹、铁圈）	铁架台以底座、杆长、杆径表示，如底座 170mm × 100mm、杆长 450mm、杆径 10mm 等。铁夹分为大、中、小型号，材质有铁、铜等。铁圈以内径、外径表示，如内径 50mm、外径 60mm 等	铁架台用于固定反应容器。 安装仪器时要按照“从下到上”的顺序；用十字头固定铁圈、铁夹时，要使十字头夹的螺口朝上。可以根据情况适当调整铁圈、铁夹的高度
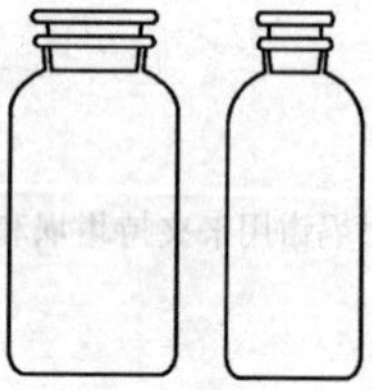 试剂瓶	以容积表示，如 50mL、100mL、500mL 等。玻璃或塑料材质。有无色或棕色及广口或细口之分	广口瓶盛装固体试剂，细口瓶盛装液体试剂。 不能加热。取用试剂时瓶盖倒放在桌上。碱性物质用橡皮塞或塑料瓶。见光易分解的试剂用棕色瓶

第3章 化学实验基本操作

3.1 玻璃仪器的洗涤和干燥

1. 玻璃仪器的洗涤

(1) 洗涤方法的选择 玻璃仪器有以下5种常用的洗涤方法。

1) 用水冲洗。对于可溶性污物可用水冲洗。往玻璃仪器中注入少量（不超过容量的1/3）的水，稍用力振荡后，把水倾出，如此反复冲洗数次。

2) 用肥皂液或合成洗涤剂刷洗。若玻璃仪器上附有不易冲洗掉的沉淀、油污或一些有机污物，可用毛刷蘸取肥皂液或合成洗涤剂来刷洗。

3) 用浓盐酸洗。此种方法可以洗去附着在玻璃仪器壁上的二氧化锰等氧化剂。

4) 用铬酸洗液或王水洗。用肥皂液或合成洗涤剂等仍刷洗不掉污物的，或者因仪器口小或管细而不便用毛刷刷洗的，就要用少量铬酸洗液或王水洗涤。用铬酸洗液或王水洗涤时，可往玻璃仪器内注入少量铬酸洗液或王水，使玻璃仪器倾斜并慢慢转动，让玻璃仪器内壁全部被洗液湿润。再转动玻璃仪器，使铬酸洗液或王水在内壁流动。经流动几圈后，把铬酸洗液或王水倒回原瓶，再用水刷洗或冲洗，决不允许将毛刷放入洗液中。

对沾污严重的玻璃仪器可用洗液浸泡一段时间，用热铬酸洗液进行洗涤，效率更高。当所用铬酸洗液变成暗绿色后，需再生才能使用。

5) 用含高锰酸钾的氢氧化钠水溶液洗。将10g高锰酸钾溶于少量水中，向该溶液中注入100mL 10%氢氧化钠溶液即配成洗涤剂。该洗涤剂适用于洗涤油污及有机物。洗后在玻璃器皿上留下二氧化锰沉淀，可用浓盐酸或亚硫酸钠溶液将其冲掉。

(2) 玻璃仪器洗净的检查 检查仪器是否洗净，可加入少量水振荡一下，将水倒出，如果玻璃仪器透明，器壁不挂水珠，说明已洗净。洗净的玻璃仪器再用少量清水涮洗数次，然后用少量蒸馏水淋洗2~3次。凡是已洗净的玻璃仪器内壁，切勿再用布（或纸）去擦拭，因为布（或纸）的纤维会留在器壁上反而沾污仪器。

2. 玻璃仪器的干燥

(1) 晾干法 通常是将洗净后的玻璃仪器，倒置在干净的仪器柜或搪瓷盘中，让玻璃仪器上残存的水分自然挥发干燥。

(2) 快干法 此方法一般只在实验中临时使用。先将玻璃仪器洗净后倒置控水，注入少量（3~5mL）能与水互溶且挥发性较大的有机溶剂（常用无水乙醇、丙酮或乙醚等），再将玻璃仪器转动使溶剂在内壁流动，待内壁全部浸湿倾出溶剂（应回收），并且擦干玻璃仪器外壁，再用电吹风机的热风迅速将内壁残留的易挥发物赶出，达到快干的目的。

(3) 烤干法 利用加热使水分迅速蒸发而使玻璃仪器干燥。此方法常用于可加热（或耐高温）的仪器，如试管、烧杯、烧瓶等。加热前先将玻璃仪器外壁擦干，然后用小火烤。加热时应用试管夹或坩埚钳将仪器夹住，并且转动使仪器受热均匀。带有刻度的计量仪器不能使用加热的方法进行干燥，以防影响仪器的精度。

（4）烘干法　此方法通常使用电热干燥箱（电烘箱）。一般将洗净的玻璃仪器倒置放入电烘箱内的隔板上，关好门，将箱内温度控制在105℃左右，恒温约半小时即可。厚壁瓷质的仪器不能烤干，但可烘干。

3.2　称量仪器的使用

1. 称量仪器介绍

化学实验室用到的称量仪器有台式天平（又称托盘天平）、光电天平和电子天平。电子天平由于具有性能稳定、灵敏度高、操作方便快捷、精度高等优点，已经在化学实验室得到普及。本节主要介绍电子天平的原理及使用方法。

利用现代电子控制技术进行称量的天平称为电子天平，其称量原理是电磁力平衡原理。当把通电导线放在磁场中时，导线将产生磁力，当磁场强度不变时，力的大小与流过线圈电流的强度成正比。如物体的重力方向向下，电磁力方向向上，两者相平衡，则通过导线的电流与被称物体的质量成正比。

电子天平采用弹性簧片为支撑点，无机械天平的玛瑙刀口，并且采用数字显示代替指针显示。直接称量，全量程不需要砝码，放上被测物质后，在几秒钟内达到平衡，直接显示读数。此外，电子天平还具有自动校正、全量程范围实现去皮重、累加、超载显示、故障报警等功能。电子天平有质量电信号输出，可以与计算机、打印机连接，实现称量、记录和计算的自动化，这些优点是机械天平无法比拟的。故其应用也越来越广泛。

实验室常用的电子天平精度为0.1g、0.01g和0.1mg。前两者称量误差较大，一般用于对称量精度要求不太高的情况。后者精确度较高，常用于分析化学样品称量，因此，这种天平常被称为电子分析天平。

电子天平型号很多，但就其基本结构和称量原理而言，各种型号都差不多。现以岛津的AUY120电子天平为例，具体介绍其构造（见图3-1）及使用方法（见图3-2、见表3-1）。

（1）调水平　调整水平调整螺丝，使水准仪内空气气泡位于圆环中央。

（2）开机　接通电源，轻按一下【POWER】键，显示器全亮并显示“0.000 0g”。如果显示不是“0.000 0g”，则按【O/T】键（去皮键）调零。

（3）预热　天平在初次接通电源或长时间断电后，至少需要预热30min。

（4）校正　因存放时间较长、位置移动、环境变化或为获得精确测量，天平在使用前一般都应进行校准操作。天平校准应在预热30min后进行。

（5）称量　当显示器为零时（或清零后），将称量物轻轻放在称盘中央，待显示数字稳定后，即可读数，记录称量结果。

（6）关机　称量完毕，取下被称物，按一下【POWER】键，让天平处于待命状态，再次称量时，按【POWER】键即可使用。使用完毕，应拔下电源插头，盖上防尘罩，填写仪器使用记录。

2. 称量方法

随被称量样品的性质和实验的要求不同，称量方法也不一样。一般常用的方法如下：

（1）直接称量法　该法主要用于称取在空气中不吸潮、不起氧化作用的物质，如称量瓶、烧杯等固定质量物质的称量。

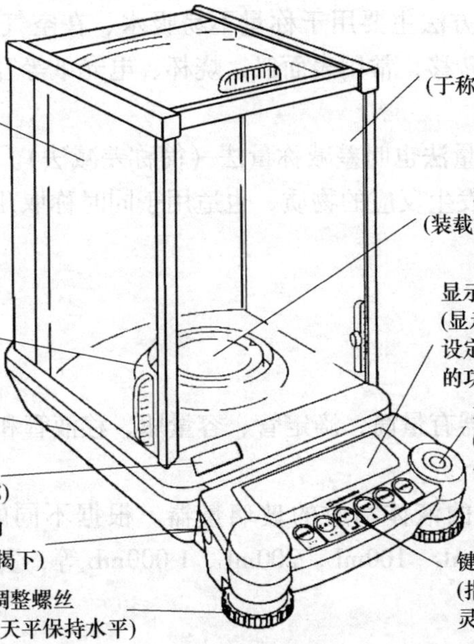

图 3-1　AUY120 电子天平主体的构成

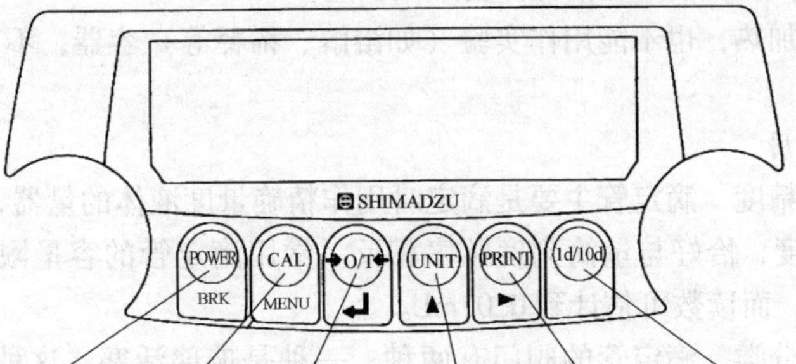

图 3-2　AUY120 电子天平按键

表 3-1　AUY120 电子天平各键功能

操作键	功　能
【POWER】	切换动作/待机
【CAL】	进入灵敏度校准或菜单设定
【O/T】	去皮重（变为零显示）
【UNIT】	切换测定单位
【PRINT】	显示值向电子打印机或计算机等外部设备输出
【1d/10d】	切换 1d/10d 显示（忽略 1 位最小显示）

称量方法：打开电子天平，先按【O/T】键调整读数为零，然后将被称量物放在电子天平的托盘上，待天平读数稳定后，便可直接读出称量样品的质量。

（2）固定质量称量法　该方法主要用于称量不易吸水、在空气中稳定、要求质量一定的试样。为使称样后便于定量转移，常用表面皿、烧杯、电光纸等容器盛接被称量物质。称量方法见实验 11。

（3）递减称量法　递减称量法也叫差减称量法（简称差减法）。该方法主要用于称量易吸水、易氧化或易与二氧化碳发生反应的物质，也适用于同时称取几份同一物质。称量方法见实验 11。

3.3　玻璃量器的使用

化学实验中常用的玻璃量器有量筒、滴定管、容量瓶、移液管和吸量管等。

1. 量筒的使用

量筒是用于量取一定体积的液体物质的玻璃量器。根据不同的需要，量筒的容量有 5mL、10mL、20mL、25mL、50mL、100mL、200mL、1 000mL 等，实验中可根据所取液体的体积选用。

量筒的使用方法如下：

（1）量取液体时，量筒应竖直放置或持直，读数时视线应与液面水平，读取凹面（弯月面）最低处刻度，视线偏高或偏低都会产生误差。

（2）量筒不可加热，也不能用作实验（如溶解、稀释等）容器，不允许量取热的液体，以防止破裂。

2. 滴定管的使用

（1）滴定管的精度　滴定管主要是滴定时用作精确量度液体的量器，刻度由上而下从 0 增大到最大容量限度，恰好与量筒刻度顺序相反。常用滴定管的容量限度为 25mL、50mL，最小刻度为 0. 1mL，而读数可估计到 0. 01mL。

（2）滴定管的分类　滴定管的阀门有两种，一种是玻璃活塞，这种滴定管常称为酸式滴定管；另一种是装在乳胶管中的玻璃小球，这种滴定管常称为碱式滴定管。对于前者，旋转玻璃活塞（切勿将活塞横向移动，以致活塞松开或脱出，使液体从活塞旁边漏失），可使液体沿活塞中间的小孔流出；对于后者，用大拇指与食指稍微捏挤玻璃小球旁侧的乳胶管，使之形成缝隙，液体即可从缝隙流出。若量度对玻璃有腐蚀作用的液体如碱液，只能使用带乳胶管的滴定管（碱式滴定管）。若量度能腐蚀橡皮的液体（如高锰酸钾、硝酸银溶液等），则必须使用带玻璃活塞的滴定管（酸式滴定管）。

（3）滴定管的使用步骤　滴定管的使用有以下 6 个步骤：

1）洗涤。使用滴定管前，根据滴定管的被污染程度，选用洗涤剂、洗液及自来水洗涤，洗净后，管的内壁上不应附着有液滴。

2）检查是否漏水及漏水的处理措施。用自来水洗净后检查是否漏水。如果发现酸管有漏水或活塞转动不灵活的现象，需将酸管活塞拆下，用滤纸擦干活塞和活塞槽，用手指在活塞孔的两边沿圆周涂上一薄层凡士林（不能堵塞小孔）（见图 3-3），将活塞插进塞槽后，向同一方向旋转活塞多次，直至从外面观察全部透明且不漏水。最后，用橡胶圈套在活塞的末端，以防活塞脱落。如果发现碱管漏水，则需要更换玻璃珠和乳胶管。

3）蒸馏水洗涤和润洗。检查活塞不漏水以后，用蒸馏水洗涤3次，每次约10mL。最后用少量滴定用的待装溶液润洗两次，每次约10mL，以免加入滴定管内的待装溶液被沾附于管壁上的蒸馏水稀释而改变浓度。

4）装液。将待装溶液加入滴定管中到刻度“0”以上，开启活塞或挤压玻璃圆球，把滴定管下端的气泡逐出，然后把管内液面的位置调节到刻度“0”处。将滴定管下端的气泡逐出的方法：如果是酸式滴定管，可使滴定管倾斜（但不要使溶液流出），快速开关活塞，气泡就很容易被流出的溶液逐出；如果是碱式滴定管，可把乳胶管稍弯向上，然后挤压玻璃圆球，气泡也可被逐出（见图3-4）。

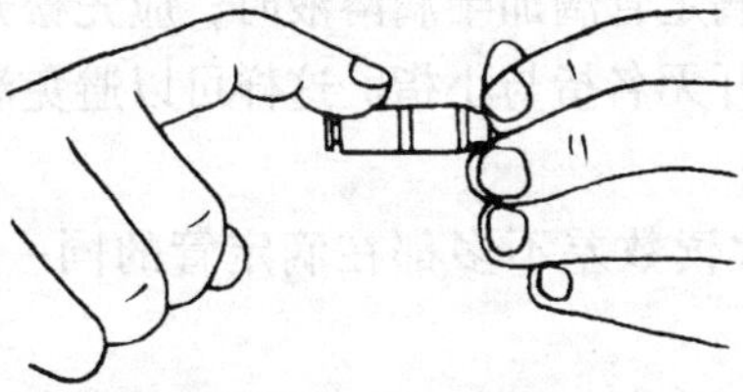

图3-3　酸式滴定管活塞上涂凡士林

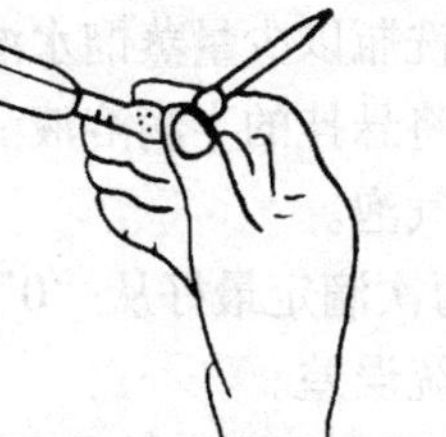

图3-4　赶走碱式滴定管下端气泡

5）读数。常用滴定管的容量为50mL，每一大格为1mL，每一小格为0.1mL，管中液面位置的读数可读到小数点后两位，如34.43mL。滴定前后均需记录读数，读数时，滴定管应保持垂直。视线应与管内液体凹面的最低处保持水平，偏高或偏低都会带来误差。读数时，可以在滴定液体凹面处的后面衬一张白纸，以便于观察。对于有色溶液，其凹面不够清晰，读数时视线与液面两侧的最高点相切，利于读准。

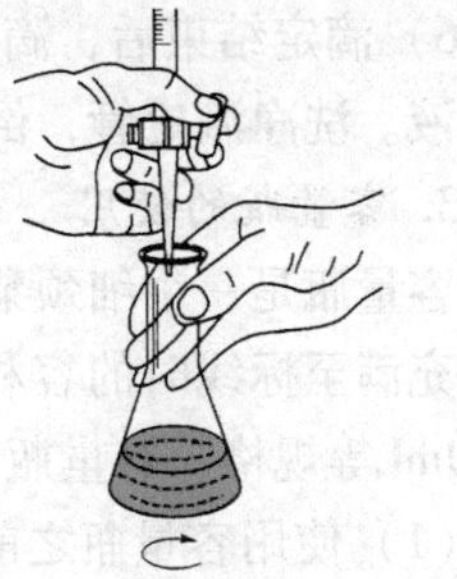

图3-5　酸式滴定管的操作

6）滴定操作。如图3-5所示，使用酸式滴定管时，应用左手控制滴定管的活塞，大拇指在前，食指和中指在后，手指略微弯曲，轻轻向内扣住活塞，手心空握，以免碰活塞使其松动，甚至可能顶出活塞。右手握持锥形瓶，边滴边摇动，向同一方向作圆周旋转，而不能前后振动，否则会溅出溶液。滴定速度一般为10mL/min，即3～4滴/s。临近滴定终点时，应一滴或半滴地加入，并且用洗瓶淋入少量蒸馏水冲洗锥形瓶内壁，使附着的溶液全部流下，然后摇动锥形瓶。如此继续滴定至准确到达终点为止。

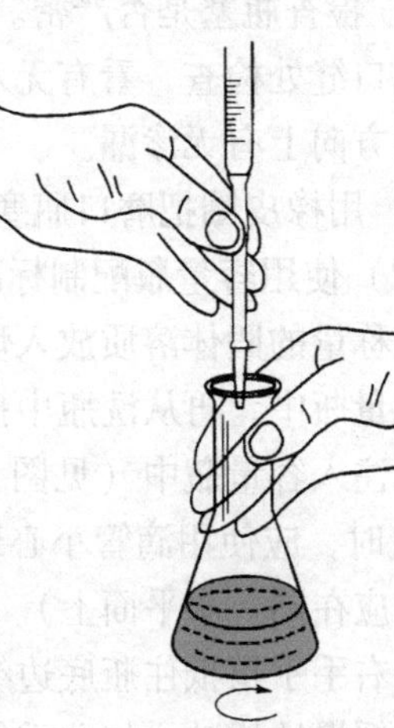

图3-6　碱式滴定管的操作

如图3-6所示，使用碱式滴定管时，左手拇指在前，食指在后，捏住乳胶管中的玻璃球所在部位稍上处，向手心捏挤乳胶管，使其与玻璃球之间形成一条缝隙，溶液即可流出。应注意，不能捏挤玻璃球下方的乳胶管，否则易进入空气形成气泡。为防止乳胶管来回摆动，可用无名指和小指夹住尖嘴的上部。

最后，必须待滴定管内液面完全稳定后，方可读数（在滴定刚完毕时，常有少量沾在滴定管壁上的溶液仍在继续下流）。

（4）滴定管使用注意事项　具体内容如下：

1）滴定开始时，滴定速度可稍快，液滴流出可成串但不能成线，更不能撒手任其自流，而应边摇边滴，让滴入的滴定剂充分接触试液。

2）接近终点（局部出现指示剂颜色转变）时，每加一滴滴定剂，都要注意观察液滴落点周围溶液颜色的变化，充分摇动后再继续滴加。

3）最后每加半滴即摇动锥形瓶，直至溶液出现明显的颜色变化为止。加半滴溶液的方法如下：稍微转动旋塞，使溶液悬挂在滴定管尖嘴上，形成半滴，然后用锥形瓶内壁将其沾落，再用洗瓶以少量蒸馏水淋洗锥形瓶内壁。用碱式滴定管滴加半滴溶液时，应先松开拇指与食指，将悬挂的半滴溶液沾在锥形瓶内壁上，再放开无名指与小指。这样可以避免滴定管尖嘴出现气泡。

4）每次滴定最好从“0”刻度处开始，保证每次读数差不多都在滴定管的同一部位，可消除系统误差。

5）在烧杯中进行滴定时不能摇动烧杯，应将烧杯放在白瓷板上，调节滴定管的高度，使滴定管下端伸入烧杯中心的左后方约 1cm 处。在左手滴加溶液的同时，右手持玻璃棒在右前方作圆周搅动。当加半滴溶液时，用玻璃棒下端盛接悬挂的半滴溶液，放入溶液中搅拌。滴定过程中，玻璃棒上沾有溶液，不能随便拿出。

6）滴定结束后，滴定管内剩余的溶液应弃去，不得将其倒回原试剂瓶中，以免沾污整瓶溶液。洗净滴定管，倒挂在滴定管架台上备用。

3. 容量瓶的使用

容量瓶是一个细颈梨形的平底瓶，带有磨口塞，瓶颈上有一环形标线表示在所指温度下液体充满至标线时的容积（一般为 20℃），通常有 25mL、50mL、100mL、250mL、500mL、1 000mL等规格。容量瓶主要用来精确地配制一定体积和一定浓度的溶液。

（1）使用容量瓶之前的检查和准备工作　具体内容如下：

1）容量瓶容积与所要求的是否一致。

2）检查瓶塞是否严密。在瓶中放水到标线附近，塞紧瓶塞，使其倒立 2min，用干滤纸片沿瓶口缝处检查，看有无水珠渗出。如果不漏，再把塞子旋转 180°，塞紧，倒置，检查在新的方向上有无渗漏。

3）用橡皮圈把磨口瓶塞系在瓶颈上，以防摔碎或张冠李戴。

（2）使用容量瓶配制标准溶液　配制标准溶液时，如果是用固体溶质配制溶液，应先将精确称量的固体溶质放入烧杯中用少量蒸馏水溶解。然后，将杯中的溶液沿玻璃棒小心地注入容量瓶中，再从洗瓶中挤出少量蒸馏水淋洗烧杯及玻璃棒 2～3 次，并且将每次淋洗的蒸馏水注入容量瓶中（见图 3-7）。最后，加水到标准线处。但需要注意，当液面距离标准线 1cm 时，应使用滴管小心地逐滴将水加至凹面最低处与标线相切（观察时视线、液面与标线均应在同一水平面上）。定容以后，如图 3-8 所示，塞紧瓶塞，摇动容量瓶，左手按住瓶塞，右手手指抵住瓶底边缘（不可用手心握住瓶身，以免体温使溶液膨胀），把容量瓶倒置过来缓慢地摇动，如此重复多次，使瓶中的溶液混合均匀。

用容量瓶配制溶液时，未充分混合均匀就进行下一步操作，往往是产生过失误差的主要原因。

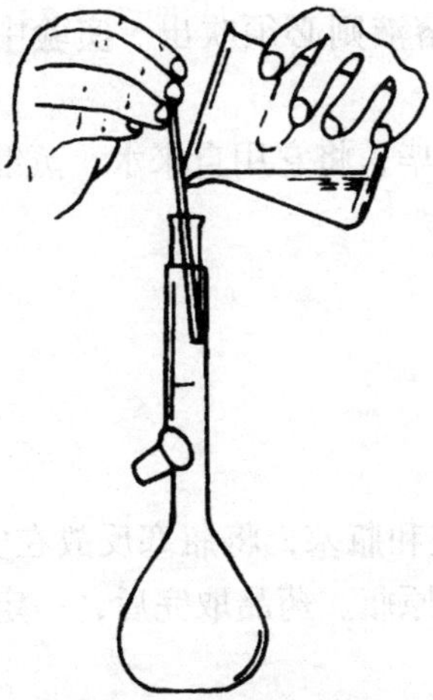

图 3-7　定量转移操作

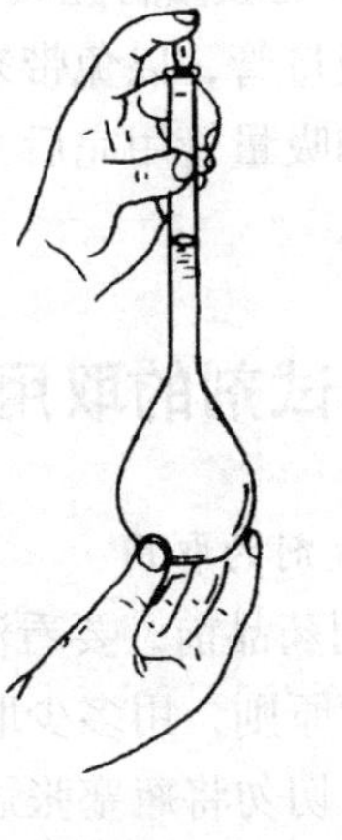

图 3-8　持容量瓶的方法

4. 移液管和吸量管的使用

移液管是中间有膨大部分（称为球部）的玻璃管，球部的上部和下部均为较细窄的管颈，管颈上刻有标线。在标明的温度下，使溶液的凹面与移液管标线相切，让溶液按一定方式自由流出，则流出溶液的体积与管上标明的体积相同。移液管是用来准确移取一定体积溶液的仪器，常用的有 5mL、10mL、25mL、50mL 等规格。

吸量管是具有分刻度的玻璃管。吸量管一般只用于量取小体积的溶液，常用的有 1mL、2mL、5mL、10mL 等规格。有些吸量管的分刻度不是刻到管尖，而是离管尖尚差 1 ~ 2cm。吸量管的准确度不如移液管的高。

使用前，移液管和吸量管都应用蒸馏水洗至整个内壁和其下部的外壁不挂水珠，用滤纸将尖端内外的水吸去，然后用欲移取的溶液涮洗 3 次，以确保所移取溶液的浓度不变。

用移液管移取溶液时，用右手的大拇指和中指拿住管颈上方，将下部的尖端插入溶液中。左手拿洗耳球，先把球中空气压出，然后将球的尖端接在管口，慢慢松开左手使溶液吸入管内。当溶液的液面升高到标线以上时，移去洗耳球，立即用右手的食指按住管口，将移液管下口提出溶液，用干净滤纸片擦去管下端外部的溶液，然后略放松食指，用拇指和中指轻轻捻转管身，使液面平稳下降，直到溶液的凹面与标线相切时，立即用食指压紧管口，使溶液不再流出。取出移液管，插入盛接溶液的器皿中，管下端靠在器皿内壁，此时移液管应垂直，盛接的器皿应倾斜，松开食指，让管内溶液自然沿器壁流下，如图 3-9 所示。待液面下降到管尖后，等 15s 左右再拿出移液管。若移液管上未注明“吹”字，残留在管尖部的溶液不能吹入盛接器皿中，因为在检定移液管的体积时，没有把这部分体积计算进去。

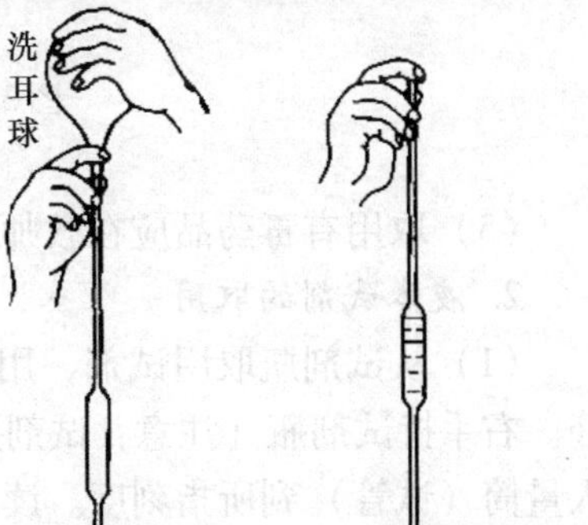

图 3-9　移液管的使用

用吸量管吸取溶液时，基本上与移液管的操作相同。但吸量管上常标有“吹”字，特别是1mL以下的吸量管尤其如此，使用时，管尖部位的溶液则必须吹出。实验中，要尽量使用同一支吸量管，以免带来误差。

移液管和吸量管用完后，应放在指定的位置。实验完毕，将它用自来水、蒸馏水分别冲洗干净。

3.4　化学试剂的取用

1. 固体试剂的取用

(1) 取用药品前，要看清标签。取用时，先打开瓶盖和瓶塞，将瓶塞反放在实验台上。应本着节约的原则，用多少取多少，多取的药品不能倒回原瓶。药品取完后，一定要把瓶塞塞紧、盖严，切勿将瓶塞张冠李戴。

(2) 称量固体试剂时应放在干净的纸或表面皿上，但具有腐蚀性、强氧化性或易潮解的固体试剂应放在玻璃容器内称量。

(3) 要用干燥、洁净的药匙取固体试剂，不能用手接触化学试剂。药匙的两端有大小不同的两个匙，分别用于取大量固体和少量固体（取用的固体要放入小试管时，必须用小匙）。应专匙专用。用过的药匙必须洗净擦干后方可再使用。

(4) 往试管（特别是湿的试管）中加入固体试剂时，可用牛角匙把固体直接加入容器中（如果试管的口径足够大）。往湿的或口径小的试管中加入固体试剂时，为了避免试剂沾在试管上，可将取出的固体试剂放在宽度合适、长度比试管稍长且比较硬的对折的纸片上，然后将其送入试管底部，用手轻轻抽出纸条使纸上固体试剂全部落入管底，如图3-10所示。往试管中加入块状固体时，应将试管倾斜，使固体沿管壁慢慢滑入试管内，以免撞破管底。若固体颗粒较大，则应先放在干燥洁净的研钵中研碎。

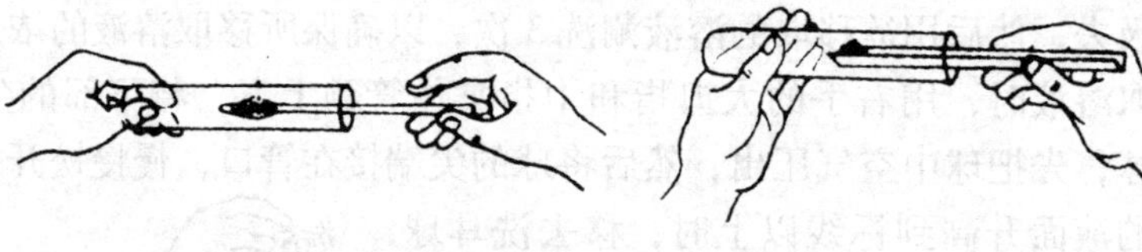

图3-10　往试管中加入固体试剂的操作

(5) 取用有毒药品应在教师指导下进行。

2. 液体试剂的取用

(1) 从试剂瓶取用试剂，用左手持量筒（或试管），并且用大拇指指示所需体积刻度处。右手持试剂瓶（注意：试剂瓶上的标签应向手心以避免试剂沾污标签），慢慢将液体注入量筒（试管）到所指刻度。读取刻度时，视线应与液体凹面的最低处保持水平。倒完后，应将试剂瓶口在容器壁上靠一下，再将瓶子竖直，以免试剂流至瓶的外壁。如果是平顶塞子，取出后应倒置桌上，如瓶塞顶不是扁平的，可用食指和中指（或中指和无名指）将瓶塞夹住（或放在洁净的表面皿上），切不可将它横置桌上。取用试剂后应立即盖上原来的瓶塞，把试剂瓶放回原处，并且使试剂瓶上的标签朝外。应根据所需用量取用试剂，不必多取，如不慎取出了过多的试剂，只能弃去，不得倒回或放回原瓶，以免污染试剂。

（2）从滴瓶中取用少量试剂。瓶上装有专用滴管的试剂瓶称作滴瓶。滴管上部装有橡皮头，下部为细长的管子。使用时，提起滴管，使管口离开液面，用手指紧捏滴管上部的橡皮头，以赶出滴管中的空气，然后把滴管伸入试剂瓶中，放开手指，吸入试剂。再提起滴管，将试剂滴入试管或烧杯中。使用滴瓶时，必须注意下列几点：

1）将试剂滴入试管中时，可用无名指和中指夹住滴管，将它悬空地放在靠近试管口的上方（见图 3-11），然后用大拇指和食指捏橡皮头，使试剂滴入试管中。绝对禁止将滴管伸入试管中。否则，滴管的管端将很容易碰到试管壁上沾附的其他溶液，使试剂被污染。

2）滴瓶上的滴管只能专用，不能和其他滴瓶上的滴管混淆。因此，使用后应立即将滴管插回原来的滴瓶中。

3）滴管从滴瓶中取出试剂后，应保持橡皮头在上，不要平放或斜放，以免试剂流入滴管的橡皮头内。

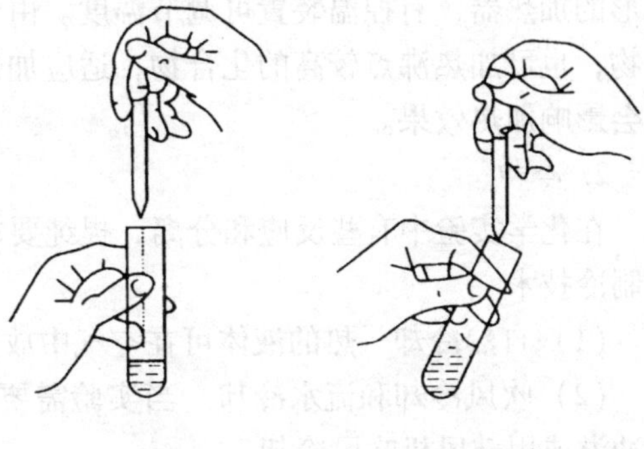

图 3-11　向试管中滴加溶液

（3）定量取用液体时，要用一定规格的量筒或移液管（或吸量管）取。

3.5　加热与冷却

1. 加热

在实验过程中，为了提高反应速度，经常要对反应体系加热。另外，在分离、提纯化合物及测定化合物的一些物理常数时，也常常需要加热。

实验室常用的热源有煤气灯、酒精灯、电炉、电热套等。必须注意，玻璃仪器一般不能用火焰直接加热，因为剧烈的温度变化和加热不均匀会造成玻璃仪器的损坏。为了避免直接加热可能带来的弊端，实验室中常常根据具体情况应用以下不同的间接加热方式。

（1）石棉网加热　把石棉网放在三脚架或铁环上，用煤气灯或酒精灯在下面加热。石棉网上的烧瓶与石棉网之间应留有空隙，以避免由于局部过热引起化合物分解。

（2）水浴　当所加热的温度在 80℃ 以下时，可选用水浴加热。将容器浸入装有水的水浴中，注意勿将容器触及水浴底部，小心加热并保持所需的温度。若需要加热到 100℃，可用沸水浴或水蒸气浴。

（3）油浴　100 ~ 250℃ 加热时可选择油浴。在油浴中放一支温度计，可以通过控制热源来控制油浴温度。如果用明火加热油浴应当十分谨慎，避免发生油浴燃烧事故。

油浴所能达到的最高温度取决于所用油的种类。液状石蜡可加热到 220℃，温度过高不易分解但容易燃烧。固体石蜡也可以加热到 220℃，由于它在室温时是固体，所以加热完毕后，应先取出浸在油浴中的容器。甘油和邻苯二甲酸二丁酯适用于加热到 140 ~ 150℃，温度过高则容易分解。植物油（如菜油、蓖麻油和花生油）可以加热到 220℃，常在植物油中加入 1% 对苯二酚等抗氧化剂，以增加它们在受热时的稳定性。硅油和真空泵油在 250℃ 以上仍较稳定，是理想的浴油，但价格较高。

(4) 沙浴　当加热温度在几百度以上时使用沙浴。将清洁而又干燥的细沙平铺在铁盘上，盛有液体的容器埋入沙中，在铁盘下加热。由于沙子对热的传导能力较差，散热快，所以容器底部的沙子要薄一些，容器周围的沙层要厚一些。尽管如此，沙浴的温度仍不易控制，所以使用较少。

(5) 电热套　电热套是一种较好的热源，它是由玻璃纤维包裹着电热丝织成的碗状半圆形的加热器，有控温装置可调节温度。由于它不是明火加热，因此可以加热和蒸馏易燃化合物，也可加热沸点较高的化合物，适应加热温度范围较广。电热套使用时大小要合适，否则会影响加热效果。

2. 冷却

在化学实验中有些反应和分离、提纯要求在低温下进行，通常根据不同要求，选用合适的制冷技术。

(1) 自然冷却　热的液体可在空气中放置一定的时间，任其自然冷却至室温。

(2) 吹风冷却和流水冷却　当实验需要快速冷却时，可将盛有溶液的器皿放在冷水流中冲淋或用鼓风机吹风冷却。

(3) 冷冻剂冷却　要使反应混合物的温度低于室温，最常用的冷冻剂是冰或冰和水的混合物。后者由于能和器壁接触得更好，冷却效果要比单用冰好。若需要把反应混合物冷却到0℃以下，可用冰盐溶液，如100g碎冰和30g氯化钠混合物可使温度降至-20℃。

3.6　溶解、蒸发浓缩和结晶

1. 固体的溶解

溶解固体样品时，应考虑对大颗粒固体进行粉碎、加热和搅拌等以加速溶解。

(1) 固体的粉碎　若固体颗粒较大，在进行溶解前通常用研钵将固体粉碎。在研磨前，应先将研钵洗净擦干，加入不超过研钵总体积1/3的固体，缓慢沿一个方向进行研磨，最好不要在研钵中敲击固体样品。研磨过程中，可将已经研细的部分取出，较大的颗粒继续研磨。

(2) 溶剂的加入　为避免烧杯内溶液由于溅出而损失，加入溶剂时应通过玻璃棒使溶剂慢慢地流入。如果溶解时会产生气体，应先加入少量水使固体样品润湿为糊状，用表面皿将烧杯盖好，用滴管将溶剂自烧杯尖嘴加入，以避免产生的气体将试样带出。

(3) 加热　物质的溶解度受温度的影响，加热的目的主要在于加速溶解，应根据被加热物质的稳定性选用合适的加热方法。加热时要防止溶液的剧烈沸腾和迸溅，因此容器应该用表面皿盖住。溶解完停止加热以后，要用溶剂冲洗表面皿和容器内壁。另外，加热对物质的溶解并不都是有利的，应该具体情况具体分析。

(4) 搅拌　搅拌是加速溶解的一种有效方法。搅拌时手持玻璃棒并转动手腕，使玻璃棒在液体中均匀地转圈，注意转速不要太快，不要使玻璃棒碰到容器壁发出响声。

2. 蒸发浓缩

用加热的方法从溶液中除去部分溶剂，从而提高溶液的浓度或使溶质析出的操作称为蒸发。蒸发浓缩一般是在水浴上进行的，蒸发速度不仅与温度、溶剂的蒸气压有关，还与被蒸发液体的表面积有关。无机实验中常用的蒸发容器是蒸发皿，它能使被蒸发液体具有较大的表面积，有利于蒸发。使用蒸发皿蒸发液体时，蒸发皿内所盛液体体积不得超过总容量的2/3,若待蒸发液体较多时，可随着液体的蒸发而不断添补。随着蒸发的进行，溶液浓度增加，蒸发到一定程度后冷却，就可析出晶体。当物质的溶解度较大且随温度的下降而变小时，只要蒸发到溶液出现晶膜即可停止；若物质溶解度随温度变化不大，为了获得较多的晶体，需要在晶膜出现后继续蒸发。但是由于晶膜妨碍继续蒸发，应不时地用玻璃棒将晶膜打碎。如果希望得到好的结晶（大晶体）时，则不易过度浓缩。

3. 结晶与重结晶

当溶液蒸发到一定程度冷却后就有晶体析出，这个过程称为结晶。析出晶体颗粒的大小与外界环境条件有关，若溶液浓度较高，溶质的溶解度较小，快速冷却并加以搅拌（或用玻璃棒摩擦容器壁）有利于析出细小晶体。反之，若让溶液慢慢冷却或静置，有利于生成大晶体，特别是加入一小颗晶体（晶种）时更是如此。从纯度来看，快速生成小晶体时由于不易裹入母液及其他杂质而纯度较高，缓慢生长的大晶体纯度较低。但是，晶体太小且大小不均匀时，会形成糊状物，携带母液过多导致难以洗涤而影响纯度。因此，晶体颗粒的大小适中、均匀才有利于得到高纯度的晶体。

当第一次得到的晶体纯度不符合要求时，应重新加入尽可能少的溶剂溶解晶体，然后再蒸发、结晶、分离，得到纯度较高的晶体，这种操作过程称为重结晶。根据需要有时会进行多次结晶。

进行重结晶操作时，溶剂的选择非常重要。只有被提纯的物质在所选的溶剂中具有高的溶解度和温度系数，才能使损失减少到最低；同时，所选的溶剂对于杂质而言，如果是不溶解的，可通过热过滤而除去；如果是很易溶解的，溶液冷却时，杂质会保留在母液中。

重结晶操作的一般步骤如下：

（1）溶液的制备　根据待重结晶物质的溶解度，加入一定量所选定的溶剂（若溶解度大、温度系数大，可加入少量某温度下可使固体全溶的溶剂；若溶解度和温度系数均小，应多加溶剂），加热使其全溶。这个过程可能时间较长，不要随意添加溶剂。

（2）热溶液过滤　若无不溶物此步骤可以省去。需要热过滤时，应防止在漏斗中结晶。

（3）冷却　为得到较好的结晶，一般情况下应缓慢冷却。

（4）干燥　采用抽滤将固体和液体分离，选择合适的洗涤剂洗去杂质和溶剂，再进行干燥。

3.7　沉淀及沉淀与溶液的分离

1. 沉淀

沉淀操作中应注意沉淀剂的加入和沉淀条件的控制，并且确保沉淀完全。如果沉淀剂是一次加入的，则应沿烧杯内壁或沿玻璃棒加到溶液中，以免溶液溅出。加入沉淀剂时，通常左手用滴管逐滴加入，右手用玻璃棒轻轻搅拌溶液，使沉淀剂不至于局部过浓。等反应完全后，静置沉降。在上层清液中再加一滴沉淀剂，如上层清液不变浑浊，即表示沉淀完全，否则必须再加沉淀剂直至沉淀完全。

2. 沉淀与溶液的分离

沉淀与溶液分离的方法有下列几种：

（1）倾析法　当沉淀的相对密度较大或结晶的颗粒较大，静置后能沉降至容器底部时，可用倾析法进行沉淀的分离和洗涤。把沉淀上部的清溶液倾入另一容器内，然后加入少量洗涤液（如蒸馏水）洗涤沉淀，充分搅拌沉降，倾去洗涤液。如此重复操作三遍以上，即可洗净沉淀。

（2）离心分离法　少量沉淀与溶液进行分离时，可先使用离心仪器使沉淀沉降。实验室中常用的离心仪器是电动离心机（见图3-12）。使用时应注意：

1）离心管放入离心机的金属或塑料套管中，位置要对称，质量要平衡，否则易损坏离心机的轴。如果只有一只离心管的沉淀需要进行分离，则可取另一支空的离心管，盛以相应质量的水，然后把两支离心管分别装入离心机的对称套管中，以保持平衡。

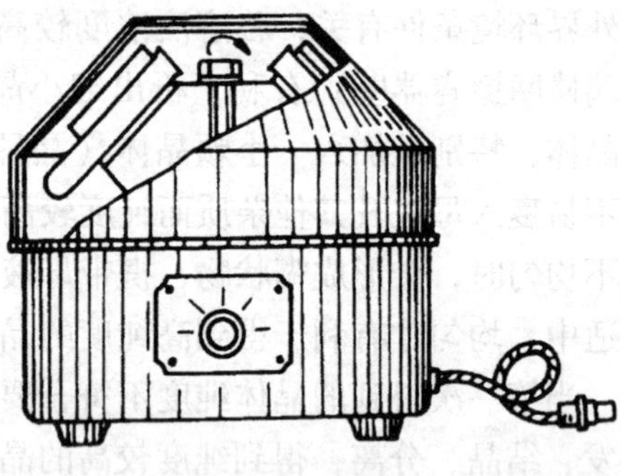

图3-12　电动离心机

2）打开旋钮，逐渐旋转变阻器，使离心机转速由小到大。数分钟后慢慢恢复变阻器到原来的位置，使其自行停止。

3）离心时间和转速，由沉淀的性质来决定。对于结晶形的紧密沉淀，转速为1 000r/min，1～2min后即可停止。而无定形的疏松沉淀，离心时间要长些，转速可提高到2 000r/min。如经3～4min后仍不能使其分离，则应设法（如加入电解质或加热等）促使沉淀沉降，然后再进行离心沉降。

4）离心分离后，将少量沉淀与溶液进行分离的操作步骤：

①溶液的转移。离心沉降后，用吸管把清液与沉淀分开。其方法是，先用手指捏紧吸管上的橡皮头，排除空气，然后将吸管轻轻插入清液（切勿在插入清液以后再捏橡皮头），慢慢放松橡皮头，溶液则慢慢进入吸管中，随试管中溶液的减少，将吸管逐渐下移至全部溶液吸入管内为止。吸管尖端接近沉淀时要特别小心，勿使其触及沉淀（见图3-13）。

②沉淀的洗涤。如果要将沉淀溶解后再作鉴定，必须在溶解之前，将沉淀洗涤干净。常用的洗涤剂是蒸馏水。加洗涤剂后，用玻璃棒充分搅拌，离心分离，清液用吸管吸出。必要时可重复洗几次。

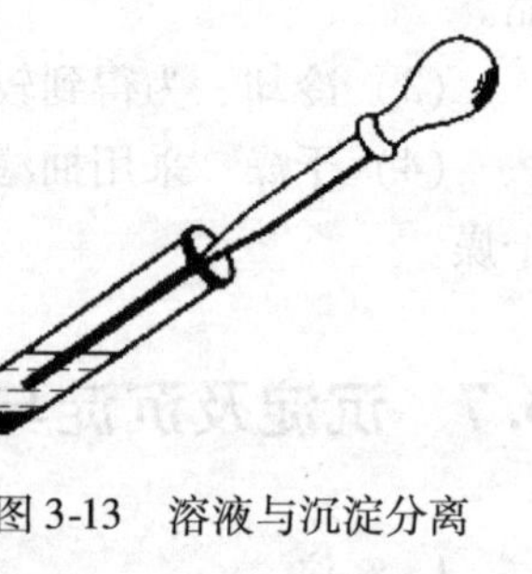

图3-13　溶液与沉淀分离

得到的离心液和沉淀，可根据不同的需要进行适当的处理。

（3）过滤法　常用的过滤方法有减压过滤和常压过滤两种。

1）减压过滤。减压过滤俗称吸滤或抽滤，减压可以加速过滤，还可以把沉淀抽吸得比较干燥。常用的减压过滤装置是由减压装置（循环水真空泵，见图3-14）和吸滤装置（见图3-15）通过橡皮管相连而组成的。循环水真空泵以循环水为工作流体，利用流体射流技术产生负压。循环水真空泵把吸滤瓶中的空气带出，使吸滤瓶内的压力减小，在布氏漏斗内的滤纸面上下形成压力差，从而提高滤速。减压过滤操作过程如下：

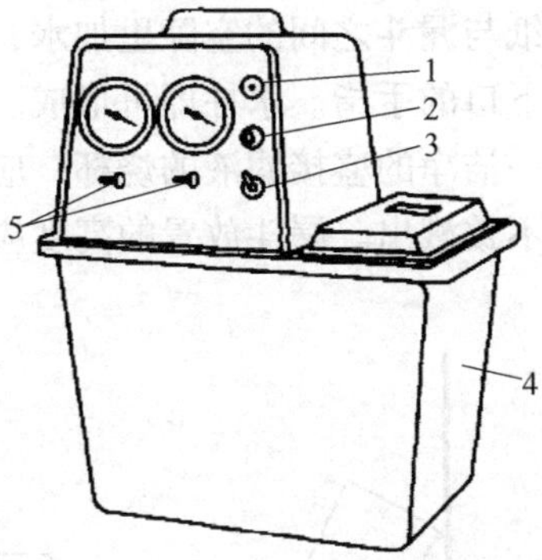

图 3-14　循环水真空泵

1—指示灯　2—保险丝　3—开关

4—水箱　5—抽气头

图 3-15　吸滤装置

1—吸滤瓶　2—布氏漏斗

3—橡皮管　4—接循环水真空泵

①吸滤操作：

a）先剪好一张比布氏漏斗底部内径略小，但又能把全部瓷孔都盖住的圆形滤纸。

b）把滤纸放入漏斗内，用少量水润湿滤纸。打开循环水真空泵，连好装置（注意漏斗端的斜口应对着吸滤瓶的吸气嘴），滤纸便吸紧在漏斗上。

c）过滤时，先将循环水真空泵打开，然后将溶液沿着玻璃棒流入漏斗（溶液不要超过漏斗总容量的2/3），待溶液滤下后，转移沉淀，并且将其平铺在漏斗中，继续抽吸，至沉淀比较干燥为止。滤液在吸滤瓶中的高度不得超过吸气嘴。吸滤过程中，不得突然关闭循环水真空泵，以免自来水倒灌。

d）当过滤完毕时，要记住先拔掉橡皮管，再关循环水真空泵，以防由于吸滤瓶内压力低于外界压力而使自来水吸入吸滤瓶，将滤液污染（这一现象称为倒吸）。

②沉淀洗涤。洗涤沉淀时拔掉橡皮管，加入洗涤液湿润沉淀，并且用玻璃棒轻轻搅拌一下。再接上橡皮管，让洗涤液慢慢透过全部沉淀。最后尽量将沉淀抽干。若沉淀需洗涤多次则重复以上操作，直至达到要求为止。

2）常压过滤。常压过滤是指在常压下用普通漏斗过滤。此方法适合于过滤胶体沉淀或细小的晶体沉淀，但过滤速度比较慢。

①滤纸的折叠与安放。用洁净的手将滤纸对折，然后再对折，展开后成60°角的圆锥体，一边为一层，另一边为三层（见图3-16）。将滤纸放入漏斗，滤纸应与漏斗密合。可把滤纸三层外面两层撕下一角（保存于干燥的表面皿中，备用）使漏斗与滤纸贴紧。滤纸应在漏斗边缘下 0.5～1cm 处。滤纸放好后，手按滤纸三层的一边，从洗瓶吹出少量去离子水润湿滤纸，轻压滤纸，赶出气泡，使滤纸上部与漏斗壁刚好贴合。加去离子水至滤纸边缘，漏斗颈内应全部充满水形成水柱。形成水柱的

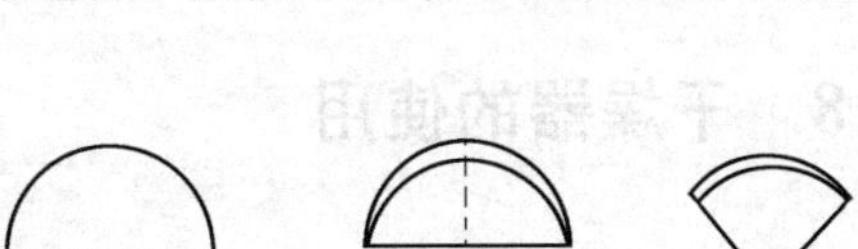

图 3-16　滤纸的折叠与安放

漏斗，可借水柱的重力抽吸漏斗内的液体，使过滤速度加快。如漏斗颈内没形成水柱，可用手指堵住漏斗下口，把滤纸的一边稍掀起，用洗瓶向滤纸与漏斗之间的空隙里加水，使漏斗颈和锥体的大部被水充满，然后压紧滤纸边，松开堵住下口的手指。水柱即可形成。

②安放漏斗。把洁净的漏斗放在漏斗架上，下面放一洁净的盛接滤液的烧杯，应使漏斗颈口斜面长的一边紧贴杯壁，这样滤液可顺杯壁流下，不致溅出。漏斗放置的高度应以其颈的出口不触及烧杯中的滤液为宜。

③过滤。一般采用倾泻法过滤。待沉淀沉降后，将上层清液先倒入漏斗中，沉淀尽可能留在烧杯中。待上层清液倒出后，再往烧杯中加入洗涤液，搅起沉淀充分洗涤，再静置，待沉淀沉降后，再倒出上层清液。这样既可以充分洗涤沉淀，又不致使沉淀堵塞滤纸，从而加快过滤速度。操作过程如图3-17所示。

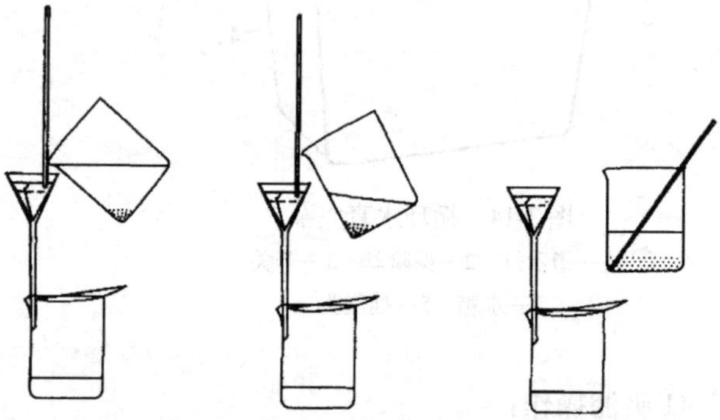
a)　　　　b)　　　　c)

图3-17　过滤

a）玻璃棒垂直紧靠烧杯嘴，下端对着滤纸三层的一边，但不能碰到滤纸　b）慢慢扶正烧杯，但杯嘴仍与玻璃棒贴紧，接住最后一滴溶液　c）玻璃棒远离烧杯嘴搁放

a）右手持玻璃棒，将玻璃棒垂直立于滤纸三层部分的上方，但不要接触滤纸。这样滤液不至于冲破滤纸，玻璃棒也不会碰破滤纸。左手拿起烧杯，让杯嘴贴着玻璃棒，慢慢倾斜烧杯，尽量不使沉淀浮起，将上层清液沿玻璃棒慢慢倒入漏斗。

b）边倒入溶液，边逐渐上提玻璃棒，避免玻璃棒触及液面。当漏斗中液面离滤纸边缘5mm时应停止倒入溶液，待漏斗中溶液液面下降后，再继续倒入。

c）停止倒入时，烧杯不可马上离开玻璃棒，应将烧杯嘴沿玻璃棒向上提1～2cm并慢慢扶正烧杯，然后离开玻璃棒。这样可使烧杯嘴上的液滴顺玻璃棒流入漏斗中。烧杯离开玻璃棒后，再把玻璃棒放回烧杯中，但玻璃棒不应放在烧杯嘴处，更不可随意放在桌面上或其他地方，避免沾在玻璃棒上的少量沉淀丢失和污染。

3.8　干燥器的使用

干燥器是存放干燥物品，防止吸湿的玻璃仪器。干燥器的下部盛有干燥剂（常用变色硅胶或无水氯化钙），上搁一个带孔的圆形瓷板以盛放容器，瓷板下放一块铁丝网以防盛放物下落。干燥器是磨口的，涂有一层很薄的凡士林以防止水汽进入。开启（或关闭）干燥器时，应用左手按住干燥器下部，用右手握住盖上的圆顶沿水平方向平推器盖（见图3-18）。当放入热坩埚时，为防止空气受热膨胀把盖子顶起而滑落，应当用同样的操作两手抵着它，反复推、关盖子几次以放出热空气，直至盖子不再容易滑动为止。搬动干燥器时，不应只捧着下部，而应同时按住盖子（见图3-19），以防盖子滑落。

使用干燥器时应注意：

(1) 干燥器应保持清洁，不得存放潮湿的物品。

图 3-18　干燥器的开启

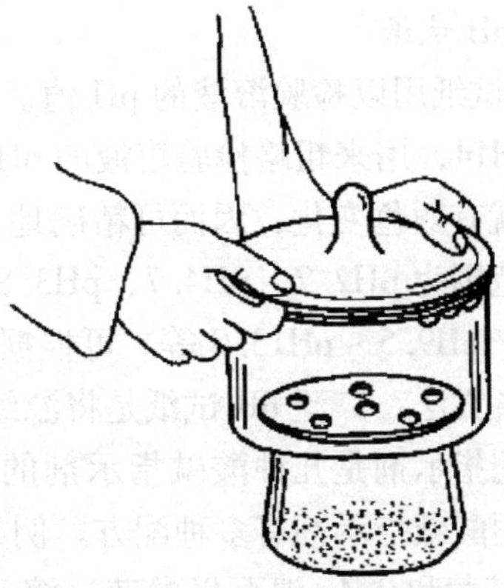

图 3-19　干燥器的搬动

（2）干燥器只在存放或取出物品时打开，物品取出或放入后，应立即盖上。

（3）放在底部的干燥剂，不能高于底部高度的 1/2，以防沾污存放的物品。干燥剂失效后，要及时更换。

3.9　试纸的制备和使用

试纸是浸过指示剂或试剂溶液的小纸片，在无机化学实验中，常使用试纸来定性检验一些溶液的酸碱性或某些物质（气体）是否存在，操作简单，使用方便。

试纸的种类很多，无机化学实验中常用的有石蕊试纸、pH 试纸、醋酸铅试纸和碘化钾-淀粉试纸。

在使用试纸检验溶液的性质时，一般先把一小块试纸放在表面皿或玻璃片上，用蘸有待测溶液的玻璃棒点在试纸的中部，观察颜色的变化，判断溶液的性质。

在使用试纸检验气体的性质时，一般先用蒸馏水把试纸润湿，粘在玻璃棒的一端，用玻璃棒把试纸放到盛有待测气体的试管口（注意不要接触），观察试纸的颜色变化情况来判断气体的性质。

现在就实验室常用试纸的制备和使用方法介绍如下。

1. 石蕊试纸

石蕊试纸用于检验溶液的酸碱性，有红色石蕊试纸和蓝色石蕊试纸两种。红色石蕊试纸用于检验碱性溶液（或气体），其遇碱时变蓝；蓝色石蕊试纸用于检验酸性溶液（或气体），其遇酸时变红。

制备方法：用热的酒精处理市售石蕊以除去夹杂的红色素。倾去浸液，一份残渣与六份水浸煮并不断摇荡，滤去不溶物。将滤液分成两份，一份加稀磷酸或硫酸至变红，另一份加稀氢氧化钠至变蓝，然后将滤纸分别浸入这两种溶液中，取出后在避光且没有酸、碱蒸气的房中晾干，剪成纸条即可。

使用方法：用镊子取一小块试纸放在干燥清洁的点滴板或表面皿上，用蘸有待测溶液的玻璃棒点在试纸的中部，观察被润湿试纸颜色的变化。如果检验的是气体，则先将试纸用去离子水润湿，粘在玻璃棒的一端或用镊子夹持横放在试管上方，观察试纸颜色的变化。

2. pH 试纸

pH 试纸用以检验溶液的 pH 值。pH 试纸分为两类，一类是广泛 pH 试纸，变色范围为 pH1 ~ pH14，用来粗略检验溶液的 pH 值；另一类是精密 pH 试纸，这种试纸在溶液 pH 变化较小时就有颜色变化，因而可精确地估计溶液的 pH 值。根据其颜色变化范围可分为多种，如变色范围为 pH2.7 ~ pH4.7、pH3.8 ~ pH5.4、pH5.4 ~ pH7.0、pH6.9 ~ pH8.4、pH8.2 ~ pH10.0、pH9.5 ~ pH13.0 等。可根据待测溶液的酸碱性，选用某一变色范围的试纸。

制备方法：广泛 pH 试纸是将滤纸浸泡于通用指示剂中，然后取出，晾干，裁成小条而成。通用指示剂是几种酸碱指示剂的混合溶液，它在不同 pH 值的溶液中可显示不同的颜色。通用酸碱指示剂有多种配方。例如，通用酸碱指示剂 B 的配方：1g 酚酞、0.2g 甲基红、0.3g 甲基黄和 0.4g 溴百里酚蓝，溶于 500mL 无水乙醇中，滴加少量氢氧化钠溶液调至黄色。这种指示剂在不同 pH 值溶液中的颜色见表 3-2。

表 3-2 通用酸碱指示剂 B 的颜色

pH	2	4	6	8	10
颜色	红	橙	黄	绿	蓝

通用酸碱指示剂 C 的配方：0.05g 甲基橙、0.15g 甲基红、0.3g 溴百里酚蓝和 0.35g 酚酞，溶于 66% 的酒精中，它在不同 pH 值溶液中的颜色见表 3-3。

表 3-3 通用酸碱指示剂 C 的颜色

pH	< 3	4	5	6	7	8	9	10	11
颜色	红	橙红	橙	黄	黄绿	绿蓝	蓝	紫	红紫

使用方法：pH 试纸与石蕊试纸的使用方法相同。不同之处在于，pH 试纸变色后要和标准色板进行比较，方能得出 pH 值或 pH 值范围。

3. 醋酸铅试纸

用于定性检验反应中是否有硫化氢气体产生（即溶液中是否有硫离子存在）。

制备方法：将滤纸浸入 3% 醋酸铅溶液中，取出后在无硫化氢处晾干，裁剪成条。

使用方法：将试纸用去离子水润湿，加酸于待测液中，将试纸横置于试管口上方，如有硫化氢气体逸出，遇润湿醋酸铅试纸后，即有黑色（或灰色）硫化铅沉淀生成，使试纸呈黑褐色并有金属光泽，反应方程式如下：

$$(CH_3COO)_2Pb + H_2S \longrightarrow PbS(\text{黑色})\downarrow + 2CH_3COOH$$

4. 碘化钾-淀粉试纸

用于定性检验氧化性气体（如氯气、溴气等）。其原理是氧化性气体与之反应生成碘单质，碘单质和淀粉作用呈蓝色。

$$2I^- + Cl_2 = I_2 + 2Cl^-$$

$$2I^- + Br_2 = I_2 + 2Br^-$$

若气体氧化性很强，并且浓度较大，还可进一步将碘单质氧化成碘酸根（无色），使蓝色褪去。

$$I_2 + 5Cl_2 + 6H_2O = 2HIO_3 + 10HCl$$

制备方法：将 3g 淀粉与 25mL 水搅匀，倒入 225mL 沸水中，加 1g 碘化钾及 1g 十水碳酸钠，用水稀释至500mL，将滤纸浸入，取出晾干，裁成纸条即可。

使用方法：先将试纸用去离子水润湿，将其横置于试管口的上方，如有氧化性气体（氯气、溴气）逸出，则试纸变蓝。另外，我们也常利用碘化钾-淀粉溶液和滤纸条，临用时现场制备碘化钾-淀粉试纸。

使用试纸时，要注意节约，除把试纸剪成小条外，用时不要多取，用多少取多少。取用后，马上盖好瓶盖，以免试纸被污染后变质。用后的试纸要放在废液缸（桶）内，不要丢在水槽内，以免堵塞下水道。

第 4 章　常用分析测试仪器

4.1　pH 计

pH 计又称酸度计，是测定溶液 pH 值的常用仪器。它的型号有多种，如梅特勒-托利多 EL20 型、雷磁 PHS-25 型等。各种型号的结构虽有不同，但是基本上都由电极和电计两部分组成。其中，电极是 pH 计的检测部分，电计是指示部分。现以梅特勒-托利多 EL20 型为例进行介绍。

1. 主要技术性能

pH 计测量范围：0. 00 ~ 14. 00。

相对 pH 精度：±0. 01。

pH 计分辨率：0. 01。

温度精度：±0. 5℃。

温度范围：0. 0 ~ 100. 0℃。

温度分辨率：0. 1℃。

校准：最多 3 点校准，4 组预定义缓冲液组。

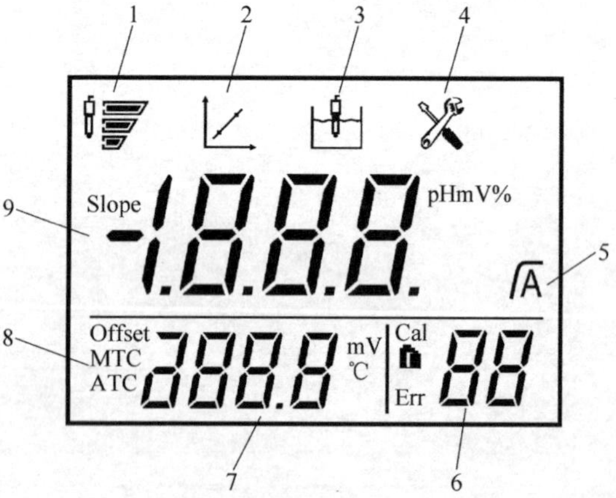

图 4-1　梅特勒-托利多 EL20 型 pH 计显示符号

2. 显示与按键

显示屏显示符号见图 4-1 和表 4-1。

表 4-1　梅特勒-托利多 EL20 型 pH 计显示符号的含义

1——电极状态		

斜率：95% ~105% 零电位：±（0 ~15）mV 电极状态优良	斜率：90% ~94% 零电位：±（15 ~35）mV 电极状态良好	斜率 85% ~89% 零电位：±（>35）mV 电极需要清洁
2——电极校准图标		
3——电极测量图标		
4——参数设置		
5——读数稳定图标/自动终点图标		
6——错误索引/校准点/缓冲液组		
7——测量过程中的温度或校准过程中的零点值		
8——MTC 手动/ATC 自动温度补偿		
9——电极斜率或 pH/mV（氧化还原电位）读数		

pH 计按键符号的含义见表 4-2。

表 4-2　梅特勒-托利多 EL20 型 pH 计按键符号的含义

按键符号	短按	长按 3s	按键符号	短按	长按 3s
读数 /A	读数 确认设置	设置终点方式	设置	设置 向上键选择数值	—
校准	校准	校准数据回显			
退出	退出 开机	关机	模式	向下键选择数值	—

3. 使用方法

（1）校准　短按设置键，当前 MTC 温度值闪烁，按读数键确定。当前预置缓冲液组闪烁，使用设置或模式键来选择其他缓冲液组，按读数键确认选择。

将电极放入缓冲液中，并且按校准键开始校准，校准和测量图标将同时显示。在信号稳定后，仪表根据预选终点方式停止或按读数键停止。按读数键后，仪表显示零点和斜率，然后自动退回到测量界面。

注意：当进行一点校准时，只有零点被调节。如果电极之前进行过多点校准，它的斜率会被保存。否则理论斜率（ -59.16mV/pH）被采纳。长按校准键，仪表将显示斜率和零点值，然后仪表退回到测量界面。

执行上述一点校准后用去离子水冲洗电极，然后将电极放入下一个校准缓冲液中，并且按校准键开始下一点校准。在信号稳定后仪表根据预选终点方式停止或按读数键停止。按读数键后，仪表显示零点和斜率，同时保存校准数据，然后自动退回到测量界面，这样就进行了第二点校准。继续上述操作就可以进行第三点校准。

注意：推荐使用温度探头或带内置温度探头的电极。如果使用 MTC 模式，则应将所有缓冲液和样品溶液保持在相同的设定温度上。

为了确保精确的 pH 读数，应定期进行校准。

（2）样品测量　将电极放在样品溶液中并按读数键开始测量，界面上小数点闪动。自动测量终点 A 是仪表的默认设置。当电极输出稳定后，显示屏自动固定，并且显示样品溶液 pH 值。

按住读数键，可以在自动和手动测量终点模式之间切换。要手动测量一个终点，可长按读数键，显示屏固定并显现 /̄。

pH 测量和 mV 测量稳定性判断：如果信号变化在 6s 内不大于 0.1mV，仪表将达到测量终点。

若在 pH 测量过程中查看 mV 值，只要按模式键即可。若执行 mV 测量，则按与 pH 测量相同的步骤执行。

4.2 分光光度计

下面以 722N 型分光光度计为例介绍其使用方法。

1. 工作原理

722N 型分光光度计的基本原理是溶液中的物质在光的照射下会吸收照射光，而物质对光的吸收具有选择性，不同物质都具有各自的吸收光谱。因此，当某单色光通过溶液时，其能量就会被溶液中对其具有选择性吸收能力的物质所吸收而减弱。光能量减弱的程度（即被吸收的程度）与物质的浓度和数量成一定的比例关系，即符合比色原理——朗伯-比尔定律：当一束单色光通过一定浓度范围的有色溶液时，溶液对光的吸光度 A 与溶液物质的量浓度 c（$mol \cdot L^{-1}$）和溶液光径长度 b（cm）成正比。定律表达式为

$$A = \kappa bc$$

其中 κ（$L \cdot mol^{-1} \cdot cm^{-1}$）是各种吸光物质在特定波长和溶剂下的一个特征常数，称为摩尔吸光系数，是吸光物质的吸光能力的量度。

2. 722N 型分光光度计示意图（见图 4-2）

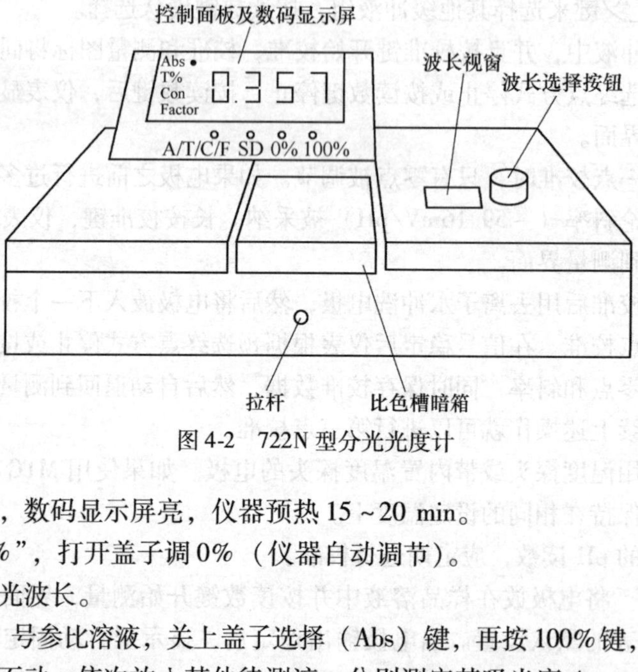

图 4-2 722N 型分光光度计

3. 使用方法

（1）开启电源，数码显示屏亮，仪器预热 15 ~ 20 min。

（2）选择“T%”，打开盖子调 0%（仪器自动调节）。

（3）调整入射光波长。

（4）放入“0”号参比溶液，关上盖子选择（Abs）键，再按 100% 键，即吸光度 A 为 0。

（5）参比溶液不动，依次放入其他待测液，分别测定其吸光度 A。

（6）换用下一组待测液，仍以“0”号溶液为参比溶液，若其吸光度不为 0，按 100% 键，调到吸光度 A 为 0，再进行测试。

（7）测试完毕，洗净比色皿，关闭仪器电源开关，在记录本上登记，罩好仪器罩。

4. 注意事项

（1）手拿比色皿的毛面，用待测液润洗比色皿后装入约为总体积 2/3 的待测液。

（2）取放比色皿时应用手轻轻按住比色皿架，并且将其光面正对着检测室入射光放置。

（3）分光光度计不测试时，应将样品室盖子打开。

第5章　实验数据处理与表达

5.1　误差

化学实验中经常使用仪器对一些物理量进行测量，常见的测量方法可分为直接测量（如温度计测定反应温度和量筒量出某液体体积等）和间接测量（如平衡常数测定、滴定分析等）两类。实验证明，由于受到实验方法、实验仪器、实验条件和操作人员差异的影响，任何测量都无法得到绝对准确的结果，或者说，存在某种程度上的不可靠性。这种测量结果与真实数值之间的差距就是误差。测量误差是普遍存在的。

在实验过程中，一方面要有目的地拟订实验方案，选择一定精度的仪器和适当的方法；另一方面，必须在处理实验数据时，了解误差产生的原因，科学地分析并寻求被研究变量间的关系，从而获得可靠的测量结果。为了减少误差，评价实验结果的准确性，需要了解准确度与精密度的概念。

1. 误差的种类

根据误差产生原因的不同，误差可分为系统误差（可测误差）、偶然误差（随机误差）和过失误差三类。

（1）系统误差（可测误差）　系统误差是由某些比较确定的原因，如测定方法不够完善、仪器不够精确、试剂不够纯或操作人员的素质待提高等引起的，它对测定结果的影响比较固定，其大小、正负有一定的规律性，重复测量时会重复出现，无法相互抵消。产生系统误差的主要原因有以下几种：

1）方法误差。这种误差是由于实验方法不够完善造成的。例如，在重量分析中，沉淀物的溶解总是导致负误差；称量物有吸水性及共沉淀现象又总是引起正误差等。

2）仪器误差。例如，天平的两臂不等长所引起的称量误差，移液管和滴定管的刻度未经校正就使用而引起体积误差。

3）试剂误差。所用试剂、蒸馏水含有杂质或容器被沾污引入杂质导致的误差。

4）操作误差。由操作不当或未掌握好实验条件而引起的误差。例如，洗涤沉淀次数过多或不足，调节溶液的pH值偏高或偏低，对颜色的观察不够正确等，都会带来误差。

系统误差是可以估计到的，能采取适当措施减小。一般采取改进实验方法、校正仪器、提高试剂纯度、制订标准操作规程、做空白实验与对照实验等措施尽量避免或消除系统误差。

（2）偶然误差（随机误差）　偶然误差由某些难以控制的偶然因素引起，如测量过程中压力、温度及仪器中某些活动部件的微小变化、机械振动及磁场的干扰等，它对实验结果的影响不固定。造成偶然误差的原因难以发现和控制，似乎无规律可循，但如果多次测量后，可以发现偶然误差服从正态分布规律：

1）绝对值相等的正误差和负误差出现的概率相等。

2）小误差出现次数较多，大误差出现次数较少。

因此，在消除引起系统误差的一切因素后，通过多次测量取算术平均值的方法可以减小偶然误差对测量结果的影响，使测试结果接近真实值。为此，在不知道真实值的情况下，常常采用多次平行测得的平均值近似代替真实值。

（3）过失误差　过失误差是一种与事实并不相符的误差。它是由于实验人员缺乏责任心、工作粗枝大叶、操作不正确引起的。例如，读错刻度值、看错砝码、加错试剂、记录错误、计算错误等。只要加强责任心、工作认真细致，就可以避免此类误差。

2. 准确度与误差

准确度是指某一测定值或一组测量值的平均值与真实值之间的偏离程度，可以用误差来表征。误差越小，证明测定结果的准确度越高。严格说来，真实值是无法测知的。实际工作中，常用专门机构提供的数据，如公认的手册上的数据作为真实值。误差可分为绝对误差和相对误差。

（1）绝对误差　实验测量值与真实值之间的差值称为绝对误差。

$$\text{绝对误差} = \text{测量值} - \text{真实值}$$

绝对误差只能显示出误差变化的范围，不能确切地表示测量准确度，因此一般用相对误差表示测量误差。

（2）相对误差　绝对误差与真实值的百分比称为相对误差。

$$\text{相对误差} = \frac{\text{绝对误差}}{\text{真实值}} \times 100\%$$

3. 精密度与偏差

精密度是指在相同条件下，几次平行测量结果相互接近的程度。精密度的高低一般用偏差来衡量。由于被测量的真实值无法知道，因此一般只能用多次测量结果的平均值近似地代替真实值。每次测量结果与平均值之差，称为偏差。偏差与误差一样，也有绝对偏差与相对偏差之分。

$$\text{绝对偏差} = \text{单次测量值} - \text{平均值}$$

$$\text{相对偏差} = \frac{\text{绝对偏差}}{\text{平均值}} \times 100\%$$

相对偏差的大小可以正确地反映测量结果再现性的好坏，即测量精密度的高低程度。

由以上分析可知，误差是以真实值为标准，而偏差是以多次测量结果的平均值为标准。因此，误差与偏差、准确度与精密度的含义不同，应该加以区别。但是，由于在实际测量时真实值是不知道的（测量的目的就是为了测得真实值），因此处理实际问题时，常常在尽量减少系统误差的前提下，把多次平行测得结果的算术平均值当作真实值，把偏差作为误差。

应该指出，在测量工作中，精密度高的不一定准确度好。要求测试值必须是高精密度下的正确值。在有些情况下，偶然误差很大，但由于多次测量结果的正负偏差相对抵消，使算术平均值接近真实值。显然，这种测量结果是不可靠的。因此，评价某一测量结果时，必须综合考虑系统误差和偶然误差的影响，将准确度和精密度统一起来要求，以确保测定结果可靠。

4. 提高测量结果准确度的方法

为了提高测量结果的准确度，应尽量减小系统误差、偶然误差和过失误差。认真仔细地进行多次测量，取其平均值作为测量结果，这样可以减小偶然误差并消除过失误差。在测量过程中，提高准确度的关键在于尽可能地减小系统误差。减小系统误差的方法一般有以下三种：

(1) 校正测量仪器和测量方法　对准确度要求较高的测量，要对选用的仪器如天平(包括砝码)、滴定管、移液管、容量瓶、温度计等进行校正，求出校正值，以校正测定值，提高测定结果的准确度。但准确度要求不高（相对误差允许大于1%）时，一般不必校正仪器。

为减少因测量方法带来的误差，可用国家标准方法与选用的测量方法相比较，以校正所选用的测量方法。

(2) 空白实验　空白实验是在同样测定条件下，用空白试剂（或蒸馏水）代替试液，用同样的方法进行实验。其目的是消除由空白试剂（或蒸馏水）和仪器带进杂质所造成的系统误差。

(3) 对照实验　对照实验是用已知准确成分或含量的标准样品代替试样，在同样的测定条件下用同样的方法进行测定的一种方法。其目的是判断试剂是否失效、反应条件是否正确、操作是否正确、仪器是否正常等，以确保得到可靠的测定结果。

对照实验可以用不同的测定方法，或者由不同单位、不同人员对同一试样进行测定来互相对照，以说明所选方法的可靠性。

在测试过程中如有可疑现象，应随时进行空白实验、对照实验。是否善于利用空白实验、对照实验，是分析问题和解决问题能力大小的主要衡量标准之一。

5.2　有效数字

1. 有效数字位数的确定

在测量和数字运算中确定该用几位数字是很重要的。初学者往往认为在一个数值中小数点后面位数越多，这个数值就越准确；或者在计算结果中保留的位数越多，准确度就越高。这两种认识都是错误的。正确的表示方法是：记录和计算测量结果都应与测量的误差相适应，即测量和计算所表示的数字位数，除末位数字为可疑值外，其余各位数都应是准确可靠的。

仪器的最小刻度又称仪器的精密度，与记录实验数据关系密切。常用仪器的精密度见表5-1。

表5-1　常用仪器的精密度

仪器名称	仪器的精密度	例子	有效数字位数
1/100天平	0.01g	15.61g	4位
电子分析天平	0.000 1g	15.606 8g	6位
10mL量筒	0.1mL	8.5mL	2位
100mL量筒	1mL	96mL	2位
移液管	0.01mL	25.00mL	4位
滴定管	0.01mL	50.00mL	4位
容量瓶	0.01mL	100.00mL	5位

实验测定时，一般在最小刻度后再估读一位，最后一位数字称为存疑数字。前面的准确数字连同末位的存疑数字统称为有效数字。实验数据的有效数字与测量的精度有关，任何超出或低于仪器精密度的数字都是不恰当的。例如，滴定管的读数为 50.00mL，不能写为 50mL，也不能写为 50.000mL，因为前者降低了实验的精密度，而后者则夸大了实验的精密度。

对于有效数字的确定，应注意以下几点：

（1）“0”在数字中是否包括在有效数字的位数中，与“0”在数字中的位置有关。当“0”在数字前面，只表示小数点的位置（仅起定位作用），不包括在有效数字中；如果“0”在数字的中间或末端，应包括在有效数字的位数中。例如，0.35 的有效数字位数为 2 位，8.2×10^{-2} 的有效数字位数为 2 位，0.03560 的有效数字位数为 4 位，6.08 的有效数字位数为 3 位。

（2）采用科学计数法，“10”不包括在有效数字中。对于很小或很大的数字，采用指数表示法有时更为简明扼要，如 0.000 2 表示为 2×10^{-4}。

（3）对于化学中经常遇到的 pH、pk、lg*K* 等对数数值，有效数字仅由小数部分数字的位数决定，整数部分只起定位作用，不是有效数字。因此，进行对数运算时，对数小数部分的有效数字位数应与相应的真数的有效数字位数相同。例如，pH7.68 的有效数字为 2 位，而不是 3 位有效数字；7 是“10”的整数方次，即 10^7 中的“7”。

（4）记录和计算结果所得的数值，均只能保留一位可疑数字。

（5）在处理数据时，有效数字的取舍很重要，它有助于避免因计算过繁而引起的错误，确保运算结果的正确，同时也节省时间。当有效数字的位数确定后，舍去不必要的尾数，应采用“四舍六入五留双”的规则，以提高运算结果的正确性。当尾数小于或等于 4 时舍去；尾数大于或等于 6 时进位；当尾数等于 5 时，若 5 后面为非零的任何数字时进位，若正好是 5 或 5 后面跟零时，按留双的原则，即 5 前面数字是奇数则进位，5 前面是偶数则舍弃。例如，将 1.523 4、5.862 2、6.451 0、7.550 0、5.450 0 分别处理成两位有效数字时，根据上述原则应分别为 1.5、5.9、6.5、7.6、5.4。

2. 有效数字的运算规则

（1）加减法运算　在加减法运算中，先以小数点后位数最少的数据为基准，将其他数据按“四舍六入五留双”的原则进行修约，去掉多余数字后再加减。

（2）乘除法运算　进行乘除运算时，先以有效数字位数最少的数据为基准进行修约，再乘除。注意，10 的方次不影响有效数字的位数。例如，$0.078\ 26\times12.0\div6.782$ 中，以 12.0 为基准，进行修约后为 $0.078\ 3\times12.0\div6.78=0.138$。

在进行一连串数值运算时，为了既简便计算又能确保运算的准确性，可按“四舍六入五留双”原则暂时多保留一位有效数字，以免因多次修约引起误差累积，到最后结果时，再根据“四舍六入五留双”原则舍去多余的数字，最后结果必须保留应有的位数。

必须强调，只有在涉及直接或间接测定的物理量时，才考虑有效数字。对那些非测量的数字（如 1/2 等）和化学量的数值（如化学式 H_2SO_4 中“2”和“4”等）及从理论计算出的数值（π、e 等），没有可疑数字。其他如相对原子质量、气体常数等基本数值，若需要的有效数字少于公布的数值，可以根据需要保留有效数字的位数。单位换算因数则需要根据原单位的有效数字位数决定。

有效数字是测量和运算中的重要概念。掌握好这一概念有助于正确记录和表示测量结果，避免运算错误，而且能正确地选用物料的量和测量仪器。例如，配制 $0.500 mol \cdot L^{-1}$ $CuSO_4$溶液 100mL，可称取 $CuSO_4 \cdot 5H_2O$ 晶体 12.48g，而不必准确称取 12.484 0g。选用天平和容量仪器时，只需选用 1/100 天平和量筒，而不必选用电子分析天平和容量瓶。

5.3 数据处理与表达

取得实验数据后，需要将实验数据整理、归纳，并且以简明的方法表达实验结果，通常有列表法、作图法和解析法三种，可根据具体情况选择使用。

1. 列表法

化学实验做完后，将实验数据中的自变量和因变量按照一定形式和顺序一一对应排列成表格，以表示两者的关系，这种表达方法称为列表法。此方法简单、直观，不引入处理误差，可从数据中找出规律。实验的原始数据一般采用列表法记录，便于存档和调用。列表时注意以下几点：

(1) 一个完整的数据表应包括表的序号、名称、实验条件说明及来源。

(2) 将表格分为若干行，每一变量应占表格中一行，每一行的第一列写上该行变量的名称及量纲，如 p/kPa，t/℃等。

(3) 每一行所记数字，应注意其有效数字位数，并且将小数点对齐，数值为零时应记为“0”，空缺时应记作“—”，数据应以规律地递增或递减的顺序排列，最好等间隔。

(4) 自变量的选择有一定灵活性，通常选择较简单的变量作为自变量，如温度、时间和浓度等。

列表法不能表示出各数值间连续变化的规律和实验数值范围内任意自变量和因变量的对应关系，故一般常与作图法配合使用。

2. 作图法

利用实验数据作图，可使实验测得的各数据间的连续变化关系更加直观、形象，并且根据图上的曲线，简便地找到各函数的中间值、最大值、最小值或转折点，进而从图上求得内插值、外推值、切线的斜率及掌握周期性变化等。为了能将实验数据正确地用图形表示出来，需注意以下作图要点：

(1) 作图纸和坐标轴的选择　常用的作图纸是直角坐标纸，有时也用半对数坐标纸或全对数坐标纸。

习惯以自变量为横坐标，因变量（函数值）为纵坐标。坐标轴比例尺的选择一般遵循以下原则：

1) 坐标刻度要能表示全部有效数字。从图中读出的物理量的有效数字与测量的有效数字应基本一致。通常采取读数的绝对误差在图纸上相当于 0.5 ~ 1 小格（最小分度，即 0.5 ~ 1mm）。例如，用分度为 1℃的温度计测量温度时，读数有 ±0.1℃的误差，在作图时选择的比例尺应使 0.1℃相当于 0.5 ~ 1 小格。

2) 图纸中每个小格所对应的数值要易读。例如，用坐标轴 1cm 表示数值 1、2、5 或其倍数最好，切忌采用 3、7、9 或小数。

3) 在满足前两个条件的前提下，还应考虑充分利用图纸上全部面积，使图线分布合理。若无特殊要求，不必把坐标原点作为变量的零点，可以从稍低于测量值的整数开始，这样可以充分利用图纸，而且有利于图的准确度。若系直线或近乎直线的曲线，则应布置在图纸对角线附近。

比例尺选定后，在纵、横坐标轴旁应注明轴变量的名称及单位，并且在纵坐标轴左边和横坐标轴下边每隔一定距离写下该变量对应的值（一般把数字标在图纸逢5或逢10的粗线上），横坐标轴从左向右，纵坐标轴自下而上，以便作图及读数。

（2）代表点和曲线的绘制　根据测得数值，在坐标纸上绘制代表点（测得的各数据在图上的点），可以用圆圈、方块、三角或其他符号标注于图中。各代表点符号大小应与实验误差相近。若同一图上要绘制几条曲线时，每条曲线的代表点及对应曲线要用不同的符号或不同的颜色表示，并且在图上说明。标好代表点后，按分布情况绘出平滑曲线（或直线）。描画的曲线（或直线）必须尽可能接近（或连接）大多数代表点，使各代表点均匀地分布在曲线（或直线）两侧，更确切地说，使所有代表点离曲线距离的平方和最小，若作直线求斜率，应尽量使直线呈45°，这样绘制出的曲线（直线）能近似地表示被测物理量之间的变化情况。另外，为保证曲线表示的规律可靠，在曲线的最大、最小或转折点处应多测一些点。在绘制曲线时如果发现个别代表点远离曲线，又不能判断被测物理量在此区域会发生什么突变时，就要分析是否可能有过失误差，如果确属这一情况，描绘曲线时就可舍去这一点。

画曲线时，先用浅色铅笔轻轻地循各代表点的变化趋势手绘一条曲线，然后用曲线尺逐段吻合手绘线，绘制出光滑的曲线。要特别注意各线段接合部的连接。做好这一点的关键是，不要将曲线尺上的曲线与手描线所有重合部分一次描完，一般每次只描1/2或2/3段，描线时用力要均匀，尤其对线段的起始点，要注意用力恰当。

（3）图名和说明　曲线作好后应在图上注图名和序号，标明取得数据的主要测量条件（温度、压强和浓度等）。

随着计算机应用的普及，可利用Excel和Origin等各种软件作图，作图时也应遵循上述原则。

3. 解析法

数学解析式是一种更全面地反映数据规律、变量关系的数据结果表达方式，不仅可对从实验层次提高到理论层次的数据进行探讨，而且还可对解析式进行理论分析及讨论。

求解实验数据解析式的方法主要靠经验公式。首先对实验数据整理、校正，绘出图形，根据曲线的形状和特点，初选出某一数学解析式，确定式中参数值，最后进行数学解析式的验证。

在各种数学解析式中，直线关系式最简单，容易验证。因此，常常对得到的函数关系尽量通过函数变换成线性化，再做验证。确定直线解析式常数的方法有图解法、计算法。计算法又主要有平均法和最小二乘法。

第 2 部分

实　验

第 6 章　无机化学实验

实验 1　氯化钠的提纯

本实验需 3 学时。

【实验目的】

1. 掌握提纯 NaCl 的原理和方法。
2. 学习溶解、沉淀、减压过滤、蒸发浓缩、结晶等基本操作。

【实验原理】

粗食盐中含有 Ca^{2+}、Mg^{2+}、K^+、SO_4^{2-} 等可溶性杂质和泥沙等不溶性杂质。其中，不溶性杂质可用溶解和过滤的方法除去。可溶性杂质如 Ca^{2+}、Mg^{2+}、SO_4^{2-} 等离子可选择适当的试剂使其转化为沉淀而除去。首先，在粗食盐溶液中加入稍微过量的 $BaCl_2$ 溶液，将 SO_4^{2-} 转化为难溶的 $BaSO_4$ 沉淀，过滤，与泥沙等不溶性杂质一并除去。

$$Ba^{2+} + SO_4^{2-} \longequal BaSO_4 \downarrow$$

然后，再往滤液中加入稍微过量的饱和 Na_2CO_3 溶液，除去食盐溶液中的 Ca^{2+}、Mg^{2+} 杂质离子，以及沉淀 SO_4^{2-} 时引入的过量 Ba^{2+}。

$$Ca^{2+} + CO_3^{2-} = CaCO_3 \downarrow$$

$$4Mg^{2+} + 5CO_3^{2-} + 2H_2O = Mg(OH)_2 + 3MgCO_3 \downarrow + 2HCO_3^-$$

$$Ba^{2+} + CO_3^{2-} = BaCO_3 \downarrow$$

生成的 HCO_3^- 和过量的 CO_3^{2-} 可以用 HCl 溶液除去。粗食盐中的 K^+ 不与这些沉淀剂起作用，仍留在溶液中。由于 KCl 的溶解度比 NaCl 大，并且在粗食盐中的含量较少，所以在蒸发浓缩食盐溶液时，NaCl 结晶析出而 KCl 仍留在母液中。

【实验用品】

仪器：烧杯、吸滤瓶、布氏漏斗、蒸发皿、循环水真空泵、水浴锅、台式天平。

试剂：HCl($6.0\ mol \cdot L^{-1}$)、Na_2CO_3(饱和溶液)、$BaCl_2$($1.0\ mol \cdot L^{-1}$)、粗食盐。

其他：pH 试纸。

【基本操作】

1. 蒸发浓缩。
2. 减压过滤。
3. 台式天平的使用。
4. pH 试纸的使用。

【实验步骤】

1. 粗食盐的溶解

称取 5.0g 粗食盐置于 100mL 烧杯中，加入 20mL 蒸馏水，水浴加热，搅拌使粗食盐溶解，不溶性杂质沉于烧杯底部。

2. 除去 SO_4^{2-}

将溶液加热至近沸，边搅拌边逐滴加入 1.0 mol · L^{-1} $BaCl_2$ 溶液直至不再产生沉淀为止，继续加热 5min 使沉淀颗粒长大，静置，沉降。在上层清液中滴加 1 ~ 2 滴 1.0mol · L^{-1} $BaCl_2$ 溶液，检查 SO_4^{2-} 是否除尽。抽滤，弃去沉淀。

3. 除去 Ca^{2+}、Mg^{2+} 及过量 Ba^{2+}

将所得滤液加热至近沸，边搅拌边逐滴加入饱和 Na_2CO_3 溶液，直至不再产生沉淀为止。静置、沉降，在上层清液中加 1 ~ 2 滴饱和 Na_2CO_3 溶液，如果出现浑浊，则表示 Ca^{2+}、Mg^{2+} 及 Ba^{2+} 等尚未除尽，需在原溶液中继续滴加饱和 Na_2CO_3 溶液直至除尽为止。抽滤，弃去沉淀，将滤液转移入干净的蒸发皿中。

4. 除去 HCO_3^- 及过量的 CO_3^{2-}

加热搅拌条件下，往滤液中逐滴加入 6.0 mol · L^{-1} HCl，调节溶液至 pH2 ~ 3。

5. 浓缩和结晶

将盛有滤液的蒸发皿置于水浴上，蒸发浓缩至液面出现晶膜时，不断搅拌至有大量 NaCl 晶体出现，剩余约 1/4 体积的溶液。冷却结晶，抽滤，称重，计算产率。

实验流程如图 6-1 所示。

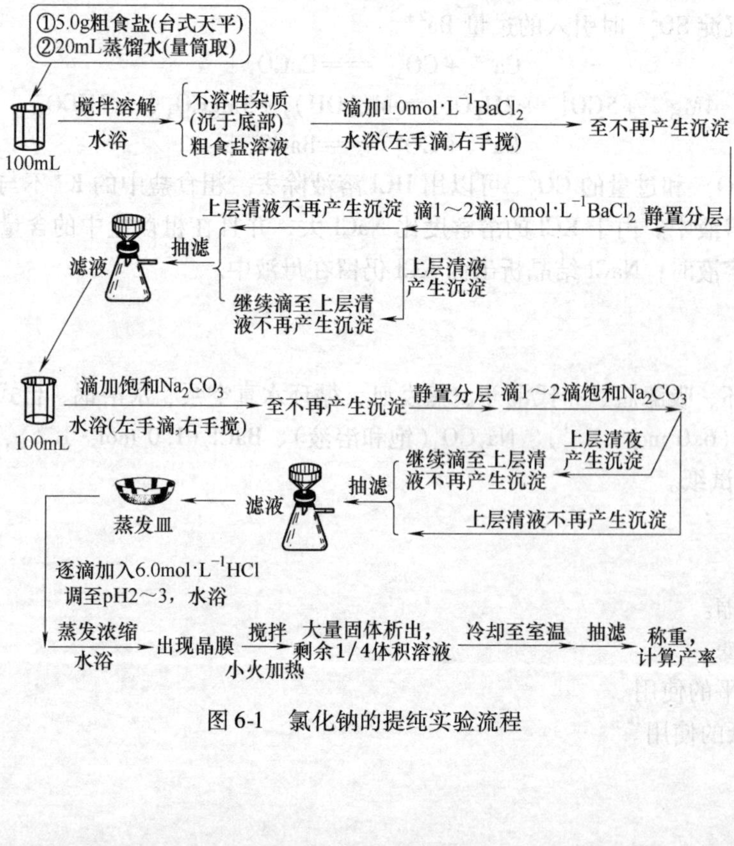

图 6-1 氯化钠的提纯实验流程

【数据记录】

粗食盐质量 m_s = ________ g。

提纯后 NaCl 质量 m = ________ g。

【数据处理】

$$产率 = \frac{m}{m_s} \times 100\% = \_\_\_\_\_\_\_\_。$$

【注意事项】

最后一次抽滤所得产物不能用水洗。

【思考题】

1. 除去 Ca^{2+}、Mg^{2+} 等离子时，能否用其他可溶性碳酸盐代替 Na_2CO_3，为什么?

2. 为什么用毒性很大的 $BaCl_2$ 而不用无毒的 $CaCl_2$ 来除 SO_4^{2-}？

实验 2　硫酸亚铁铵的制备

本实验需 4 学时。

【实验目的】

1. 学习复盐硫酸亚铁铵的制备。

2. 进一步掌握水浴加热、蒸发、浓缩等基本操作。

【实验原理】

硫酸亚铁铵 $(NH_4)_2SO_4 \cdot FeSO_4 \cdot 6H_2O$(商品名称为莫尔盐)为浅绿色晶体，在空气中比较稳定，不易被氧化，溶于水，不溶于乙醇。

$FeSO_4$ 可由 Fe 粉与稀 H_2SO_4 作用而得，再与等物质的量的 $(NH_4)_2SO_4$ 作用便得到 $(NH_4)_2SO_4 \cdot FeSO_4 \cdot 6H_2O$。

$$Fe(过量) + H_2SO_4(稀) = FeSO_4 + H_2\uparrow$$

$$FeSO_4 + (NH_4)_2SO_4 + 6H_2O = (NH_4)_2SO_4 \cdot FeSO_4 \cdot 6H_2O \tag{6-1}$$

利用 $(NH_4)_2SO_4 \cdot FeSO_4 \cdot 6H_2O$ 的溶解度比 $FeSO_4 \cdot 7H_2O$ 和 $(NH_4)_2SO_4$ 小的特点，通过蒸发浓缩制备 $(NH_4)_2SO_4 \cdot FeSO_4 \cdot 6H_2O$ 晶体。

$(NH_4)_2SO_4 \cdot FeSO_4 \cdot 6H_2O$ 理论产量 m_0 应根据所用稀 H_2SO_4 的量进行计算：

$$m_0 = c(H_2SO_4) \times V(H_2SO_4) \times 10^{-3} \times M[(NH_4)_2SO_4 \cdot FeSO_4 \cdot 6H_2O]$$

式中，$c(H_2SO_4)$ 是 H_2SO_4 溶液的浓度，单位为 $mol \cdot L^{-1}$；$V(H_2SO_4)$ 是 H_2SO_4 溶液的体积，单位为 mL；$M[(NH_4)_2SO_4 \cdot FeSO_4 \cdot 6H_2O]$ 为 $(NH_4)_2SO_4 \cdot FeSO_4 \cdot 6H_2O$ 的摩尔质量，单位为 $g \cdot mol^{-1}$。

【实验用品】

仪器：锥形瓶、吸滤瓶、布氏漏斗、蒸发皿、循环真空水泵、水浴锅、台式天平。

试剂：Fe 粉、H_2SO_4(3.0 mol · L^{-1})、$(NH_4)_2SO_4$。

【基本操作】

1. 减压过滤。
2. 蒸发浓缩。

【实验步骤】

1. $FeSO_4$ 的制备

称取 1.0g Fe 粉，放入 250mL 锥形瓶中，加入 5.0mL 3.0mol · L^{-1} H_2SO_4，水浴加热至基本无气泡放出。反应过程中应少量多次补加蒸馏水，以保持原体积。趁热减压过滤。用少量热水洗涤锥形瓶及漏斗上的残渣，抽干，将滤液转移至蒸发皿中。

2. $(NH_4)_2SO_4 \cdot FeSO_4 \cdot 6H_2O$ 的制备

根据所得 $(NH_4)_2SO_4 \cdot FeSO_4 \cdot 6H_2O$ 的理论值，按式(6-1)计算并称取所需的 $(NH_4)_2SO_4$，配制成饱和 $(NH_4)_2SO_4$ 溶液。将此饱和溶液加入到上述 $FeSO_4$ 溶液中(若溶液颜色发黄，则需要用 3.0 mol · L^{-1} H_2SO_4 调节溶液至 pH1 ~2)，水浴蒸发，浓缩至液面出现晶膜。缓慢冷却至室温，$(NH_4)_2SO_4 \cdot FeSO_4 \cdot 6H_2O$ 结晶析出，过滤，称重，计算产率。

实验流程如图 6-2 所示。

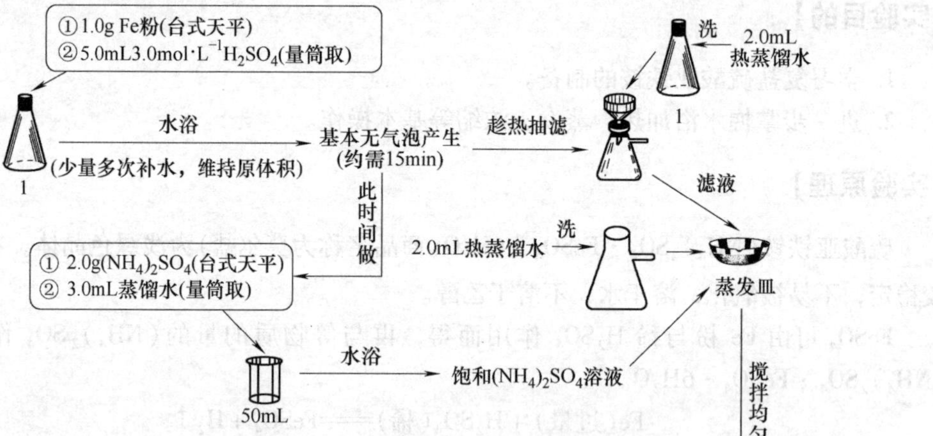

图 6-2　硫酸亚铁铵制备流程

【数据记录】

$(NH_4)_2SO_4 \cdot FeSO_4 \cdot 6H_2O$ 的质量 m = ________ g。

【数据处理】

理论产量 m_0 = ________ g。

$$产率 = \frac{m}{m_0} \times 100\% = \underline{\qquad\qquad}。$$

【注意事项】

1. 酸溶时要注意分次补充少量水，以防止 $FeSO_4$ 析出。
2. 在制备过程中，始终要保持酸性，防止 Fe^{2+} 水解和氧化。
3. 及时清洗锥形瓶。
4. 蒸发至刚出现晶膜，即可冷却。
5. 最后一次抽滤时，不能用蒸馏水洗晶体。

【思考题】

1. 制备 $FeSO_4$ 时为什么要趁热过滤？
2. 制备 $(NH_4)_2SO_4 \cdot FeSO_4 \cdot 6H_2O$ 时为什么要先冷却后过滤？

实验 3　中和热的测定

本实验需 3 学时。

【实验目的】

1. 用量热法测定 HCl 与 $NH_3 \cdot H_2O$ 的中和热。
2. 根据盖斯定律计算 $NH_3 \cdot H_2O$ 的解离热。
3. 了解化学标定法，并且掌握其操作。

【实验原理】

强酸和强碱在水溶液中几乎全部解离为 H^+ 和 OH^-，故各种一元强酸和一元强碱中和反应的实质相同，其中和反应热也应该相同。在 298K 时，溶液足够稀释的情况下，1mol 一元强酸和 1mol 一元强碱中和，可放出 57.3kJ 的热量：

$$H^+(aq) + OH^-(aq) = H_2O(l) \quad \Delta_r H_m^\ominus(298\ K) = -57.3\ kJ \cdot mol^{-1}$$

T 温度下，一元强酸和一元强碱的中和热的计算为

$$\Delta_r H_m^\ominus(T) = -57.3\ kJ \cdot mol^{-1} + 0.21\ kJ \cdot mol^{-1} \cdot K^{-1}(T - 298K) \tag{6-2}$$

弱酸或弱碱在水溶液中发生部分解离，因此，弱酸与强碱或强酸与弱碱发生中和反应的同时，还存在弱酸或弱碱的不断解离（需吸收热量，即解离热），总的热效应比强酸和强碱中和时的热效应的绝对值要小，两者的差值即为该弱酸或弱碱的解离热。

用量热计测定反应的热效应之前，必须先测定量热计本身的热容 C'，即量热计温度每

升高 1 K 所需的热量，它代表量热计各部件如杯体、温度计等的热容总和。本实验采用化学标定法测定量热计热容，即将一定量 HCl 溶液和过量的 NaOH 溶液放在量热计中反应，由式(6-2)可计算出该反应释放的热量，根据反应前后体系的实际温升(ΔT)，由式(6-3)可计算出量热计热容 C'。

$$\mathrm{HCl(aq) + NaOH(aq) = NaCl(aq) + H_2O(l)}$$

$$n(\mathrm{HCl})\Delta_r H_m^{\ominus}(T) + (c\rho V + C')\Delta T = 0 \tag{6-3}$$

式中，$n(\mathrm{HCl})$是参加反应 HCl 的物质的量，单位为 mol；V 是反应体系中溶液的总体积，单位为 L；ρ 是溶液的密度，单位为 $\mathrm{kg \cdot L^{-1}}$；c 是溶液的比热容，即每千克溶液温度升高 1K 所吸收的热量，单位为 $\mathrm{kJ \cdot K^{-1} \cdot kg^{-1}}$。当溶液的密度不是太大或太小的情况下，溶液的密度与比热容的乘积($c\rho$)通常可视为一常数。当控制实验中反应液体积相同时，($c\rho V$)为一常数，那么，($c\rho V + C'$)即为常数，记作 C，代表反应体系(包括反应液和量热计)的总热容，单位为 $\mathrm{kJ \cdot K^{-1}}$。代入式(6-3)可得

$$C = \frac{-n(\mathrm{HCl}) \cdot \Delta_r H_m^{\ominus}(T)}{\Delta T}$$

将 C 值和温升(ΔT)代入式(6-3)，便可方便地测得相同条件下其他反应的中和热。例如，$\mathrm{NH_3 \cdot H_2O}$与 HCl 的中和热可按式(6-4)计算：

$$\mathrm{NH_3 \cdot H_2O\ (aq) + HCl(aq) = NH_4Cl(aq) + H_2O(l)}$$

$$\Delta_r H_m^{\ominus}(\mathrm{NH_3 \cdot H_2O}) = -C\Delta T'/n(\mathrm{HCl}) \tag{6-4}$$

该反应实际上包括两个反应：

$$\mathrm{NH_3 \cdot H_2O(aq) = NH_4^+(aq) + OH^-(aq)}$$

$$\mathrm{H^+(aq) + OH^-(aq) = H_2O(aq)}$$

根据盖斯定律，代入式(6-5)可得 $\mathrm{NH_3 \cdot H_2O}$ 的解离热：

$$\Delta_r H_m^{\ominus}(\mathrm{NH_3 \cdot H_2O}) = \Delta_r H_m^{\ominus}(\mathrm{NH_3 \cdot H_2O}) - \Delta_r H_m^{\ominus}(T) \tag{6-5}$$

【实验用品】

仪器：保温杯式量热计、量筒。

试剂：HCl($1.0\mathrm{mol \cdot L^{-1}}$)、NaOH($3.0\mathrm{mol \cdot L^{-1}}$)、$\mathrm{NH_3 \cdot H_2O}$($3.0\mathrm{mol \cdot L^{-1}}$)。

其他：pH 试纸、吸水纸。

【基本操作】

1. 温度计的使用。
2. pH 试纸的使用。

【实验步骤】

1. 总热容 C 的测定

用量筒量取 150mL $1.0\mathrm{mol \cdot L^{-1}}$ HCl 溶液，倒入干燥的量热计中，加上盖适当摇动量热计使体系达到热平衡，记录 HCl 溶液的起始温度，记作 $T_{0,1}$(精确到 0.1℃，下同)。用另一

干净的量筒量取51mL 3.0mol · L^{-1}NaOH 溶液。取下量热计上的盖子，将上述 NaOH 溶液迅速倒入量热计中，盖紧盖子，并且充分摇匀，观察温度计读数的变化，待温度上升至最大值时，记下最高温度 $T_{max,1}$。用 pH 试纸检查一下量热计中溶液是否为碱性（量热计中溶液的pH应为7～8）。

倒掉量热计中的溶液，分别用自来水、蒸馏水清洗量热计，并且用吸水纸擦干内壁，重复上述测定1次，记录 $T_{0,2}$ 与 $T_{max,2}$。

实验流程如图6-3所示。

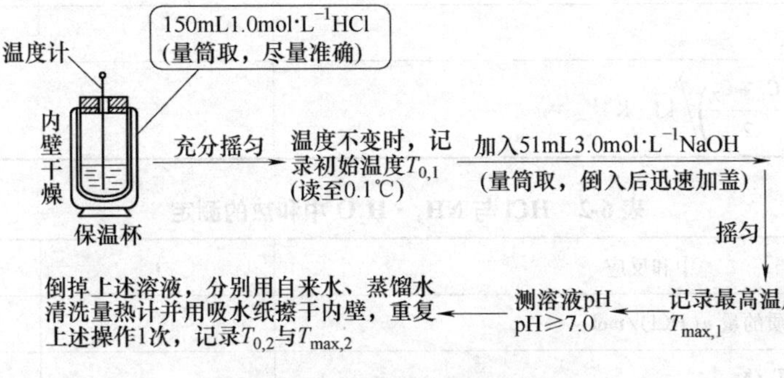

图6-3 总热容 C 测定的实验流程

2. HCl 和 $NH_3 \cdot H_2O$ 中和热的测定

用3.0mol · L^{-1} $NH_3 \cdot H_2O$ 溶液代替3.0mol · L^{-1}NaOH 溶液重复上述操作，测定 HCl 与 $NH_3 \cdot H_2O$ 中和反应的中和热。

实验流程如图6-4所示

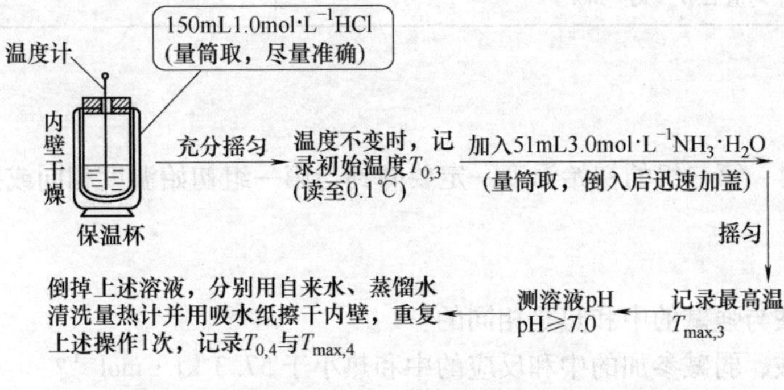

图6-4 HCl 和 $NH_3 \cdot H_2O$ 中和热测定的实验流程

【数据记录】

$T_{0,1}$ = ________，$T_{max,1}$ = ________。$T_{0,2}$ = ________，$T_{max,2}$ = ________。

$T_{0,3}$ = ________，$T_{max,3}$ = ________。$T_{0,4}$ = ________，$T_{max,4}$ = ________。

【数据处理】

将测定总热容 C 和中和热的有关数据列于表6-1和表6-2中。

表 6-1　总热容 C 的测定

实验步骤	1	2
参加反应的 HCl 的物质的量 $n(HCl)/mol$		
HCl 溶液的起始温度 T_0/K		
反应进行后所达最高温度 T_{max}/K		
温度升高值 $\Delta T(\Delta T = T_{max} - T_0)/K$		
实验温度下按式(6-2)计算的强酸与强碱中和热 $\Delta_r H_m^{\ominus}/kJ \cdot mol^{-1}$		
总热容 $C/kJ \cdot K^{-1}$		
总热容平均值 $\overline{C}\left(\overline{C} = \dfrac{C_1 + C_2}{2}\right) \Big/ kJ \cdot K^{-1}$		

表 6-2　HCl 与 $NH_3 \cdot H_2O$ 中和热的测定

中和反应	1	2
参加反应的 HCl 的物质的量 $n(HCl)/mol$		
HCl 溶液的起始温度 T_0/K		
反应进行后所达最高温度 T_{max}/K		
温度升高值 $\Delta T'/K$		
中和热 $\Delta_r H_m^{\ominus}/kJ \cdot mol^{-1}$		
$NH_3 \cdot H_2O$ 的解离热 $\Delta_r H_m^{\ominus}/kJ \cdot mol^{-1}$		
$NH_3 \cdot H_2O$ 的解离热平均值 $\Delta_r \overline{H}_m^{\ominus}/kJ \cdot mol^{-1}$		

【注意事项】

测总热容 C 时，第二组的初始温度一定要降到与第一组初始温度相同或接近。

【思考题】

1. 为什么强酸与强碱的中和热是相同的?
2. 为什么弱酸、弱碱参加的中和反应的中和热小于 57.3 $kJ \cdot mol^{-1}$?

实验 4　化学反应摩尔焓变的测定

本实验需 4 学时。

【实验目的】

1. 了解测定化学反应摩尔焓变的原理和方法。
2. 学习分析天平、溶液配制和移液管的基本操作。
3. 学习数据测量、记录、整理计算等方法。

【实验原理】

化学反应过程中，除了发生物质的变化以外，还有能量的变化，这种能量变化表现为反应热效应。化学反应通常是在等压条件下进行，其热效应称为等压热效应 Q_p，在数值上等于反应的焓变 $\Delta_r H$(放热反应为负值，吸热反应为正值)。在标准状态下，当化学反应进度为 1mol 时化学反应的焓变称为化学反应的标准摩尔焓变，用 $\Delta_r H_m^{\ominus}$ 表示。

反应热效应的测量方法很多，本实验采用由保温杯和精密温度计制作而成的简易量热计进行测量。

本实验测定的是 $CuSO_4$ 溶液和 Zn 粉反应的摩尔焓变。

在 298.15 K 和标准状态下，1mol Zn 置换 $CuSO_4$ 溶液中的 Cu^{2+}，放出 218.66 kJ 的热量。

$$Zn(s) + Cu^{2+}(aq) = Cu(s) + Zn^{2+}(aq) \quad \Delta_r H_m^{\ominus}(298.15\ K) = -218.66 kJ \cdot mol^{-1}$$

测定化学反应热效应的基本原理是能量守恒定律，即反应所放出的热量促使反应体系温度升高。假设反应体系(量热计)与环境不发生热量传递，即反应物在量热计中进行的化学反应是在绝热条件下进行的，那么，根据反应体系前后的温升值、量热计的热容及有关物质的质量和比热容等，就可以计算出反应的热效应。

但由于量热计并非严格绝热，在实验内，量热计不可避免地会与环境发生少量热交换；采用作图外推法(见图 6-5)，可适当消除这一影响。

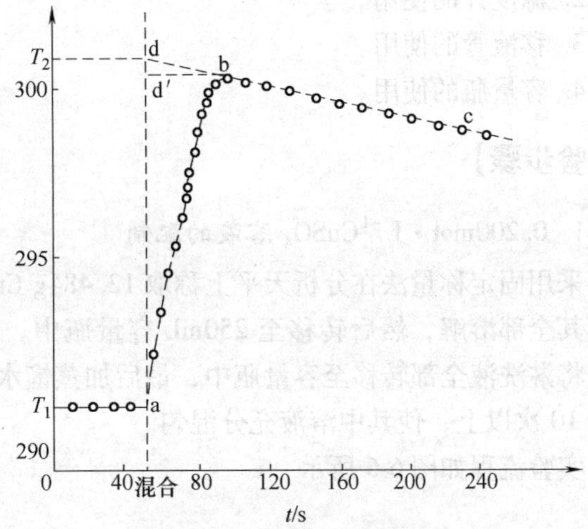

图 6-5　反应的摩尔焓变测定时温度随时间的变化

若不考虑量热计吸收的热量，则放出的热量等于系统吸收的热量，由溶液的比热和温升，可求得上述反应的焓变。计算公式如下：

$$\Delta_r H_m^{\ominus} = \frac{-cm\Delta T}{n} = \frac{-c\rho V\Delta T}{n} \tag{6-6}$$

式中，$\Delta_r H_m^{\ominus}$ 是反应的标准摩尔焓变，单位为 $kJ \cdot mol^{-1}$；c 是溶液的热容，单位为 $J \cdot g^{-1} \cdot K^{-1}$(取4.18 $J \cdot g^{-1} \cdot K^{-1}$)；$m$ 是反应后溶液的质量，单位为 g；ΔT 为反应前后溶液的温升，单位为 K；ρ 是溶液的密度，单位为 $g \cdot mL^{-1}$(以反应后 $ZnSO_4$ 溶液密度 1.03$g \cdot mL^{-1}$计)；V 是溶液的体积，单位为 mL；n 是溶液中溶质的物质的量，单位为 mol。

由式(6-6)可见，本实验的关键在于能否测得体系准确的温升值。为获得准确的温度变化 ΔT，除精确观察反应时的温度变化外，还需要对影响 ΔT 的因素进行校正。其校正方法是：在反应过程中，每隔 20s 记录一次温度，然后以温度(T)对时间(t)作图，绘制 T—t 曲线，如图 6-5 所示。

实验中温度到达最高值后，往往有逐渐下降的趋势。这是由于本实验所用的简易量热计不是严格的绝热装置，其不可避免地要与环境发生少量热交换。图 6-5 中，线段 bc 表明量热计热量散失的程度。考虑到散热从反应一开始就发生，因此应将该线段延长，使其与反应开始时的纵坐标相交于 d 点。图中 dd′所示的纵坐标值，就是用外推法补偿的由热量散失造成的温度差。

【实验用品】

仪器：保温杯式量热计、量筒(100mL)、台式天平、分析天平、烧杯(100mL)、移液管(100mL)、容量瓶(250mL)、放大镜、秒表。

试剂：$CuSO_4 \cdot 5H_2O$、Zn 粉。

【基本操作】

1. 台式天平及分析天平的使用。
2. 温度计的使用。
3. 移液管的使用。
4. 容量瓶的使用。

【实验步骤】

1. $0.200mol \cdot L^{-1} CuSO_4$ 溶液的配制

采用固定称量法在分析天平上称取 12.484g $CuSO_4 \cdot 5H_2O$ 放入烧杯中，加入 50mL 蒸馏水使其全部溶解，然后转移至 250mL 容量瓶中。用少量(每次约 10mL)蒸馏水淋洗烧杯 3 次，将淋洗液全部转移至容量瓶中，最后加蒸馏水稀释至刻度。塞紧容量瓶瓶塞，将其反复翻转 10 次以上，使其中溶液充分混匀。

实验流程如图 6-6 所示。

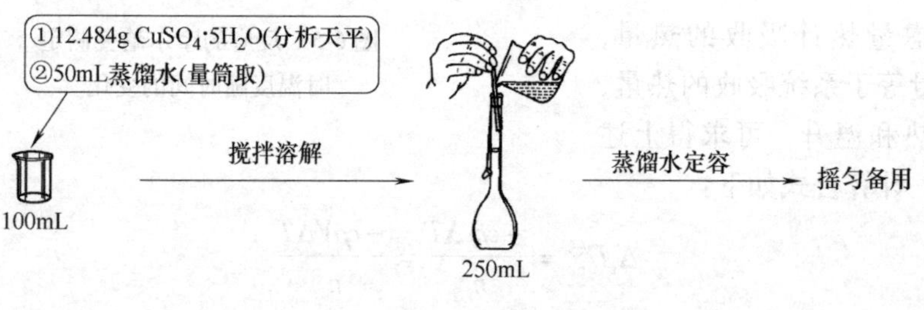

图 6-6　$CuSO_4$ 溶液配制流程

2. 反应焓变的测定

1）用 100mL 移液管吸取 100.00mL $0.200mol \cdot L^{-1} CuSO_4$ 溶液，放入干燥的热量计中，盖好盖子，在不断搅拌的条件下，每隔 20s 记录一次温度读数，至温度稳定时。再记录 5 ~ 8 个温度读数。

2）用台式天平称取 3.0g Zn 粉，加入热量计中，并且迅速盖紧盖子。同时，开始记录时间及温度变化。在不断搅拌的条件下，每隔 20s 记录一次温度读数，至温度升到最高点后，再记录 3 ~ 4min 的温度变化。

3）重复上述操作。

实验流程如图 6-7 所示。

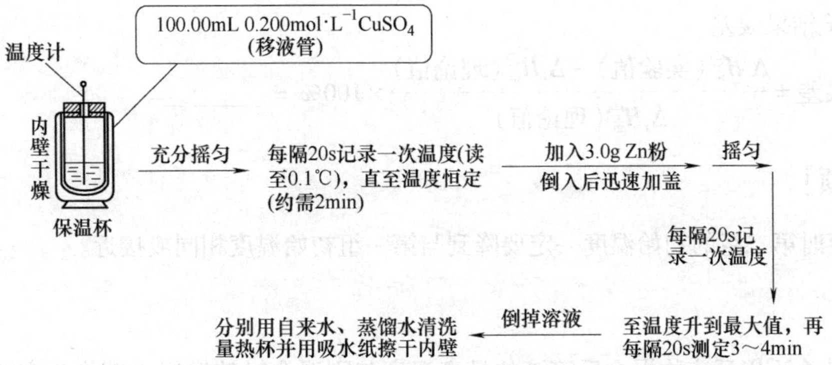

图 6-7　反应焓变测定流程

【数据记录】

1. $m(CuSO_4 \cdot 5H_2O)$ = ________ g；$c(CuSO_4)$ = ________ $mol \cdot L^{-1}$；反应热室温 T = ________ K。

2. 于表 6-3 中记录硫酸铜溶液的温度（未加锌粉）及锌与硫酸铜的反应热

表 6-3　硫酸铜溶液的温度及锌与硫酸铜的反应热

未加 Zn 粉时硫酸铜溶液的温度（每隔 20s 记录）				加 Zn 粉后硫酸铜溶液的温度（每隔 20s 记录）			
1		2		1		2	
时间 t/s	温度 T/K	时间 t/s	温度 T/K	时间 t/s	温度 T/K	时间 t/s	温度 T/K

【数据处理】

1. 由表6-3数据作图绘制 $T—t$ 曲线，得出 T_1 和 T_2，然后根据式(6-6)计算反应热。

2. 实验结果误差

$$相对误差 = \frac{\Delta_r H_m^{\ominus}(实验值) - \Delta_r H_m^{\ominus}(理论值)}{\Delta_r H_m^{\ominus}(理论值)} \times 100\% = \_\_\_\_\_\_\_\_。$$

【注意事项】

测热容时第二组的初始温度一定要降到与第一组初始温度相同或接近。

【思考题】

1. 为什么不以反应物混合后溶液的最高温度与刚混合时的温度之差作为实验中测定的 ΔT 数值，而要采用外推法求得？

2. 温度计的水银球如果不小心和保温杯壁接触会有什么后果？

实验5　摩尔气体常数的测定

本实验需4学时。

【实验目的】

1. 巩固分析天平的使用。

2. 练习测量气体体积的操作(量气管液面位置的观察、仪器装置的检漏)。

3. 进一步理解气体分压的概念。

【实验原理】

测量金属Mg与 H_2SO_4 反应生成 H_2 的体积，可以算出气体常数 R 的数值。反应方程式为

$$Mg + 2H_2SO_4 \xlongequal{} MgSO_4 + H_2\uparrow$$

称取一定质量的镁与过量的硫酸反应，在一定温度和压力下，可以测出反应所放出的 H_2 的体积。实验时的温度和压力可以分别由温度计和气压计测得。物质的量可以通过反应中镁的质量来求得。由于 H_2 是在水面上收集的，H_2 中还混有水蒸气。在实验温度下水的饱和蒸汽压[$p(H_2O)$]，可在附录C中查出。根据分压定律，H_2 的分压可由下式求得

$$p = p(H_2) + p(H_2O)$$

$$p(H_2) = p - p(H_2O)$$

将以上所得各项数据代入 $R = \dfrac{p(H_2)V(H_2)M(H_2)}{m(H_2)T}$ 中，即可算出 R 值。其中，

$$m(H_2) = \frac{M(H_2)m(Mg)}{M(Mg)}$$

式中，$M(H_2)$、$M(Mg)$ 分别是 H_2 和Mg的摩尔质量，单位为 $g \cdot mol^{-1}$。

【实验用品】

仪器：试管、量气管、漏斗铁架台、分析天平。

试剂：Mg 条、H_2SO_4(3.0mol·L^{-1})。

其他：砂纸。

【基本操作】

1. 测量气体体积装置的安装。
2. 量气管液面位置的观察、仪器装置的检漏。

【实验步骤】

1. 称量

用分析天平准确称取 3 份 Mg 条，每份质量(0.030 ±0.005)g。

2. 安装

装配仪器，往量气管内装水至略低于刻度“0”的位置。上下移动漏斗，以赶尽附着在橡皮管和量气管内壁的气泡，然后用乳胶管连接反应管和量气管，如图 6-8 所示。

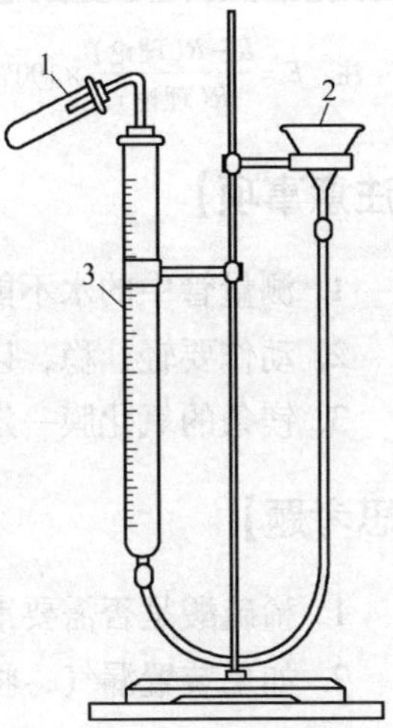

图 6-8　摩尔气体常数测定装置
1—反应管　2—漏斗　3—量气管

3. 检漏

把漏斗下移一段距离，并且固定。如果量气管中液面稍稍下降后(约 3 ~ 5min)不再变化，说明装置不漏气；反之，则说明装置漏气。如果装置漏气，应检查原因，并且调整装置，重复检漏，直至不漏气为止。

4. 测定

用漏斗将 5.0mL 3.0mol·L^{-1} H_2SO_4 加入到试管内(且勿使酸沾在试管壁上)，用少量水润湿 Mg 条，使其沾于试管上部内壁上。调整漏斗高度，使量气管液面保持在略低于刻度“0”的位置，塞紧磨口塞，检查是否漏气。如果不漏气，使量气管和漏斗内液面保持同一水平，读取并记录量气管液面的位置。抬高试管底部，使镁条与酸接触，同时降低漏斗位置，使两液面大致水平。待试管冷却至室温，保持两个液面于同一水平上，等 1 ~ 2 min 再记录液面位置。

重复上述实验两次。

【数据记录】

m_1(Mg) = ________ g，m_2(Mg) = ________ g，m_3(Mg) = ________ g。

$V_{1,1}$ = ________ mL，$V_{1,2}$ = ________ mL，$V_{1,3}$ = ________ mL。

$V_{2,1}$ = ________ mL，$V_{2,2}$ = ________ mL，$V_{2,3}$ = ________ mL。

【数据处理】

将相关数据填入表 6-4 中。

表 6-4　摩尔气体常数实验相关数据

实验步骤	1	2	3
Mg 条质量 $m(Mg)/g$			
反应后量气管液面位置 V_2/mL			
反应前量气管液面位置 V_1/mL			
H_2 体积[$V(H_2)=V_2-V_1$]/mL			
室温 T/K			
大气压 p/Pa			
T 时水的饱和蒸气压 $p(H_2O)/Pa$			
H_2 分压 $p(H_2)/Pa$			
摩尔气体常数 R			
平均值 $\overline{R}$			
E			

注：$E=\frac{\overline{R}-R(\text{理论})}{R(\text{理论})}\times 100\%$。

【注意事项】

1. 测量管中的水不能装得太多。
2. 动作要轻、稳，以防镁条掉下去，导致反应提前进行。
3. 镁条的氧化膜一定要先除净。

【思考题】

1. 稀硫酸是否需要准确量取?
2. 如果装置漏气，将对实验结果造成什么样的误差?

实验 6　醋酸电离常数的测定(pH 法)

本实验需 4 学时。

【实验目的】

1. 了解醋酸电离常数测定方法。
2. 学习 pH 计的使用。
3. 加深对电离平衡基本概念的理解。

【实验原理】

醋酸是一元弱酸，在水溶液中存在下列电离平衡：

$$HAc \rightleftharpoons H^+ + Ac^-$$

其电离常数为

$$K_a^{\ominus}=\frac{([H^+]/c^{\ominus})([Ac^-]/c^{\ominus})}{([HAc]/c^{\ominus})} \tag{6-7}$$

式中$[H^+]$、$[Ac^-]$、$[HAc]$分别为H^+、Ac^-、HAc 的平衡浓度，$c^{\ominus}$为标准浓度(即 $1mol\cdot L^{-1}$)。在 HAc 溶液中，若以 c 代表 HAc 的起始浓度，则$[HAc]=c-[H^+]$，而$[H^+]=[Ac^-]$，代入式(6-7)得

$$K_a^{\ominus}=\frac{([H^+]/c^{\ominus})^2}{(c-[H^+]/c^{\ominus})} \tag{6-8}$$

另外，HAc 的解离度 α 可表示为

$$\alpha=\frac{[H^+]}{c} \tag{6-9}$$

通过测定已知浓度 HAc 溶液的 pH 值，就可算出$[H^+]$浓度，根据式(6-8)和式(6-9)，可以计算该 HAc 溶液的电离度和平衡常数。($pH=-lg[H^+]$，$[H^+]=10^{-pH}$)。

【实验用品】

仪器：pH 计、滴定管(酸式)、烧杯(25mL)、容量瓶、吸量管。

试剂：HAc($0.100\,0mol\cdot L^{-1}$标准溶液)。

【基本操作】

1. 吸量管的使用。
2. 容量瓶的使用。
3. pH 计的使用。

【实验步骤】

1. 配制系列已知浓度的 HAc 溶液

准备 5 个洁净的 25mL 的烧杯，编号，按表 6-5 的用量用吸量管准确吸取醋酸溶液和蒸馏水于烧杯中，搅匀，移至容量瓶中，配制成不同浓度的醋酸溶液。

表 6-5　HAc 溶液配制

序号 溶液	1	2	3	4	5
$V(HAc)/mL$	1.00	2.00	5.00	8.00	10.00
$V(H_2O)/mL$	9.00	8.00	5.00	2.00	0.00

2. HAc 溶液 pH 值的测定

用 pH 计按由稀到浓的次序测定 1～5 号 HAc 溶液的 pH 值，将数据填入表 6-7，计算 HAc 电离度和电离常数。

【数据记录】

HAc 溶液 pH 值的测定数据记录于表 6-6 中。

表 6-6　HAc 溶液 pH 值

测定时温度：________℃

项目 \ 序号	1	2	3	4	5
pH					

【数据处理】

数据处理见表 6-7。

表 6-7　醋酸电离常数测定实验数据处理

溶液编号	HAc 起始浓度 c/mol·L^{-1}	pH	[H^+] /mol·L^{-1}	$\alpha = \frac{[H^+]}{c}$	$K_a^{\ominus}$	
					测定值	平均值
1						
2						
3						
4						
5						

【注意事项】

测定 HAc 溶液的 pH 值时，要按溶液从稀到浓的顺序进行，每次换测量液时都必须清洗电极并吸干，保证浓度不变，减小误差。

【思考题】

1. 若所用 HAc 溶液的浓度极稀，是否用近似公式 $K_a^{\ominus} = [H^+]^2/c$ 来计算 $K_a^{\ominus}$，为什么？
2. 改变所测 HAc 溶液的浓度或温度，$K_a^{\ominus}$ 有无变化？

实验 7　醋酸电离常数的测定(电导率法)

本实验需 4 学时。

【实验目的】

1. 了解电导率法测定醋酸电离常数的原理。
2. 学习电导率仪的使用。
3. 加深对电离平衡基本概念的理解。

【实验原理】

醋酸是一元弱酸，它的电离常数 $K_a^{\ominus}$ 和电离度 α，有如下关系：

$$\begin{array}{llll} & HAc & \rightleftharpoons H^+ & + Ac^- \\ 起始浓度 & c & 0 & 0 \\ 平衡时浓度 & c - c\alpha & c\alpha & c\alpha \end{array}$$

$$K_a^{\ominus} = \frac{[H^+][Ac^-]}{[HAc]} = \frac{(c\alpha)^2}{c - c\alpha} = \frac{c^2\alpha^2}{c(1-\alpha)} = \frac{c\alpha^2}{1-\alpha} \qquad (6\text{-}10)$$

电离度可以通过测定溶液的电导来求得，从而求得电离常数。

物质导电能力的大小，通常以电阻(R)或电导(G，单位为 S)表示，电导为电阻的倒数：

$$G = \frac{1}{R} \qquad (6\text{-}11)$$

和金属导体一样，电解质溶液的电阻也符合欧姆定律。温度一定时，两极间溶液的电阻与两极间的距离 l 成正比，与电极面积 A 成反比。

$$R \propto \frac{l}{A} \quad 或 \quad R = \rho \frac{l}{A}$$

ρ 称为电阻率，它的倒数称为电导率，以 γ 表示，$\gamma = \frac{1}{\rho}$，单位为 $S \cdot m^{-1}$。

将 $R = \rho \frac{l}{A}$，$\gamma = \frac{1}{\rho}$ 代入式(6-11)中，则可得

$$G = \gamma \frac{A}{l} \quad 或 \quad \gamma = G \frac{l}{A}$$

电导率 γ 表示放在相距为 1m，面积为 $1m^2$ 的两个电极之间溶液的电导。

$\frac{l}{A}$ 称为电极常数或电导池常数。因为在电导池中，所有的电极距离和面积是一定的，所以对某一电极来说，$\frac{l}{A}$ 为常数。

在一定温度下，相距 1m 的两个平行电极间所容纳的含有 1mol 电解质溶液的电导称为摩尔电导，用 λ 表示。V 表示 1mol 电解质溶液体积(m^3)，c 表示溶液的物质的量浓度($mol \cdot L^{-1}$)，这样摩尔电导 λ 与电导率 γ 的关系为

$$\lambda = \gamma V = \frac{\gamma}{c} \qquad (6\text{-}12)$$

λ 的单位为 $S \cdot m^2 \cdot mol^{-1}$。

对于弱电解质来说，在无限稀释时，可看作完全电离，这时溶液的摩尔电导称为极限摩尔电导(λ_∞)。在一定温度下，弱电解质的极限摩尔电导是一定的。表 6-8 列出了无限稀释时醋酸溶液的极限摩尔电导 λ_∞。

表 6-8 无限稀释时醋酸溶液的极限摩尔电导 λ_∞

温度/℃	0	18	25	30
$\lambda_\infty / S \cdot m^2 \cdot mol^{-1}$	245.0×10^{-4}	349.0×10^{-4}	390.7×10^{-4}	421.8×10^{-4}

对于弱电解质来说，某浓度时的电离度等于该浓度时的摩尔电导与极限摩尔电导之比：

$$\alpha = \frac{\lambda}{\lambda_{\infty}} \tag{6-13}$$

将式(6-13)代入式(6-10)，得

$$K_a^{\ominus} = \frac{c\alpha^2}{1-\alpha} = \frac{c\lambda^2}{\lambda_{\infty}(\lambda_{\infty}-\lambda)} \tag{6-14}$$

这样，可以由实验测定浓度为 c 的醋酸溶液的电导率 γ，代入式(6-12)，算出 λ，将 λ 的值代入式(6-14)，即可算出 $K_a^{\ominus}$。

【实验用品】

仪器：电导率仪、吸量管、烧杯(25mL)。

试剂：HAc(0.1000mol · L^{-1}标准溶液)。

【基本操作】

1. 吸量管的使用。
2. 电导率仪的使用。

【实验步骤】

1. 配制不同浓度的醋酸溶液

将 4 个洁净、干燥的 25mL 烧杯编成 1 ~4 号，然后按表 6-9 的烧杯编号用两支吸量管分别准确放入已知浓度的标定好的醋酸溶液和蒸馏水。

表 6-9　不同浓度醋酸溶液的配制

溶液 \ 序号	1	2	3	4
V(HAc)/mL	2.00	5.00	8.00	10.00
$V(H_2O)$/mL	8.00	5.00	2.00	0.00

2. 醋酸溶液电导率的测定

用电导率仪由稀到浓测定 1 ~4 号 HAc 溶液的电导率。

【数据记录】

将数据记录于表 6-10 中。

表 6-10　醋酸溶液电导率测定数据

测定时温度：________℃

序号	1	2	3	4
γ/S · m^{-1}				

【数据处理】

数据处理见表 6-11。

表 6-11　醋酸电离常数测定(电导率法)数据处理

溶液编号	HAc 起始浓度 c/mol · L^{-1}	γ/S · m^{-1}	λ /S · m^2 · mol^{-1}	α	$K_a^{\ominus}$	
					测定值	平均值
1						
2						
3						
4						

【注意事项】

1. 溶液测定顺序应由稀溶液到浓溶液。
2. 电导率仪使用前应先预热。
3. 盛被测溶液的容器必须清洁，无离子污染。

【思考题】

1. 什么叫电导、电导率和摩尔电导？为什么 λ_∞ 与 λ 之比即为弱电解质的电离度？
2. 测定 HAc 溶液的电导率时，测定顺序为什么应由稀溶液到浓溶液进行？

实验 8　磺基水杨酸合铁(Ⅲ)配合物稳定常数的测定

本实验需 4 学时。

【实验目的】

1. 了解用比色法测定配合物的组成和配离子的稳定常数的原理和方法。
2. 学习 722N 分光光度计的使用及有关实验数据的计算机处理方法。

【实验原理】

磺基水杨酸(结构式为 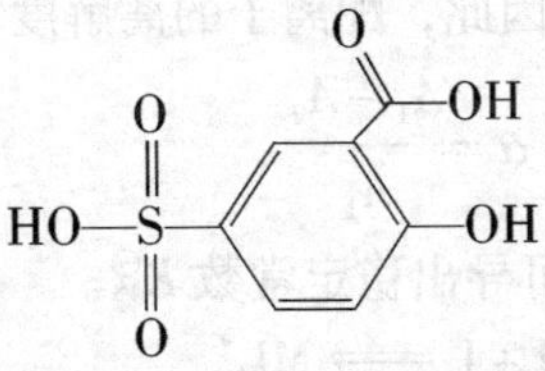，简式为 H_3R，一级电离常数 $K_a^{\ominus}$ = 3×10^{-3})与 Fe^{3+} 可以形成稳定的配合物，因溶液的 pH 不同，形成配合物的组成也不同。生成的配合物在 pH2 ~3 时，生成紫红色螯合物(1∶1 型)；pH4 ~9 时，生成红色螯合物(1∶2 型)；pH9 ~11.5 时，生成黄色螯合物(1∶3 型)；pH >12 时，有色螯合物被破坏而生成 $Fe(OH)_3$沉淀。

分光光度法是一种测定配合物组成的有效方法。一束波长一定的单色光通过有色溶液时，一部分被有色物质吸收，有色物质对光的吸收程度，可用该物质的吸光度 A 表示，它与有色溶液的液层厚度 b 和浓度 c 的乘积成正比。这一规律称为朗伯 - 比耳定律，其数学表达式：

$$A = \kappa bc$$

由朗伯-比尔定律可知，所测溶液的吸光度在液层厚度一定时，只与配离子的浓度成正比。通过对溶液吸光度的测定，可以求出该配离子的组成。

本实验采用等摩尔系列法(又称 Job 法)。

等摩尔系列法：用一定波长的单色光，测定一系列变化组分的溶液的吸光度(中心离子 M 和配体 L 的总物质的量保持不变，而 M 和 L 的摩尔分数连续变化)。显然，在这一系列的溶液中，有一些溶液中金属离子是过量的，而另一些溶液中配体是过量的；在这两个部分溶液中，配离子的浓度都不可能达到最大值，只有当溶液离子与配体的摩尔数之比与配离子的组成一致时，配离子的浓度才能最大。由于中心离子和配体基本无色，只有配离子有色，所以配离子的浓度越大，溶液颜色越深，其吸光度也就越大。若以吸光度对中心离子的摩尔分数作图，则从图 6-9 中最大吸收峰处可以求得配合物的组成 n 值，根据最大吸收处：

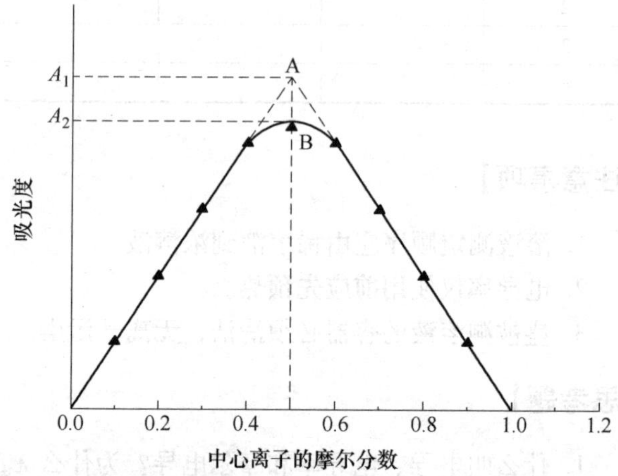

图 6-9　吸光度—中心离子摩尔分数组成图

$$配体的摩尔分数=\frac{配体物质的量}{总物质的量}=0.5$$

$$中心离子摩尔分数=\frac{中心离子物质的量}{总物质的量}=0.5$$

$$n=\frac{配体物质的量}{中心离子摩尔分数}=1$$

由图 6-9 可知，该配合物的组成为 1∶1 型。最大吸光度 A 点可被认为是 M 和 L 全部形成配合物时的吸光度，其值为 A_1。由于配离子有一部分离解，其浓度再稍小些，所以实验测得的最大吸光度在 B 点，其值为 A_2。因此，配离子的离解度 α 可表示为

$$\alpha=\frac{A_1-A_2}{A_1}$$

再根据 1∶1 组成配合物的关系式即可导出稳定常数 $K^{\ominus}_{稳}$。

$$M+L \rightleftharpoons ML$$

平衡浓度　　$c\alpha$　　$c\alpha$　　$c-c\alpha$

$$K^{\ominus}_{稳}=\frac{c(ML)}{c(M)c(L)}=\frac{1-\alpha}{c\alpha^2}$$

式中，c 是 A 点的金属离子浓度(这里的 $K^{\ominus}_{稳}$是没有考虑溶液中的 Fe^{3+} 离子的水解平衡和 H_3R 电离平衡的表观稳定常数)。

【实验用品】

仪器：722N 型分光光度计、烧杯(50mL)、容量瓶(100mL)、移液管(10mL)、玻璃棒。

试剂：$HClO_4$（0.01mol·L^{-1}）、磺基水杨酸（0.010 0mol·L^{-1}）、$(NH_4)Fe(SO_4)_2$（0.010 0mol·L^{-1}）。

其他：洗耳球、擦镜纸。

【基本操作】

1. 溶液的配制、容量瓶的使用。
2. 移液管的使用。
3. 分光光度计的使用。

【实验步骤】

1. 标准溶液的稀释配制

（1）配制0.001 00mol·L^{-1} Fe^{3+}溶液　用移液管吸取10.00mL $(NH_4)Fe(SO_4)_2$（0.010 0 mol·L^{-1}）溶液，注入100mL容量瓶中，用$HClO_4$（0.01mol·L^{-1}）溶液稀释至刻度，摇匀，备用。

实验流程如图6-10所示。

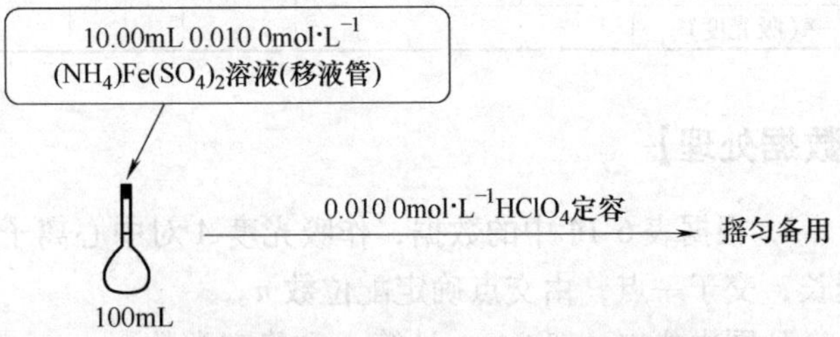

图6-10　0.001 00mol·L^{-1} Fe^{3+}溶液的配制

（2）配制0.001 00mol·L^{-1}磺基水杨酸（H_3R）溶液　用移液管吸取10.00mL H_3R（0.010 0mol·L^{-1}）溶液，注入100mL容量瓶中，用$HClO_4$（0.01mol·L^{-1}）溶液稀释至刻度，摇匀，备用。

实验流程如图6-11所示。

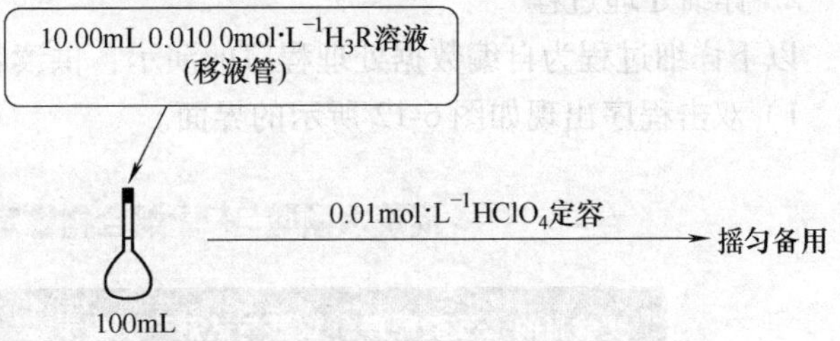

图6-11　0.001 00mol·L^{-1} H_3R溶液的配制

2. 配制系列溶液

1）用三支贴好标签的10mL移液管，按表6-12分别吸取对应体积的三种溶液，转移至已编号的50ml烧杯中。

表6-12　系列溶液的配制

编号	摩尔比	0.001 00mol·L^{-1} Fe^{3+}/mL	0.001 00mol·L^{-1} H_3R/mL	0.01mol·L^{-1} $HClO_4$/mL	H_3R 摩尔分数
0	0	0.00	10.00	10.00	
1	0.1	1.00	9.00	10.00	
2	0.2	2.00	8.00	10.00	
3	0.3	3.00	7.00	10.00	
4	0.4	4.00	6.00	10.00	
5	0.5	5.00	5.00	10.00	
6	0.6	6.00	4.00	10.00	
7	0.7	7.00	3.00	10.00	

（续）

编号	摩尔比	0.001 00mol · L^{-1} Fe^{3+}/mL	0.001 00mol · L^{-1} H_3R/mL	0.01mol · L^{-1} $HClO_4$/mL	H_3R 摩尔分数
8	0.8	8.00	2.00	10.00	
9	0.9	9.00	1.00	10.00	
10	1	10.00	0.00	10.00	

2）用分光光度计在500nm波长下，以蒸馏水为参比，测定系列溶液的吸光度，并且记录吸光度 A。

【数据记录】

将数据记录于表6-13中。

表6-13　吸光度 A 的测定数据

摩尔比	0	0.1	0.2	0.3	0.4	0.5	0.6	0.7	0.8	0.9	1
A(吸光度)											

【数据处理】

1. 根据表6-14中的数据，作吸光度 A 对中心离子摩尔比的关系图。将两侧的直线部分延长，交于一点，由交点确定配位数 n。

从图中找出 A_1 和 A_2，计算 α 和稳定常数。

2. 详细处理过程

以下详细过程为自编数据处理程序的演示，供读者参考。

1）双击程序出现如图6-12所示的界面。

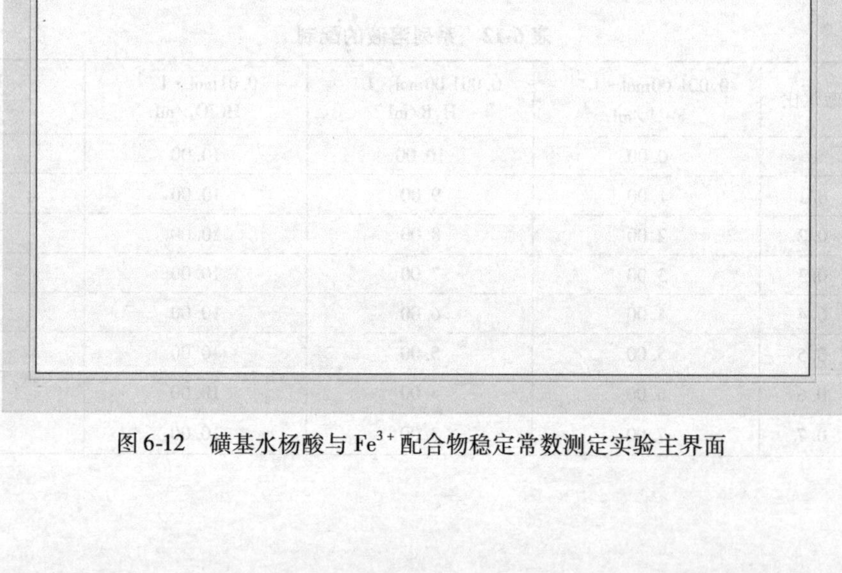

图6-12　磺基水杨酸与 Fe^{3+} 配合物稳定常数测定实验主界面

2）单击“数据记录与结果处理”出现如图6-13所示的界面。

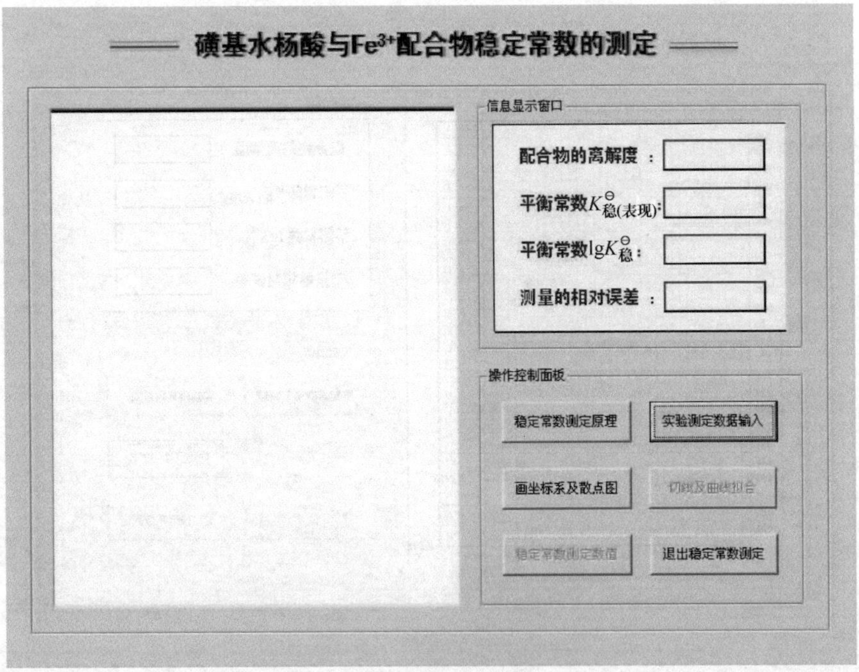

图6-13　数据记录与结果处理界面

3）单击图6-13中实验测定数据输入出现如图6-14所示的界面。

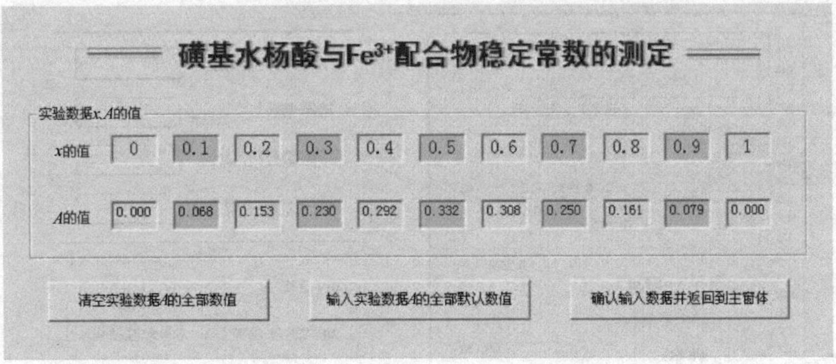

图6-14　实验测定数据输入界面

4）单击“确认输入数据并返回到主窗体”按钮，返回图6-13所示的界面单击“画坐标系及散点图”按钮，出现如图6-15所示的界面。

5）单击“切线及曲线拟合”按钮，出现如图6-16所示的界面。

6）单击“稳定常数测定数值”按钮出现如图6-17所示的界面。

7）单击“退出稳定常数测定”按钮，数据处理结束。

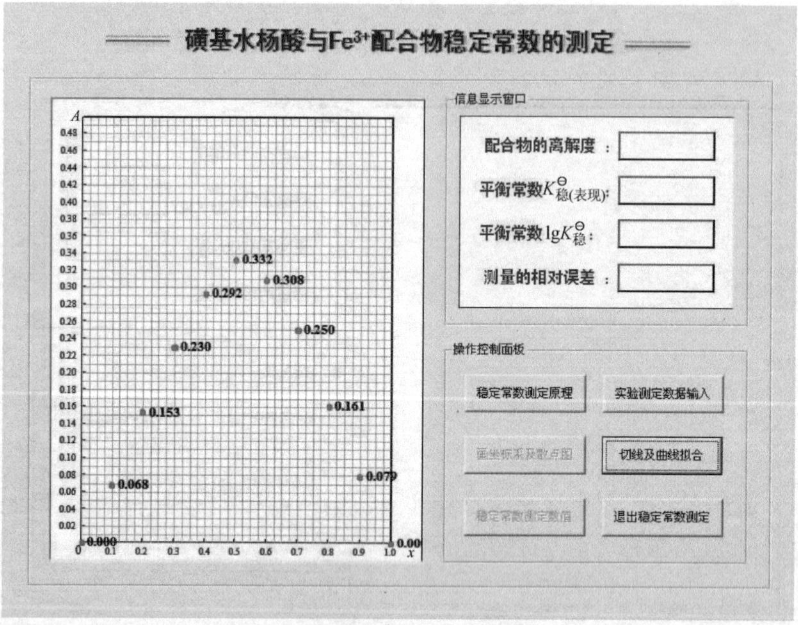

图 6-15　画坐标系及散点图界面

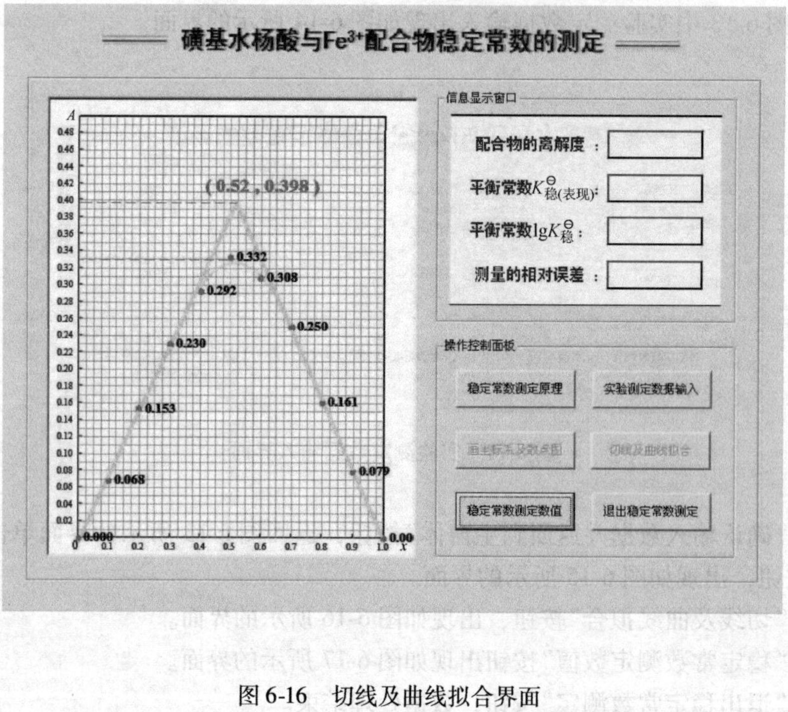

图 6-16　切线及曲线拟合界面

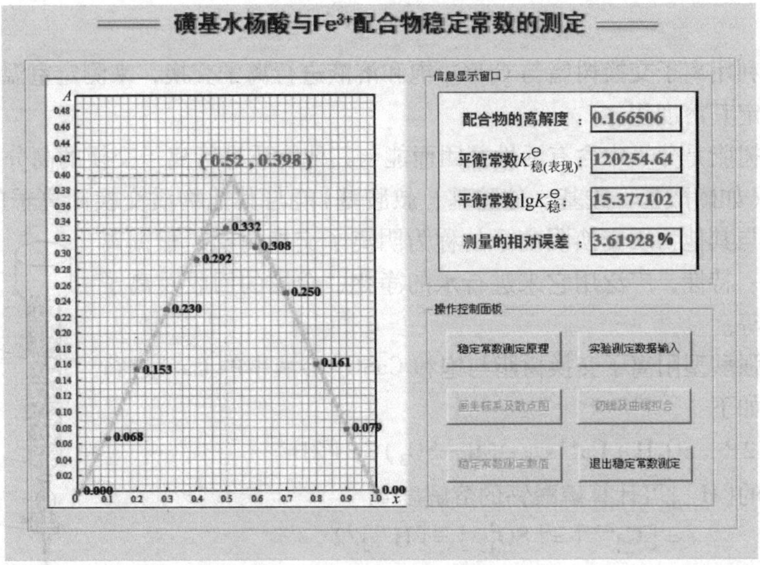

图 6-17　稳定常数测定数值界面

【注意事项】

1. 烧杯必须干燥且做好标记。
2. 测试前溶液应混合均匀。

【思考题】

1. 用等摩尔系列法测定配合物组成时，为什么说溶液中的离子与配位体的物质的量之比正好与配离子组成相同时，配离子的浓度最大?
2. 使用比色皿时，需要注意哪些方面?

实验 9　硫酸钙溶度积的测定(离子交换法)

本实验需 4 学时。

【实验目的】

1. 学习离子交换树脂的原理及应用。
2. 了解用离子交换法测定难溶电解质的溶度积的原理和方法。

【实验原理】

在难溶电解质 $CaSO_4$ 的饱和溶液中，存在着以下平衡：

$$CaSO_4(s) \rightleftharpoons Ca^{2+} + SO_4^{2-}$$

其溶度积为

$$K_{sp}(CaSO_4) = [Ca^{2+}][SO_4^{2-}]$$

本实验是利用离子交换树脂与 $CaSO_4$ 饱和溶液进行离子交换，来测定室温下 $CaSO_4$ 的溶解度，从而确定其溶度积。

离子交换树脂是分子中含有活性基团而能与其他物质进行离子交换的高分子化合物。含有的活性基团(如磺酸基、羧基、仲胺基、叔胺基)能与其他物质交换阳离子的称为阳离子交换树脂，能与其他物质交换阴离子的称为阴离子交换树脂。根据离子交换树脂这一特性，广泛用它来进行水的净化、金属的回收及离子的分离和测定等。

图 6-18　离子交换柱

本实验用强酸型阳离子交换树脂与饱和 $CaSO_4$ 溶液中的 Ca^{2+} 进行交换，其反应如下：

$$2R—SO_3H + Ca^{2+} \rightleftharpoons (R—SO_3)Ca + 2H^+$$

从流出液的 $[H^+]$ 可计算硫酸钙的溶解度 c：

$$c = [Ca^{2+}] = [SO_4^{2-}] = [H^+]/2$$

$[H^+]$ 可用 pH 计进行测定，从而计算溶度积 $K_{sp}(CaSO_4)$：

$$K_{sp}(CaSO_4) = [Ca^{2+}][SO_4^{2-}] = c^2$$

【实验用品】

仪器：离子交换柱、容量瓶(100mL)、移液管(25mL)、烧杯(50mL)、pH 计。

试剂：新过滤的 $CaSO_4$ 饱和溶液、强酸型阳离子交换树脂(型号 732，柱内氢型湿树脂约 65mL)、缓冲液(pH = 4. 003)、HCl(2. 0mol · L^{-1})。

其他：洗耳球、擦镜纸、滤纸片、塑料通条、pH 试纸。

【基本操作】

1. 容量瓶的使用。
2. 阳离子交换树脂的使用。
3. pH 计的使用。

【实验步骤】

1. 装柱(由实验准备室装好)

在交换柱底部填入少量玻璃纤维。将强酸型阳离子交换树脂(钠型，用蒸馏水浸泡 24 ~ 48 h 洗净)和水的糊状物注入交换柱内，用塑料通条赶走树脂间的气泡，保持液面略高于树脂。装填好的离子交换柱如图 6-18 所示。

2. 转型(由实验准备室处理)

为保证钙离子完全交换成氢离子，必须将钠型完全转变为氢型，否则实验结果偏低。用 130mL 2. 0mol · L^{-1}HCl 以 30 滴/min 的流速流过离子交换树脂，然后用蒸馏水淋洗树脂直到流出液呈中性。

3. 交换和洗涤

用移液管移取 25. 00mL $CaSO_4$ 饱和溶液，放入离子交换柱中，流出液用 100mL 容量瓶承接，流出速度控制在 20～25 滴/min，不宜太快。当液面下降到略高于交换树脂时加 25mL 蒸馏水洗涤，流速仍为 20～25 滴/min。再次用 25mL 蒸馏水继续洗涤时，流出速度可适当加快，控制在 45～50 滴/min，继续洗涤，在流出液接近 100mL 时，用 pH 试纸测试，流出液的 pH 值应接近 7。旋紧螺旋夹，移走容量瓶。每次加液体前，液面都应略高于树脂（1cm），这样既不会带进气泡，又可减少溶液的混合，以提高交换和洗涤的效果。

4. 氢离子浓度的测定

将盛有流出液的 100mL 容量瓶用蒸馏水定容至刻度，摇匀。用 pH 计测定溶液的 pH 值并计算[H^+]。

实验流程如图 6-19 所示。

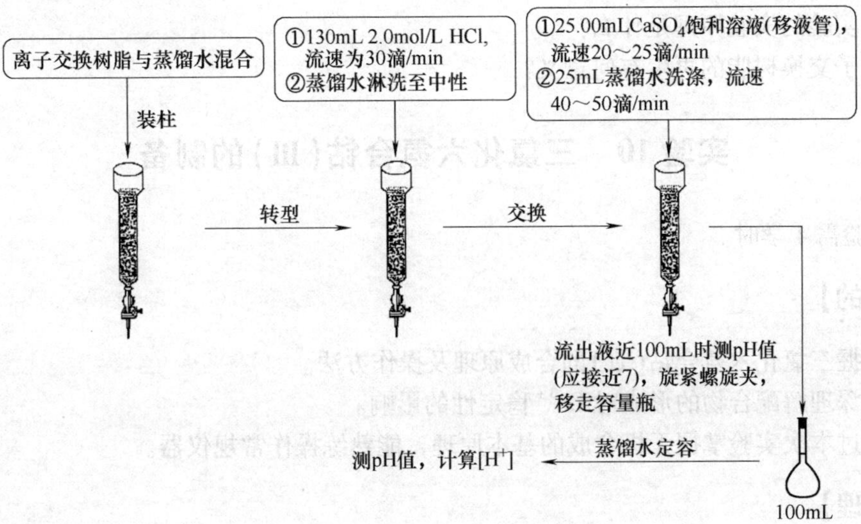

图 6-19　硫酸钙溶度积的测定流程

【数据记录】

将数据记录于表 6-14。

表 6-14　硫酸钙溶度积的测定数据

室温：　　　℃

通过交换柱的饱和溶液的体积/mL	
流出液的 pH 值	
流出液的[H^+]$_{100}$/mol · L^{-1}	

【数据处理】

数据处理见表 6-15。

表 6-15　硫酸钙溶度积测定的数据处理

25.00mL 溶液完全交换后的[H^+]$_{25}$[[H^+]$_{25}$ = [H^+]$_{100}$ ×100/25]	
$CaSO_4$ 的溶解度 c/mol · L^{-1}	
$CaSO_4$ 的溶度积 K_{sp}($CaSO_4$)	

【注意事项】

1. 离子交换的速率不能太快，每次加液前液面都高于树脂 1cm。
2. 洗涤时流出液应洗至中性。

【思考题】

1. 如何配制饱和 $CaSO_4$ 溶液？对所用蒸馏水有何要求？过滤 $CaSO_4$ 沉淀时，对滤纸、漏斗及承接容器有什么要求？
2. 常用的离子交换法包括哪几步？
3. 本实验的实验原理是什么？
4. 离子交换树脂的再生有何意义？

实验 10　三氯化六氨合钴(Ⅲ)的制备

本实验需 4 学时。

【实验目的】

1. 掌握三氯化六氨合钴(Ⅲ)的合成原理及操作方法。
2. 加深理解配合物的形成对 Co^{3+} 稳定性的影响。
3. 通过本次实验掌握无机合成的基本原理，能熟练操作常规仪器。

【实验原理】

三氯化六氨合钴的化学式为 $[Co(NH_3)_6]Cl_3$，橙黄色晶体，20℃在水中的溶解度为 $0.26mol \cdot L^{-1}$。其中 Co^{3+} 为正三价离子，d^2sp^3 杂化，内轨型配合物。在酸性溶液中，Co^{3+} 具有很强的氧化性，易与许多还原剂发生氧化还原反应而转变成稳定的 Co^{2+}。

$[Co(NH_3)_6]^{3+}$ 离子很稳定，其 $K_{稳} = 1.6 \times 10^{35}$，因此在强碱或强酸的作用下基本不被分解，只有在沸热的条件下加入强碱才分解：

$$2[Co(NH_3)_6]Cl_3 + 6NaOH = 2Co(OH)_3 + 12NH_3\uparrow + 6NaCl$$

在水溶液中，电极电势 $\varphi^{\ominus}(Co^{3+}/Co^{2+}) = 1.84V$，所以在一般情况下，Co(Ⅱ)在水溶液中是稳定的，不易被氧化为 Co(Ⅲ)；相反，Co(Ⅲ)很不稳定，容易氧化水[$\varphi^{\ominus}(O_2/H_2O)$ 为 1.229V) 放出氧。但在有配合剂氨水存在时，由于形成相应的配合物 $[Co(NH_3)_6]^{2+}$，电极电势 $\varphi^{\ominus}[Co(NH_3)_6]^{3+}/[Co(NH_3)_6]^{2+} = 0.1V$。因此，Co(Ⅱ)很容易被氧化为 Co(Ⅲ)，得到较稳定的 Co(Ⅲ)配合物。

本实验以活性炭为催化剂，在 $NH_3 \cdot H_2O$ 和 NH_4Cl 存在下，用 H_2O_2 氧化 Co^{2+} 溶液制备橙黄色的 $[Co(NH_3)_6]Cl_3$。

$$2CoCl_2 \cdot 6H_2O + 10NH_3 \cdot H_2O + 2NH_4Cl + H_2O_2 = 2[Co(NH_3)_6]Cl_3 + 24H_2O$$

【实验用品】

仪器：恒温电磁搅拌器、水浴加热装置、吸滤瓶、锥形瓶(100mL)、容量瓶(100mL)、烧杯(100mL)、量筒(25mL、100mL)、循环水真空泵、台式天平。

试剂：浓 $NH_3 \cdot H_2O$、H_2O_2(10%)、浓 HCl、$CoCl_2 \cdot 6H_2O$、NaOH(20%)、乙醇(无水、95%)、NH_4Cl、活性炭。

【基本操作】

1. 溶解，水浴加热。
2. 减压过滤。

【实验步骤】

在 100mL 锥形瓶内加入 4.5g 研细的 $CoCl_2 \cdot 6H_2O$，3.0g NH_4Cl 和 5.0mL 水。加热溶解后加入 0.3g 活性炭冷却后，加入 10mL 浓 $NH_3 \cdot H_2O$，进一步用冰水冷却到 10℃以下，缓慢加入 10mL 10% 的 H_2O_2，在水浴上加热至 60℃左右，恒温 20min(适当摇动锥形瓶)。以流水冷却后再以冰水冷却即有晶体析出(粗产品)，抽滤。将滤饼溶于含有 1.5mL 浓 HCl 的 40mL 沸水中，趁热抽滤。滤液转移到 100mL 的烧杯中，加入 5.0mL 浓 HCl。以冰水冷却，即有晶体析出，抽滤，用 10mL 无水乙醇洗涤，抽干，将滤饼连同滤纸一并取出放在一张纸上，置于干燥箱中，称重(精确至 0.1g)，计算产率。

实验流程如图 6-20 所示。

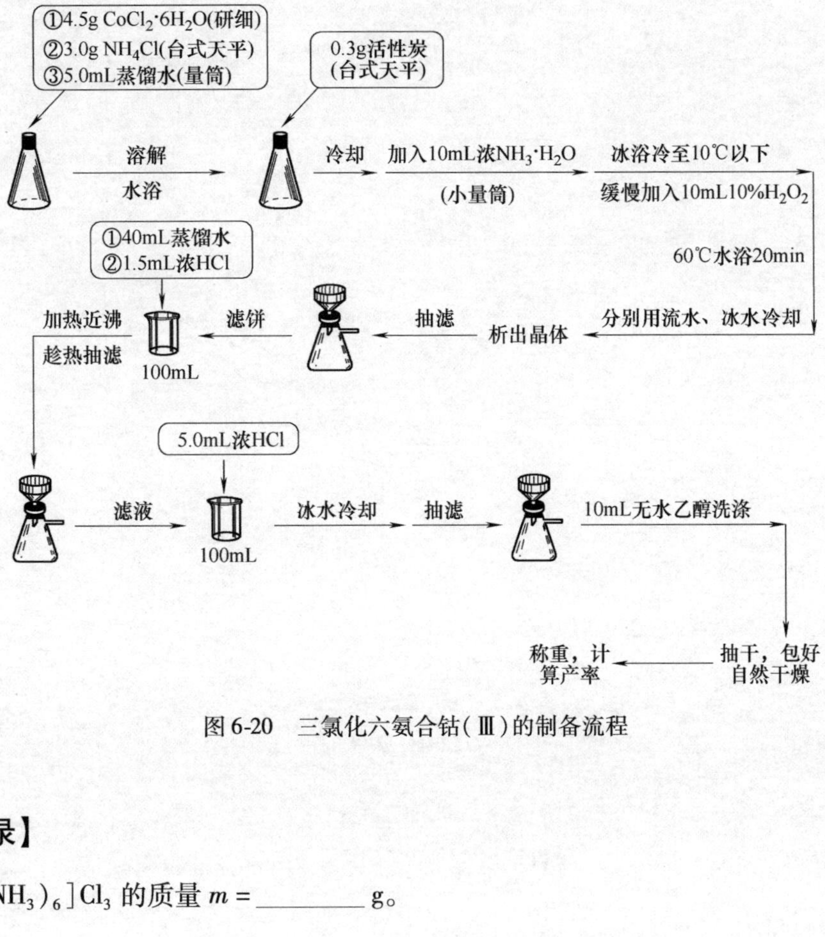

图 6-20　三氯化六氨合钴(Ⅲ)的制备流程

【数据记录】

$[Co(NH_3)_6]Cl_3$ 的质量 m = ________ g。

【数据处理】

理论产量 m_0 = ________ g。

产率 = $\frac{m}{m_0} \times 100\%$ = ________。

【注意事项】

1. 要冷却到10℃以下，用滴管逐滴加入10mL 10% H_2O_2，避免 H_2O_2 的分解。

2. 合成过程中，使用刺激性气味的试剂在通风橱内量取。

【思考题】

1. 活性炭的作用是什么？

2. 沉淀溶于含1.5mL浓HCl的40mL沸水后，趁热过滤的目的是什么？此步骤应注意什么？

第 7 章　分析化学实验

实验 11　分析天平称量练习

本实验需 3 学时。

【实验目的】

1. 了解分析天平的构造和原理，掌握分析天平的使用。
2. 学会用直接法和减量法称量试样。

【实验原理】

常见的称量方法分为直接法和减量法。直接法一般用于称取不易吸水，在空气中性质稳定的物质，可将试样置于天平盘的表面皿(或烧杯)上直接称取。减量法通常用于称取多份粉末状或易吸水、易氧化及易与二氧化碳反应的试样，称量时要使用称量瓶。把稍多于所需质量的试样装入称量瓶中，少量多次往待装容器中倾倒试样，直至试样的质量符合要求。称量前后，称量瓶与试样的总质量之差即为称取试样的质量，如图 7-1 所示。

$$m = m_1 - m_2$$

↙　↓　↘

称取试样质量　｜　称量瓶 + 试样质量　｜　称量瓶 + 剩余试样质量

图 7-1　减量法称量

【实验用品】

仪器：分析天平、称量瓶、烧杯。

试剂：NaCl。

其他：脱脂棉。

【基本操作】

1. 分析天平的使用。
2. 称量瓶的使用。
3. 减量法称量的基本操作。

【实验步骤】

1. 直接法称量

称取称量瓶的质量 $m_{瓶}$。

2. 减量法称量

采用减量法从称量瓶中准确称取两份 0.2 ~ 0.3g NaCl 试样，并且验证称量的准确性。

分别称取干燥的小烧杯 1 和小烧杯 2 的质量，记为 $m_{杯1}$ 和 $m_{杯2}$。

在台式天平上粗称 0.6g 左右的 NaCl 试样装入称量瓶中，再用分析天平称量其准确质量，记录称量瓶与初始试样总质量 m_1。用减量法从称量瓶中逐份称取两份 0.2 ~ 0.3g NaCl 试样，分别转入小烧杯 1 和小烧杯 2，记录称量瓶与剩余试样质量 m_2 和 m_3。然后，分别称取盛有样品的小烧杯 1 和小烧杯 2 的质量，记为 m_4 和 m_5。

实验流程如图 7-2 所示。

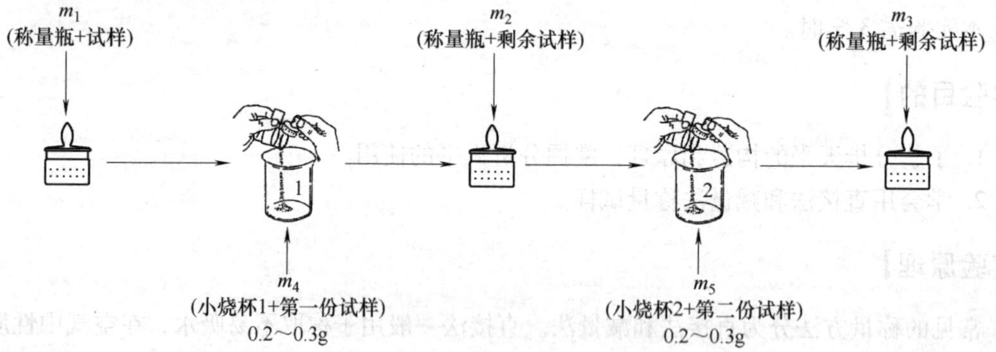

图 7-2　分析天平称量练习流程

【数据记录】

$m_{瓶}$ = ________ g，$m_{杯1}$ = ________ g，$m_{杯2}$ = ________ g，m_1 = ________ g，m_2 = ________ g，m_3 = ________ g，m_4 = ________ g，m_5 = ________ g。

【数据处理】

数据处理见表 7-1。

表 7-1　分析天平减量法称量数据处理

倾出试样质量/g	$m_6 = m_1 - m_2$ = ________	$m_7 = m_2 - m_3$ = ________
称取试样质量/g	$m_8 = m_4 - m_{杯1}$ = ________	$m_9 = m_5 - m_{杯2}$ = ________
绝对误差/g	$\lvert m_6 - m_8 \rvert$ = ________	$\lvert m_7 - m_9 \rvert$ = ________

【注意事项】

1. 万分之一的分析天平准确度为 0.1mg，称量一个样品的误差为 ±0.2mg，所有的称量数据有效数字保留到 0.000 1g。

2. 称量前，称量瓶和烧杯直接用脱脂棉擦干。称量过程中，取放称量瓶和烧杯必须用纸条包住，不能直接用手接触。

3. “去皮键”只在称量开始时调零用，减量法称量过程中不能多次按“去皮键”，避免引入误差。

【思考题】

1. 什么情况下用直接法称量？什么情况下用减量法称量？
2. 使用称量瓶时，如何操作才能保证试样不致损失？
3. 用减量法称取试样时，若称量瓶内的样品吸湿，将对称量结果造成什么误差？若试样敲落在烧杯内再吸湿，对称量是否有影响？

实验 12　容量器皿的校准

本实验需 3 学时。

【实验目的】

1. 掌握滴定管、容量瓶、移液管的使用方法。
2. 学习容量器皿的校准方法。

【实验原理】

滴定管、移液管和容量瓶是滴定分析法所用的主要量器。容量器皿的实际容积与其所标出的体积并非完全相符，因此，在准确度要求较高的分析工作中，使用前必须对容量器皿进行校准。校准容量器皿时通常采用两种方法：相对校准和绝对校准（又称为称量法校准）。

相对较准用于经常配合使用的容量器皿之间，要求两种容器体积之间有一定的比例关系。例如，要用 25mL 移液管从 250mL 容量瓶中量取试剂，则移液管与容量瓶之间的容积比应为 1∶10。

绝对校准用于校准容量器皿的实际容积，其原理是用天平称量容量器皿中所放出或容纳纯水的质量，根据该温度下水的密度，计算出该容量器皿在该温度时的容积：

$$V = \frac{m}{\rho_t'} \tag{7-1}$$

其中，m 是容量器皿所放出或容纳水的质量；ρ_t' 为 t 温度下水的校正密度。经校准后的纯水密度列于表 7-2 中。

表 7-2　在不同温度下纯水的密度 ρ_t 和校正密度 ρ_t'

温度/℃	ρ_t/g · cm^{-3}	ρ_t'/g · cm^{-3}	温度/℃	ρ_t/g · cm^{-3}	ρ_t'/g · cm^{-3}
5	0.999 96	0.998 53	18	0.998 60	0.997 49
6	0.999 94	0.998 53	19	0.998 41	0.997 33
7	0.999 90	0.998 52	20	0.998 21	0.997 15
8	0.999 85	0.998 49	21	0.997 99	0.996 95
9	0.999 78	0.998 45	22	0.997 77	0.996 76
10	0.999 70	0.998 37	23	0.997 54	0.996 55
11	0.999 61	0.998 33	24	0.997 36	0.996 34
12	0.999 50	0.998 24	25	0.997 05	0.996 12
13	0.999 38	0.998 15	26	0.996 79	0.995 88
14	0.999 25	0.998 04	27	0.996 52	0.995 66
15	0.999 10	0.997 92	28	0.996 24	0.995 39
16	0.998 94	0.997 78	29	0.995 95	0.995 12
17	0.998 78	0.997 64	30	0.995 65	0.994 85

【实验用品】

仪器：移液管（25mL）、容量瓶（250mL）、酸式滴定管（25mL）、具塞锥形瓶（50mL）。分析天平。

其他：脱脂棉或滤纸片。

【基本操作】

1. 酸式滴定管的使用方法。
2. 移液管的使用方法。
3. 容量瓶的使用方法。

【实验步骤】

1. 移液管和容量瓶的相对校准

在预先洗干净且晾干的250mL容量瓶中，用25mL移液管准确移入25.00mL自来水，重复移取10次后，观察此时瓶颈处水的凹面是否和容量瓶标线相切，否则，应另作一标记。

2. 滴定管校准（称量法）

准备好一根洗净的酸式滴定管，注入蒸馏水至“0”刻度线以上。把滴定管夹在滴定管架上，将液面调节至“0”刻度或以下附近。慢慢旋开旋塞，把滴定管中的水慢慢放入已去皮且外壁干燥的50mL具塞锥形瓶中。每放入水5mL左右（记录至小数点后第二位）后，即盖上塞子称量，并且记录水的质量（记录至小数点后第三位），直至放出25mL水。最后，根据在实验温度下水的密度ρ_t'（见表7-2），计算它们的实际容积，并且从滴定管所标示的容积（A）和实际容积（V）之差，求出其校正值（ΔV）。

重复校准一次并求出平均校正值（$\Delta\overline{V}$）。

【数据记录与处理】

数据记录与处理见表7-3。

表7-3　滴定管校准实验数据与处理

实验温度：________℃

滴定管读数（0.01mL）		水的质量 m（0.001g）		实际容积 V（0.01mL）		滴定管水的体积 A（0.01mL）		校正值 ΔV（0.01mL）		平均校正值 $\Delta\overline{V}$（0.01mL）
1	2	1	2	1	2	1	2	1	2	

注：1. 水的质量m为扣除具塞锥形瓶后瓶内水的质量，具塞锥形瓶要去皮。

2. 水的实际容积V由式（7-1）计算。

3. 滴定管量出水的体积A=滴定管读数－滴定管初始读数，如当滴定管初始读数为0.01mL，而滴定管读数为4.99mL时，放出水的体积$A=4.99\text{mL}-0.01\text{mL}=4.98\text{mL}$。

4. 校正值$\Delta V=V-A$。

5. 平均校正值$\overline{V}=\dfrac{\Delta V_1+\Delta V_2}{2}$。

6. 滴定管读数为实际液面的读数，不一定为整数，应记录到0.01mL。

【注意事项】

1. 具塞锥形瓶外壁应用脱脂棉或滤纸片擦干，在称量时应盖上塞子。
2. 测试用蒸馏水应放在天平室恒温。
3. 记录天平室的湿态温度，并且查出相应的ρ_t'。

【思考题】

1. 本实验从滴定管放水于具塞锥形瓶过程中应注意哪些问题?
2. 称量水的质量时，为什么只要求精确至 0. 001g?
3. 滴定管每次放出的溶液是否一定要是整数?

实验 13　盐酸溶液的配制与标定

本实验需 3 学时。

【实验目的】

1. 学会用基准物质标定盐酸浓度的方法。
2. 掌握滴定的基本操作。

【实验原理】

标定 HCl 溶液的基准物质选用无水碳酸钠，其反应式如下：

$$Na_2CO_3 + 2HCl = 2NaCl + H_2O + CO_2\uparrow$$

滴定至反应完全时，溶液的 pH 为 3. 89。可选用溴甲酚绿-二甲基黄混合指示剂，滴定至终点时溶液的颜色由绿色(或蓝绿色)变化为亮黄色(pH3. 9)。根据 Na_2CO_3 的质量和所消耗的 HCl 体积，可以计算出盐酸的浓度 $c(HCl)$：

$$c(HCl) = \frac{2m(Na_2CO_3)/M(Na_2CO_3)}{V(HCl)\times 10^{-3}}$$

式中，$m(Na_2CO_3)$是称取 Na_2CO_3 的质量，单位为 g；$M(Na_2CO_3)$是 Na_2CO_3 摩尔质量，单位为 $g\cdot mol^{-1}$；$V(HCl)$是滴定消耗的 HCl 标准溶液的体积，单位为 mL。

【实验用品】

仪器：酸式滴定管、锥形瓶(250mL)、试剂瓶(500mL)、称量瓶、分析天平、量筒。

试剂：无水 Na_2CO_3 基准物质、浓盐酸、溴甲酚绿-二甲基黄混合指示剂。

【基本操作】

1. 滴定的基本操作。
2. 溶液的粗配。

【实验步骤】

1. 盐酸溶液的配制

在通风橱中用小量筒量取约 2.8mL 浓盐酸，沿器壁缓缓倒入预先装有约 100mL 蒸馏水的无色试剂瓶中。用蒸馏水稀释至 300mL，摇匀备用。

实验流程如图 7-3 所示。

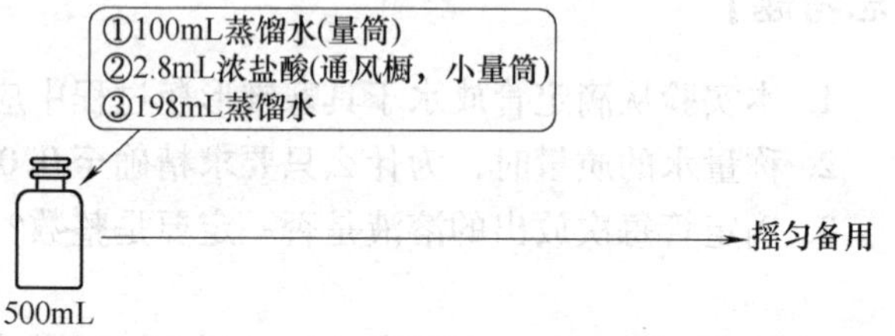

图 7-3　盐酸溶液的配制流程

2. 盐酸溶液浓度的标定

减量法准确称取三份 0.10 ~ 0.12g 无水 Na_2CO_3 基准物(见图 7-4)，分别置于三个 250mL 锥形瓶中，加入 40mL 蒸馏水，摇动使其完全溶解。再加入 4 滴溴甲酚绿-二甲基黄混合指示剂，滴定至溶液由绿色(或蓝绿色)变为亮黄色时即为终点，记录滴定管读数，并且计算所消耗 HCl 溶液的体积。

重复上述操作两次。根据无水 Na_2CO_3 的质量和滴定所消耗的 HCl 溶液的体积，计算 HCl 溶液的浓度(见图 7-5)。

减量法称量 Na_2CO_3 的实验流程如图 7-4 所示。

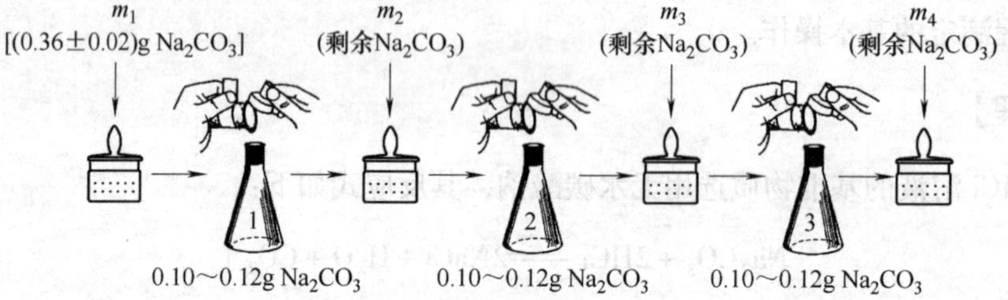

图 7-4　减量法称量 Na_2CO_3 的流程

盐酸溶液浓度的标定实验流程如图 7-5 所示。

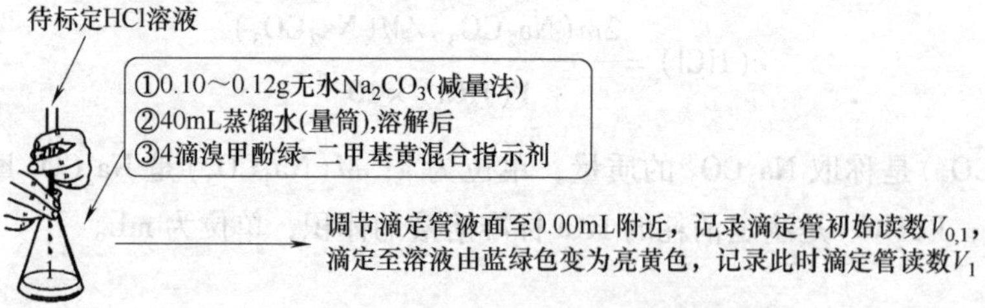

图 7-5　盐酸溶液浓度的标定流程

对其他两份样品进行同样的操作，分别记录 $V_{0,2}$ 和 V_2 及 $V_{0,3}$ 和 V_3。

【数据记录】

m_1 = ________ g，m_2 = ________ g，m_3 = ________ g，m_4 = ________ g。

$V_{0,1}$ = ________ mL，$V_{0,2}$ = ________ mL，$V_{0,3}$ = ________ mL。

V_1 = ________ mL，V_2 = ________ mL，V_3 = ________ mL。

【数据处理】

数据处理见表 7-4。

表 7-4　盐酸溶液的标定实验数据处理

记录项目	序号		
	1	2	3
称出的碳酸钠质量/g	$m_1 - m_2 =$	$m_2 - m_3 =$	$m_3 - m_4 =$
滴定管初始读数 V_0/mL			
滴定管最终读数 V/mL			
HCl 净用量($V - V_0$)/mL			
c(HCl)/mol · L^{-1}			
$\bar{c}$(HCl)/mol · L^{-1}			

【注意事项】

1. 溶解 Na_2CO_3 时应摇动锥形瓶溶解，而不能用玻璃棒搅拌溶解。
2. 每次滴定均需调整滴定管初始读数为 0mL。

【思考题】

1. 标定 HCl 溶液的浓度除了用 Na_2CO_3 外，还可以用何种基准物质？为什么 HCl 标准溶液配制后，一般要经过标定？
2. 盛放 Na_2CO_3 的锥形瓶是否需要预先烘干？加入的水量是否需要准确？

实验 14　面碱中碳酸钠和碳酸氢钠含量的测定

本实验需 3 学时。

【实验目的】

1. 掌握用双指示剂法测定面碱中 Na_2CO_3、$NaHCO_3$ 及总碱量的原理和方法。
2. 了解酸碱滴定法在碱度测定中的应用。
3. 进一步练习滴定、移液等基本操作。

【实验原理】

面碱中组分 Na_2CO_3、$NaHCO_3$ 的含量和总碱度（以 Na_2O 表示）一般可以用“双指示剂法”测定。实验中先以酚酞为指示剂，用 HCl 标准溶液滴定至浅粉色，此时的产物为 $NaHCO_3$，其 pH 为 8.32，即为第一滴定终点。反应式如下：

$$Na_2CO_3 + HCl \xlongequal{} NaHCO_3 + NaCl$$

然后，再加溴甲酚绿-二甲基黄指示剂，继续滴定至溶液由绿色变为亮黄色，此时的产物为 H_2CO_3 的水溶液，其 pH 为 3.89，即为第二滴定终点。溶液中发生的反应方程式如下：

$$NaHCO_3 + HCl \xlongequal{} NaCl + H_2O + CO_2 \uparrow$$

根据面碱的质量和滴定所消耗的 HCl 溶液的体积，可以计算出面碱中 Na_2CO_3、$NaHCO_3$ 的含量和总碱度：

$$w(Na_2CO_3) = \frac{\bar{c}(HCl) \times (V_1 - V_0) \times 10^{-3} \times M(Na_2CO_3)}{m_s} \times 100\%$$

$$w(NaHCO_3) = \frac{\bar{c}(HCl) \times (V_2 - V_1) \times 10^{-3} \times M(NaHCO_3)}{m_s} \times 100\%$$

$$w(Na_2O) = \frac{\frac{1}{2}\bar{c}(HCl) \times (V_{总} - V_0) \times 10^{-3} \times M(Na_2O)}{m_s} \times 100\%$$

式中，$\bar{c}(HCl)$是 HCl 标准溶液的平均浓度，单位为 $mol \cdot L^{-1}$；V_0、V_1 和 $V_{总}$ 分别是滴定管初始读数、第一滴定终点读数和第二滴定终点读数，单位为 mL；V_2 是 $V_{总}$ 与 V_1 的差，单位为 mL；m_s 是称取的面碱试样质量，单位为 g；$M(Na_2O)$、$M(Na_2CO_3)$ 和 $M(NaHCO_3)$ 分别是 Na_2O、Na_2CO_3 和 $NaHCO_3$ 的摩尔质量，单位为 $g \cdot mol^{-1}$。

【实验用品】

仪器：酸式滴定管、锥形瓶(250mL)、称量瓶、分析天平、量筒。

试剂：面碱、HCl 标准溶液[实验 13 中配制，$\bar{c}(HCl)$]、酚酞指示剂、溴甲酚绿-二甲基黄指示剂。

【基本操作】

滴定的基本操作。

【实验步骤】

用减量法准确称取三份 0.10 ~ 0.12g 面碱试样(见图 7-6)，分别置于三个 250mL 锥形瓶中，加入 30mL 蒸馏水，摇动使其完全溶解。再加入 1 滴酚酞指示剂，滴定至溶液由红色变为浅粉色时即为第一滴定终点，记录滴定管的第一滴定终点读数 $V_{1,1}$。然后加入 4 滴溴甲酚绿-二甲基黄指示剂，继续滴定至溶液由绿色变为亮黄色，即为第二滴定终点，记录滴定管的第二滴定终点读数 $V_{总,1}$。

重复上述操作两次。根据面碱的质量和滴定所消耗的 HCl 溶液的体积，可以计算出面碱中 Na_2CO_3、$NaHCO_3$ 的含量和总碱度(见图 7-7)。

减量法称取面碱的实验流程如图 7-6 所示。

滴定实验流程如图 7-7 所示。

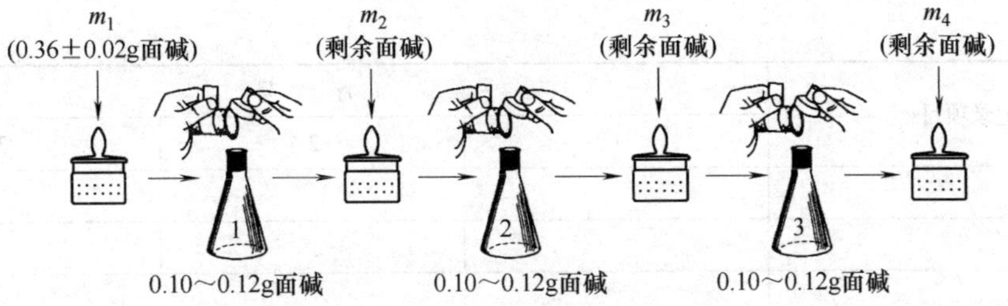

图 7-6　减量法称取面碱的流程

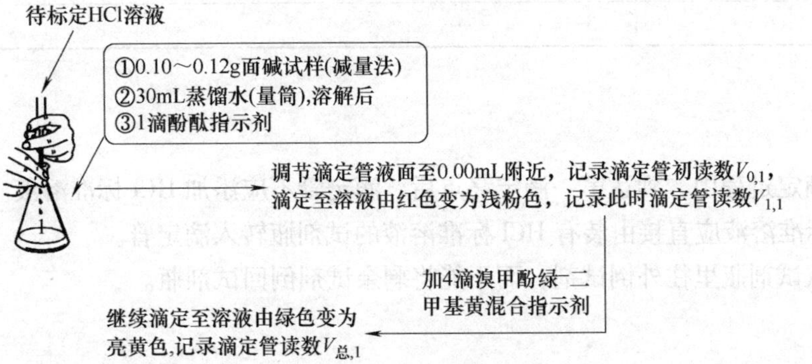

图 7-7　滴定实验流程

对其他两份试样进行同样的操作，分别记录 $V_{0,2}$、$V_{1,2}$、$V_{总,2}$与 $V_{0,3}$、$V_{1,3}$、$V_{总,3}$。

【数据记录】

m_1 = ________ g，m_2 = ________ g，m_3 = ________ g，m_4 = ________ g。

$V_{0,1}$ = ________ mL，$V_{0,2}$ = ________ mL，$V_{0,3}$ = ________ mL。

$V_{1,1}$ = ________ mL，$V_{1,2}$ = ________ mL，$V_{1,3}$ = ________ mL。

$V_{总,1}$ = ________ mL，$V_{总,2}$ = ________ mL，$V_{总,3}$ = ________ mL。

【数据处理】

数据处理见表 7-5。

表 7-5　面碱中碳酸钠和碳酸氢钠含量测定数据处理

记录项目	序号		
	1	2	3
面碱试样质量 m_s/g	$m_1 - m_2$ =	$m_2 - m_3$ =	$m_3 - m_4$ =
滴定管初始读数 V_0/mL			
第一终点读数 V_1/mL			
HCl 净用量($V_1 - V_0$)/mL			
第二终点读数 $V_{总}$/mL			
HCl 净用量 $V_2 = (V_{总} - V_1)$/mL			
HCl 总净用量($V_{总} - V_0$)/mL			
$w(Na_2CO_3)$			

（续）

记录项目	序　号		
	1	2	3
$\overline{w}(Na_2CO_3)$			
$w(NaHCO_3)$			
$\overline{w}(NaHCO_3)$			
$w(Na_2O)$			
$\overline{w}(Na_2O)$			

【注意事项】

1. 连续滴定过程中，到达第一滴定终点后，滴定管不应添加 HCl 标准溶液。
2. HCl 标准溶液应直接由装有 HCl 标准溶液的试剂瓶转入滴定管。
3. 只能从试剂瓶里往外倒试剂，而不能将剩余试剂倒回试剂瓶。

【思考题】

1. 滴定管和移液管使用前为什么均需用标准溶液润洗？
2. 在总碱量的计算公式中，$V_{总}$ 有几种求法？如果只要求测定总碱度，实验应怎么做？

实验 15　氢氧化钠溶液的配制与标定

本实验需 3 学时。

【实验目的】

1. 了解 $KHC_8H_4O_4$(KHP)基准物质的性质及应用。
2. 掌握 NaOH 溶液的配制和保存方法。
3. 掌握标定 NaOH 溶液的原理和方法。

【实验原理】

NaOH 有很强的吸水性，并且容易吸收空气中的 CO_2，因此，市售 NaOH 中常含有碳酸钠，不能直接配制准确浓度的 NaOH 溶液。

标定 NaOH 溶液的基准物质常用草酸（$H_2C_2O_4$）或邻苯二甲酸氢钾 $KHC_8H_4O_4$［缩写为(KHP)］。由于 $KHC_8H_4O_4$ 易于纯制，在空气中不易吸水，摩尔质量较大，加热至 210℃ 也不分解，因此，本实验选取 $KHC_8H_4O_4$ 标定 NaOH 溶液的浓度，其反应式如下：

$$KHC_8H_4O_4 + NaOH = KNaC_8H_4O_4 + H_2O$$

滴定至化学计量点时，溶液的 pH 为 9.27，可选用酚酞作为指示剂，滴定至终点时溶液的颜色由无色变为浅粉色。根据 $KHC_8H_4O_4$ 的质量和所消耗的 NaOH 溶液的体积，可以计算出 NaOH 溶液的浓度 $c(NaOH)$：

$$c(\mathrm{NaOH})=\frac{m(\mathrm{KHC_8H_4O_4})}{M(\mathrm{KHC_8H_4O_4})\times V(\mathrm{NaOH})\times 10^{-3}}$$

式中，$m(KHC_8H_4O_4)$是 $KHC_8H_4O_4$ 的质量，单位为 g；$M(KHC_8H_4O_4)$是 $KHC_8H_4O_4$ 的摩尔质量，单位为 $g \cdot mol^{-1}$；$V(NaOH)$是滴定消耗的 NaOH 标准溶液的体积，单位为 mL。

【实验用品】

仪器：碱式滴定管、锥形瓶(250mL)、称量瓶、台式天平、分析天平、烧杯(100mL)、带橡皮塞试剂瓶(500mL)。

试剂：干燥后的 $KHC_8H_4O_4$ 基准物质、分析纯 NaOH、酚酞指示剂($2g \cdot L^{-1}$)。

【基本操作】

1. 碱式滴定管的使用。
2. NaOH 溶液的粗配。

【实验步骤】

1. $0.1mol \cdot L^{-1}$NaOH 溶液的配制

在台式天平上称取约 1.6g NaOH 置于小烧杯中，溶于适量新煮沸经冷却的蒸馏水，搅拌使其完全溶解。用新煮沸经冷却的蒸馏水稀释至 400mL，转入带橡皮塞的试剂瓶中，摇匀后再标定。

NaOH 溶液配制实验流程如图 7-8 所示。

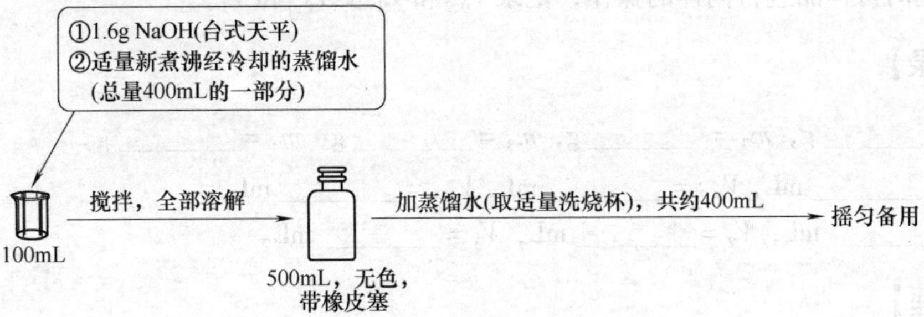

图 7-8　NaOH 溶液配制流程

2. NaOH 溶液浓度的标定

用减量法准确称取三份 0.4～0.5g $KHC_8H_4O_4$ 基准物(见图 7-9)，分别置于三个 250mL 锥形瓶中，加入 30mL 蒸馏水使其完全溶解。再加入 1 滴酚酞指示剂，用待标定的 NaOH 标准溶液滴定至溶液由无色变为浅粉色时即为终点，记录滴定管读数，并且计算所消耗的 NaOH 溶液的体积。

重复上述操作两次。根据 $KHC_8H_4O_4$ 的质量和滴定所消耗的 NaOH 溶液的体积，计算 NaOH 溶液的浓度(见图 7-10)。

减量法称取 $KHC_8H_4O_4$ 实验流程如图 7-9 所示。

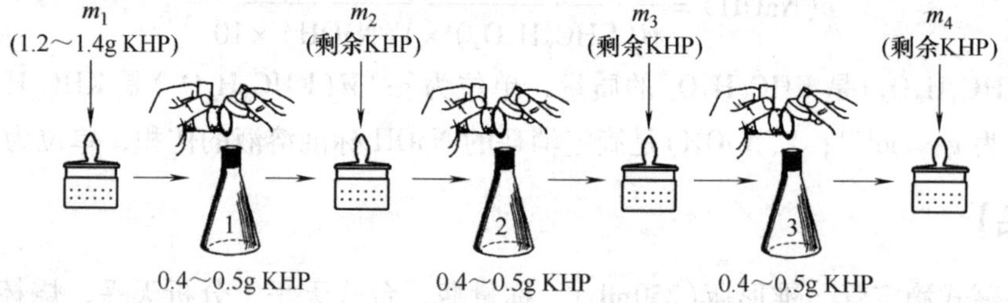

图 7-9　减量法称取 $KHC_8H_4O_4$

NaOH 溶液浓度的标定实验流程如图 7-10 所示。

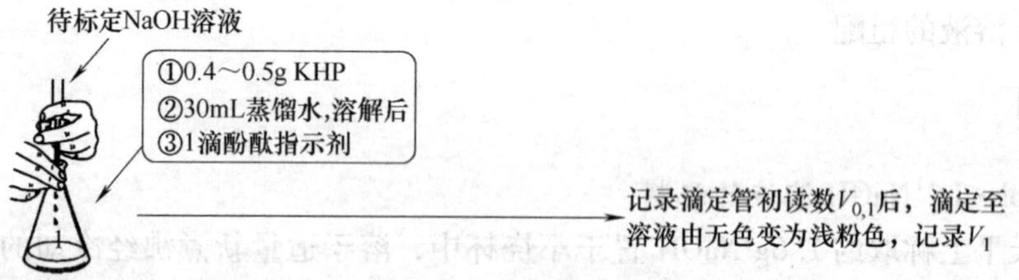

图 7-10　NaOH 标定实验流程

对其他两份样品进行同样的操作，记录 $V_{0,2}$ 和 V_2 及 $V_{0,3}$ 和 V_3。

【数据记录】

m_1 = ________ g，m_2 = ________ g，m_3 = ________ g，m_4 = ________ g。

$V_{0,1}$ = ________ mL，$V_{0,2}$ = ________ mL，$V_{0,3}$ = ________ mL。

V_1 = ________ mL，V_2 = ________ mL，V_3 = ________ mL。

【数据处理】

数据处理见表 7-6。

表 7-6　氢氧化钠溶液标定数据处理

记录项目	序号 1	序号 2	序号 3
$KHC_8H_4O_4$ 质量/g	$m_1 - m_2 =$	$m_2 - m_3 =$	$m_3 - m_4 =$
NaOH 初始读数 V_0/mL			
终点读数 V/mL			
NaOH 净用量($V - V_0$)/mL			
c(NaOH)/mol · L^{-1}			
$\bar{c}$(NaOH)/mol · L^{-1}			

【注意事项】

1. 溶解 $KHC_8H_4O_4$ 时应摇动锥形瓶溶解，不能用玻璃棒搅拌溶解。

2. 每次滴定操作开始之前，均需调整滴定管液面初始刻度为 0mL。

【思考题】

1. 标定 NaOH 溶液的浓度还可以用何种基准物质？为什么 NaOH 标准溶液配制后，一般要经过标定？

2. 盛放 $KHC_8H_4O_4$ 的锥形瓶是否需要预先烘干？加入的水量是否需要准确？

实验 16　食用白醋中醋酸浓度的测定

本实验需 3 学时。

【实验目的】

1. 掌握强碱滴定弱酸的滴定过程。

2. 掌握食用白醋中醋酸浓度测定的原理和方法。

【实验原理】

醋酸(CH_3COOH)为一元有机弱酸，与 NaOH 作用的反应式如下：

$$CH_3COOH + NaOH \longrightarrow CH_3COONa + H_2O$$

反应至化学计量点时，溶液的 pH 为 8.37，可选用酚酞作为指示剂。终点时溶液的颜色由无色变为浅粉色。根据所取食用白醋的体积和所消耗的 NaOH 标准溶液的体积，可以计算出食用白醋中 CH_3COOH 的浓度 $w(CH_3COOH)$：

$$w(CH_3COOH) = \frac{\bar{c}(NaOH) \times \bar{V}(NaOH) \times M(CH_3COOH)}{25 \times \frac{25}{250}}$$

式中，$\bar{c}(NaOH)$是 NaOH 标准溶液的浓度，单位为 $mol \cdot L^{-1}$；$\bar{V}(NaOH)$是滴定消耗的 NaOH 标准溶液的体积，单位为 mL；$M(CH_3COOH)$是 CH_3COOH 的摩尔质量，单位为 $g \cdot mol^{-1}$。

【实验用品】

仪器：碱式滴定管、锥形瓶(250mL)、移液管(25mL)、容量瓶(250mL)。

试剂：NaOH 标准溶液[实验 15 中配制，$\bar{c}(NaOH)$]、食用白醋(市售)、酚酞指示剂($2g \cdot L^{-1}$)。

【基本操作】

滴定的基本操作。

【实验步骤】

于通风橱中准确移取25.00mL食用白醋，置于250mL容量瓶中，用蒸馏水稀释至刻度，摇匀。然后用移液管准确量取25.00mL上述白醋溶液于250mL锥形瓶中，加1滴酚酞指示剂，用NaOH标准溶液滴定至溶液由无色变为浅粉色时即为终点，记录滴定管读数，并且计算所消耗的NaOH溶液的体积。

重复上述操作两次。根据所取食用白醋的体积和所消耗的NaOH标准溶液的体积，计算食用白醋中CH_3COOH的浓度$w(CH_3COOH)$。

CH_3COOH浓度测定中滴定实验流程如图7-11所示。

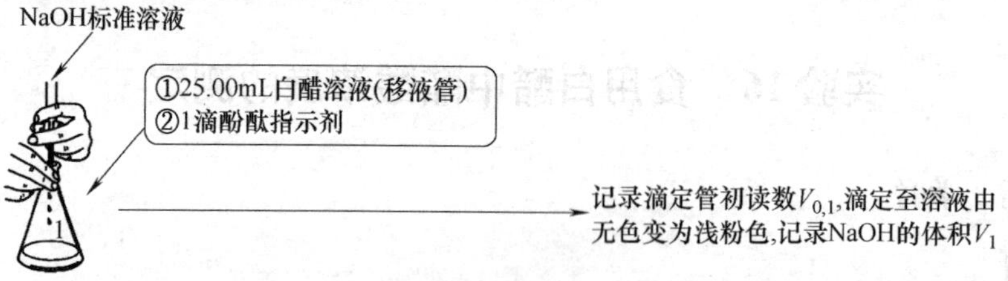

图7-11　CH_3COOH浓度测定中滴定流程

对其他两份样品进行同样的操作，记录$V_{0,2}$和V_2及$V_{0,3}$和V_3。

【数据记录】

$V_{0,1}$ = ________ mL，$V_{0,2}$ = ________ mL，$V_{0,3}$ = ________ mL。

V_1 = ________ mL，V_2 = ________ mL，V_3 = ________ mL。

【数据处理】

数据处理见表7-7。

表7-7　食用白醋中醋酸浓度测定数据处理

记录项目	序号		
	1	2	3
NaOH初始读数 V_0/mL			
终点读数 V/mL			
NaOH净用量$(V-V_0)$/mL			
$w(CH_3COOH)/mg\cdot mL^{-1}$			
$\overline{w}(CH_3COOH)/mg\cdot mL^{-1}$			

【注意事项】

只能从试剂瓶里往外倒试剂，禁止将剩余试剂倒回试剂瓶。

【思考题】

滴定管和移液管使用前均需用待取溶液润洗，而滴定用的烧杯或锥形瓶为什么不能用待测溶液润洗？

实验17　EDTA标准溶液的配制与标定

本实验需3学时。

【实验目的】

1. 学会EDTA溶液的配制和标定原理。
2. 掌握标定EDTA的常用方法。
3. 了解标定EDTA所用指示剂的性质和使用条件。

【实验原理】

乙二胺四乙酸的二钠盐($Na_2H_2Y \cdot 2H_2O$，缩写为EDTA)是配位滴定中常使用的配位剂之一。EDTA常因吸附约0.3%的水分和含有少量杂质而不能直接配制准确浓度的溶液。

EDTA能与大多数金属离子形成1∶1的稳定配合物，因此，通常可用含量不低于99.95%的某些金属，如Cu、Zn、Ni、Pb等，以及它们的金属氧化物或某些盐类，如$ZnSO_4 \cdot 7H_2O$、$MgSO_4 \cdot 7H_2O$、$CaCO_3$等来标定EDTA溶液的准确浓度。本实验中，选用无水碳酸钙为基准物质来标定EDTA，其反应式如下：

$$CaCO_3 \xrightarrow{HCl} Ca^{2+} \xrightarrow{\text{微沸}} \text{除 } CO_2 \uparrow$$

$$Ca^{2+} + EDTA = CaEDTA$$

计量点时，溶液的pH为10，可选用铬黑T(EDT)为指示剂指示终点，其颜色变化为酒红色到蓝紫色。根据$CaCO_3$的质量和所消耗的EDTA体积，可以计算出EDTA的浓度$c(EDTA)$：

$$c(EDTA) = \frac{m(CaCO_3) \times \frac{25}{250}}{M(CaCO_3) \times \overline{V} \times 10^{-3}}$$

式中，$m(CaCO_3)$是称取的$CaCO_3$的质量，单位为g；$M(CaCO_3)$是$CaCO_3$的摩尔质量，单位为$g \cdot mol^{-1}$；$\overline{V}$是滴定消耗的EDTA标准溶液的体积，单位为mL。

【实验用品】

仪器：酸式滴定管、锥形瓶、移液管(25mL)，容量瓶(250mL)、烧杯(100mL)、表面皿、量筒、台式天平。

试剂：EDTA、$CaCO_3$(110℃干燥箱中干燥2h)、HCl(1∶1)、甲基红，$NH_3 \cdot H_2O$ (1∶2，1体积市售氨水与2体积蒸馏水混合)、NH_3-NH_4Cl缓冲溶液(pH10，取6.75g NH_4Cl溶于20mL蒸馏水中，加入57mL 15mol·L^{-1} $NH_3 \cdot H_2O$，用蒸馏水稀至100mL)、Mg^{2+}-EDTA溶液、铬黑T(EDT)。

【基本操作】

1. 滴定的基本操作。

2. 准确浓度的溶液的配制。

【实验步骤】

1. 0.01mol · $L^{-1}Ca^{2+}$ 标准溶液的配制

计算配制 250mL 0.01mol · $L^{-1}Ca^{2+}$ 标准溶液所需无水 $CaCO_3$ 的质量。用减量法准确称取上述质量的无水 $CaCO_3$，置于 150mL 小烧杯中。先用少量蒸馏水润湿，盖上表面皿，从烧杯尖嘴处加入 5.0mL HCl 溶液(1∶1)，使 $CaCO_3$ 全部溶解。加入 50mL 蒸馏水，加热微沸 5min 以除去 CO_2。冷却后用水冲洗烧杯内壁和表面皿，定量转移 $CaCO_3$ 溶液于 250mL 容量瓶中，用蒸馏水稀释定容至刻度线，摇匀备用。

Ca^{2+} 标准溶液的配制实验流程如图 7-12 所示。

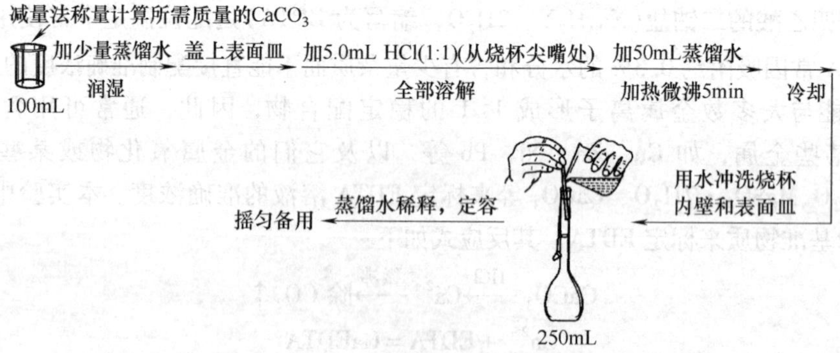

图 7-12　Ca^{2+} 标准溶液的配制流程

2. 0.01mol/L EDTA 溶液的配制

计算配制 500mL 0.01mol · L^{-1}EDTA 所需 EDTA 的质量。用台式天平称取上述质量的 EDTA,置于 100mL 小烧杯中。加入适量蒸馏水，搅拌条件下，温热溶解。冷却后移入聚乙烯塑料瓶中，摇匀备用。

EDTA 溶液配制实验流程如图 7-13 所示。

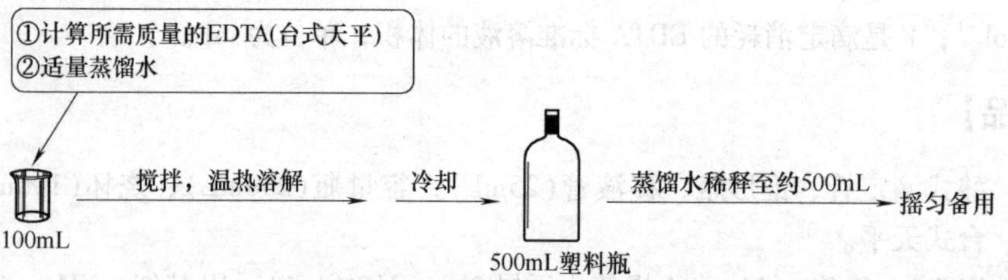

图 7-13　EDTA 溶液配制流程

3. EDTA 溶液浓度的标定

用移液管准确移取 25.00mL Ca^{2+} 标准溶液置于 250mL 锥形瓶中，加入 1 滴甲基红指示剂，用氨水中和 Ca^{2+} 标准溶液中的 HCl 至溶液由红色变为黄色。加入 20mL 蒸馏水和 5.0mL Mg^{2+}-EDTA 溶液，然后加入 10mL NH_3-NH_4Cl 缓冲溶液。再滴加 3 滴铬黑 T 指示剂，立即用

EDTA 滴定至溶液由酒红色变为紫蓝色即为终点，记录滴定管读数，并且计算所消耗的 EDTA 溶液的体积。

重复上述操作两次。根据 Ca^{2+} 标准溶液的浓度和所吸取的体积，以及所消耗的 EDTA 溶液的体积，计算 EDTA 溶液的浓度。

EDTA 溶液浓度标定实验流程如图 7-14 所示。

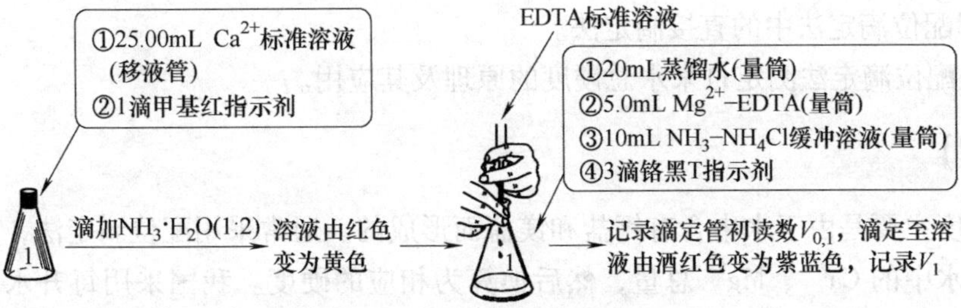

图 7-14　EDTA 溶液浓度标定流程

对其他两份样品进行同样的操作，记录 $V_{0,2}$ 和 V_2 及 $V_{0,3}$ 和 V_3。

【数据记录】

$m(CaCO_3)$ = ________ g。

$V_{0,1}$ = ________ mL，$V_{0,2}$ = ________ mL，$V_{0,3}$ = ________ mL。

V_1 = ________ mL，V_2 = ________ mL，V_3 = ________ mL。

【数据处理】

数据处理见表 7-8。

表 7-8　EDTA 标准溶液标定的数据处理

记录项目	序号		
	1	2	3
EDTA 初始读数 V_0/mL			
终点读数 V/mL			
EDTA 净用量 $(V-V_0)$/mL			
c(EDTA)/ $mol \cdot L^{-1}$			
$\bar{c}$(EDTA)/$mol \cdot L^{-1}$			

【注意事项】

用氨水中和时应在通风橱中进行。

【思考题】

在中和 Ca^{2+} 标准溶液中的 HCl 时，能否用酚酞取代甲基红？为什么？

实验 18　自来水总硬度的测定

本实验需 3 学时。

【实验目的】

1. 掌握配位滴定法中的直接滴定法。
2. 学习配位滴定法测定自来水总硬度的原理及其应用。

【实验原理】

水的硬度主要是由于水中含有钙盐和镁盐而形成的。通常采用配位滴定法，以 EDTA 标准溶液滴定水中的 Ca^{2+}、Mg^{2+} 总量，然后换算为相应的硬度。我国采用每升水中含 $CaCO_3$ 的质量($mg \cdot L^{-1}$)为单位表示水的硬度。在 pH 为 10 的缓冲溶液中，以铬黑 T(EDT)为指示剂，用三乙醇胺掩蔽 Fe^{3+}、Al^{3+} 共存离子，以 EDTA 标准溶液滴定至溶液颜色由酒红色变为蓝紫色即为终点。滴定过程中发生的反应方程式如下：

$$\left.\begin{cases}Ca^{2+}\\ Mg^{2+}\end{cases}\right. + EDTA \xrightarrow{pH10} \begin{cases}CaEDTA\\ MgEDTA\end{cases}$$

根据所消耗的 EDTA 的体积，可以计算出自来水的总硬度：

$$\text{水的总硬度} = \frac{c(EDTA) \times \bar{V} \times M(CaCO_3)}{100 \times 10^{-3}}$$

式中，c(EDTA)是 EDTA 标准溶液的浓度，单位为 $mol \cdot L^{-1}$；$\bar{V}$ 是滴定消耗的 EDTA 标准溶液的体积，单位为 mL；M($CaCO_3$)是 $CaCO_3$ 的摩尔质量，单位为 $g \cdot mol^{-1}$。

【实验用品】

仪器：酸式滴定管、碱式滴定管、锥形瓶(250mL)。

试剂：EDTA 标准溶液(实验 17 中配制，$\bar{c}$(EDTA))、NH_3-NH_4Cl 缓冲溶液(pH10)、铬黑 T(EDT)、三乙醇胺($200g \cdot L^{-1}$)、HCl 溶液(1∶1)。

【基本操作】

滴定的基本操作。

【实验步骤】

用 50mL 碱式滴定管准确移取 100.00mL 自来水 3 份，分别置于 250mL 锥形瓶中，滴加两滴 HCl 溶液(1∶1)酸化，煮沸 2～3min 除去 CO_2。冷却后加入 3.0mL 三乙醇胺溶液和 5.0mL NH_3-NH_4Cl 缓冲溶液(pH10)，再加入 3 滴铬黑 T 指示剂，立即用 EDTA 滴定至溶液由酒红色变为紫蓝色即为终点，记录滴定管读数，并且计算所消耗的 EDTA 溶液的体积。

重复上述操作两次。根据所消耗的 EDTA 溶液的体积，计算自来水的总硬度，即 Ca^{2+}、Mg^{2+} 总量。

自来水总硬度的测定实验流程如图 7-15 所示。

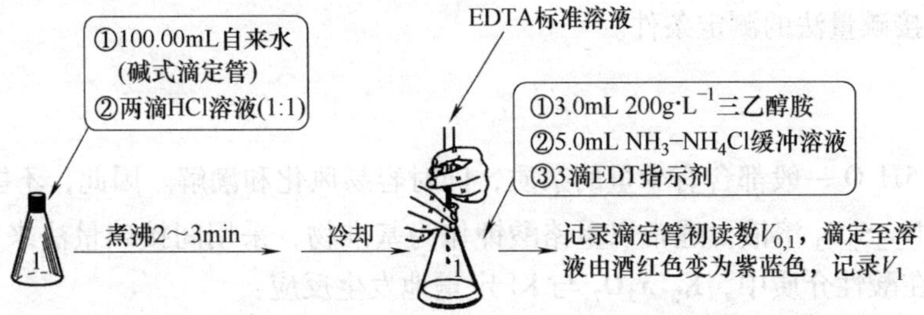

图 7-15　自来水总硬度测定流程

对其他两份样品进行同样的操作，记录 $V_{0,2}$ 和 V_2 及 $V_{0,3}$ 和 V_3。

【数据记录】

$V_{0,1}$ = ________ mL，$V_{0,2}$ = ________ mL，$V_{0,3}$ = ________ mL。

V_1 = ________ mL，V_2 = ________ mL，V_3 = ________ mL。

【数据处理】

数据处理见表 7-9。

表 7-9　自来水总硬度测定的数据处理

记录项目	序号		
	1	2	3
EDTA 初始读数 V_0/mL			
终点读数 V/mL			
EDTA 净用量($V-V_0$)/mL			
水的总硬度/$mg \cdot L^{-1}$			
平均值(水的总硬度)			

【注意事项】

100.00mL 自来水用碱式滴定管取。

【思考题】

标定本节所使用的 EDTA，采用的是哪种基准物质？

实验 19　硫代硫酸钠溶液的配制与标定

本实验需 3 学时。

【实验目的】

1. 掌握 $Na_2S_2O_3$ 溶液的配制方法。

2. 掌握标定 $Na_2S_2O_3$ 溶液的原理和方法。
3. 掌握间接碘量法的测定条件。

【实验原理】

$Na_2S_2O_3 \cdot 5H_2O$ 一般都含有少量的杂质，同时容易风化和潮解。因此，不能用直接法配制准确浓度的 $Na_2S_2O_3$ 溶液。通常以重铬酸钾作为基准物，采用间接碘量法来标定 $Na_2S_2O_3$ 溶液的浓度。在酸性介质中，$K_2Cr_2O_7$ 与 KI 定量地发生反应：

$$6I^- + Cr_2O_7^{2-} + 14H^+ \xlongequal{\quad} 2Cr^{3+} + 3I_2 + 7H_2O \qquad (7\text{-}2)$$

析出的 I_2 再用 $Na_2S_2O_3$ 标准溶液滴定。其反应式如下：

$$I_2 + 2S_2O_3^{2-} \xlongequal{\quad} 2I^- + S_4O_6^{2-} \qquad (7\text{-}3)$$

由式(7-2)和式(7-3)可知，反应过程中 $K_2Cr_2O_7$ 与 $Na_2S_2O_3$ 的物质的量之比为 1∶6。选用新配制的淀粉溶液作为指示剂，滴定至终点时溶液由蓝色变为绿色。根据 $K_2Cr_2O_7$ 的质量和滴定所消耗的 $Na_2S_2O_3$ 溶液的体积，可以计算出 $Na_2S_2O_3$ 溶液的浓度 $c(Na_2S_2O_3)$：

$$c(Na_2S_2O_3) = \frac{6m(K_2Cr_2O_7)}{M(K_2Cr_2O_7) \times V(Na_2S_2O_3) \times 10^{-3}}$$

式中，$m(K_2Cr_2O_7)$是称取的 $K_2Cr_2O_7$ 的质量，单位为 g；$M(K_2Cr_2O_7)$是 $K_2Cr_2O_7$ 的摩尔质量，单位为 $g \cdot mol^{-1}$；$V(Na_2S_2O_3)$是滴定消耗的 $Na_2S_2O_3$ 标准溶液的体积，单位为 mL。

【实验用品】

仪器：酸式滴定管、碘量瓶、称量瓶、台式天平、分析天平、烧杯(300～400mL)、试剂瓶(棕色，500mL)、量筒。

试剂：$Na_2S_2O_3 \cdot 5H_2O$、Na_2CO_3、$K_2Cr_2O_7$、KI($200g \cdot L^{-1}$)、HCl($6.0mol \cdot L^{-1}$)、淀粉指示剂($5g \cdot L^{-1}$)。

【基本操作】

1. 滴定的基本操作。
2. $Na_2S_2O_3$ 溶液的配制。

【实验步骤】

1. $0.1\ mol \cdot L^{-1} Na_2S_2O_3$ 溶液的配制

在台式天平上称取约 12.4g $Na_2S_2O_3 \cdot 5H_2O$ 置于大烧杯中，溶于适量新煮沸经冷却的蒸馏水，加入约 0.1g Na_2CO_3，用新煮沸经冷却的蒸馏水稀释至 500mL，转入棕色试剂瓶中，摇匀后贴标签保存 1 周再标定。

$Na_2S_2O_3$ 溶液配制的实验流程如图 7-16 所示。

2. $Na_2S_2O_3$ 溶液的标定

用减量法准确称取三份 0.09～0.11g $K_2Cr_2O_7$ 基准物(见图 7-17)，分别置于三个 250mL 碘量瓶中，加入 15mL 蒸馏水，加热使其溶解。再加入 5.0mL $200g \cdot L^{-1}$ KI 溶液和 5.0mL

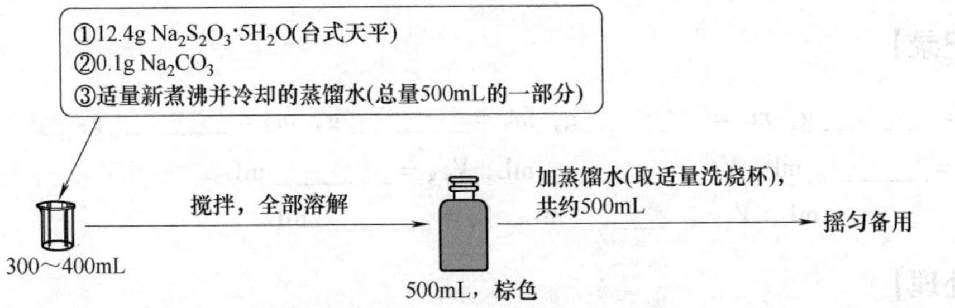

图 7-16　$Na_2S_2O_3$ 溶液的配制

6.0mol · L^{-1} HCl 溶液，摇匀后加盖在暗处放置 5min。然后加入 35mL 水稀释，立即用 $Na_2S_2O_3$ 标准溶液滴定至近终点(浅绿黄色)时，加入 2.0mL 5g · L^{-1} 淀粉指示剂，继续滴定至溶液由蓝色变为绿色时即为终点，记录滴定管读数，并且计算所消耗的 $Na_2S_2O_3$ 溶液的体积。

重复上述操作两次。根据 $K_2Cr_2O_7$ 的质量和滴定所消耗的 $Na_2S_2O_3$ 溶液的体积，计算 $Na_2S_2O_3$ 溶液的浓度(见图 7-18)。

减量法称取 $K_2Cr_2O_7$ 基准物的实验流程如图 7-17 所示。

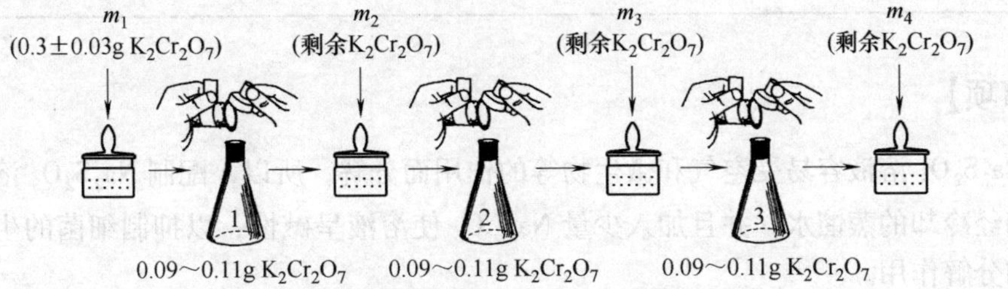

图 7-17　减量法称取 $K_2Cr_2O_7$ 基准物流程

$Na_2S_2O_3$ 溶液滴定实验流程如图 7-18 所示。

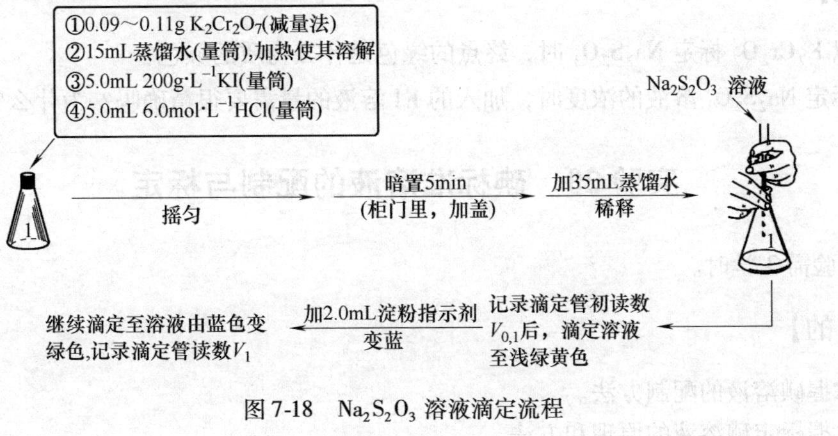

图 7-18　$Na_2S_2O_3$ 溶液滴定流程

对其他两份试样进行同样的操作，分别记录 $V_{0,2}$ 和 V_2 及 $V_{0,3}$ 和 V_3。

【数据记录】

m_1 = ________ g，m_2 = ________ g，m_3 = ________ g，m_4 = ________ g。

$V_{0,1}$ = ________ mL，$V_{0,2}$ = ________ mL，$V_{0,3}$ = ________ mL。

V_1 = ________ mL，V_2 = ________ mL，V_3 = ________ mL。

【数据处理】

数据处理见表 7-10。

表 7-10　硫代硫酸钠溶液标定数据处理

记录项目	序号		
	1	2	3
$K_2Cr_2O_7$ 质量/g	$m_1 - m_2 =$	$m_2 - m_3 =$	$m_3 - m_4 =$
$Na_2S_2O_3$ 初始读数 V_0/mL			
终点读数 V/mL			
$Na_2S_2O_3$ 净用量$(V - V_0)$/mL			
$c(Na_2S_2O_3)/mol \cdot L^{-1}$			
$\bar{c}(Na_2S_2O_3)/mol \cdot L^{-1}$			

【注意事项】

1. $Na_2S_2O_3$ 溶液容易受空气和微生物等的作用而分解，所以，配制 $Na_2S_2O_3$ 溶液时需要用新煮沸经冷却的蒸馏水，并且加入少量 Na_2CO_3 使溶液呈碱性，以抑制细菌的生长，避免微生物的分解作用。

2. 标定 $Na_2S_2O_3$ 溶液的浓度时，淀粉指示剂应在近终点时加入。若加入过早，淀粉会强烈地吸附 I_2，造成终点后移。

【思考题】

1. 以 $K_2Cr_2O_7$ 标定 $Na_2S_2O_3$ 时，终点的绿色是什么物质的颜色？
2. 标定 $Na_2S_2O_3$ 溶液的浓度时，加入的 KI 溶液的量需要很精确吗？为什么？

实验 20　碘标准溶液的配制与标定

本实验需 3 学时。

【实验目的】

1. 掌握碘溶液的配制方法。
2. 掌握标定碘溶液的原理和方法。
3. 掌握直接碘量法的测定条件。

【实验原理】

配制 I_2 溶液时，可以直接用基准试剂配制准确浓度的溶液，也可以用普通试剂配制近似所需浓度的溶液，再标定其准确浓度。

标定 I_2 溶液浓度时，可以用已知浓度的 $Na_2S_2O_3$ 标准溶液来标定，也可以用 As_2O_3 来标定。考虑到 As_2O_3 有剧毒，本实验选取 $Na_2S_2O_3$ 标准溶液标定 I_2 溶液的准确浓度，两者之间发生下列反应：

$$I_2 + 2S_2O_3^{2-} = 2I^- + S_4O_6^{2-}$$

I_2 与淀粉可以生成蓝色的配位物，该反应很灵敏且可逆。因此，可选用新配制的淀粉溶液作为指示剂，滴定至终点时溶液的蓝色恰好消失。根据吸取的 I_2 溶液的体积和所消耗的 $Na_2S_2O_3$ 溶液的体积，可以计算出 I_2 溶液的浓度 $c(I_2)$：

$$c(I_2) = \frac{c(Na_2S_2O_3) \times V(Na_2S_2O_3)}{2V(I_2)}$$

式中，$V(I_2)$是移取 I_2 溶液的体积，单位为 mL；$c(Na_2S_2O_3)$是 $Na_2S_2O_3$ 标准溶液的浓度，单位为 $mol \cdot L^{-1}$；$V(Na_2S_2O_3)$是滴定消耗的 $Na_2S_2O_3$ 标准溶液的体积，单位为 mL。

【实验用品】

仪器：酸式滴定管、碘量瓶(250mL)、移液管、台式天平、试剂瓶(棕色，500mL)、烧杯(100mL)、量筒。

试剂：$Na_2S_2O_3$ 标准溶液[实验19中配制，$\bar{c}(Na_2S_2O_3)$]、I_2(固体，研碎)、KI(固体)、淀粉指示剂($5.0g \cdot L^{-1}$)。

【基本操作】

1. 碘溶液的配制。
2. 滴定的基本操作。

【实验步骤】

1. $0.05\ mol \cdot L^{-1} I_2$ 溶液的配制

在台式天平上称取 2.0g I_2 和 4.0g KI 置于小烧杯中，加入少许蒸馏水，搅拌至 I_2 全部溶解后，加水稀释至 150mL，转入棕色试剂瓶中，摇匀后再标定。

I_2 溶液配制实验流程如图 7-19 所示。

2. I_2 溶液的标定

用移液管准确移取 20.00mL I_2 溶液，置于 250mL 碘量瓶中，加 40mL 蒸馏水，摇匀。用 $Na_2S_2O_3$ 标准溶液滴定至接近终点(浅黄色)时，加入 2.0mL $5.0g \cdot L^{-1}$ 淀粉指示剂，继续滴定至溶液的蓝色恰好消失即为终点，记录滴定管读数，并且计算所消耗的 $Na_2S_2O_3$ 溶液的体积。

重复上述操作两次。根据 $Na_2S_2O_3$ 溶液的浓度和消耗体积及移取 I_2 溶液的体积，计算 I_2 溶液的浓度。

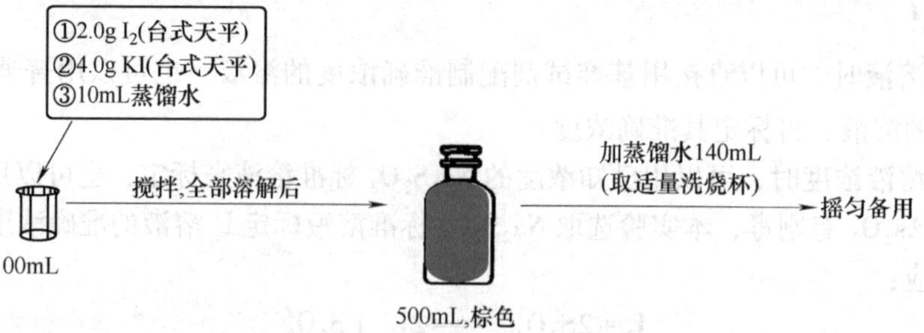

图 7-19　0.05mol · L^{-1} I_2 溶液的配制流程

I_2 溶液标定实验流程如图 7-20 所示。

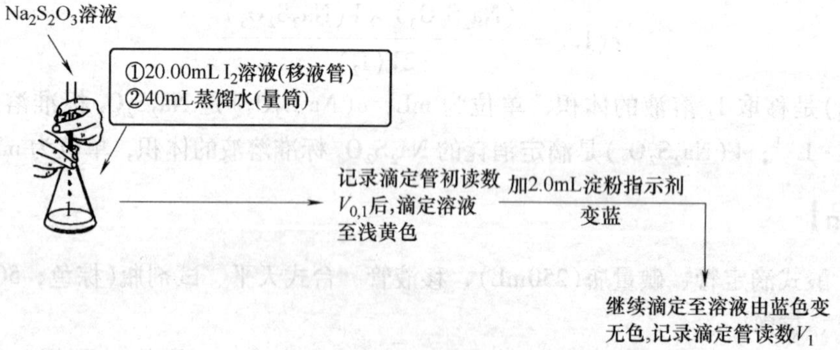

图 7-20　I_2 溶液标定流程

对其他两份试样进行同样的操作，分别记录 $V_{0,2}$ 和 V_2 及 $V_{0,3}$ 和 V_3。

【数据记录】

$V_{0,1}$ = ________ mL，$V_{0,2}$ = ________ mL，$V_{0,3}$ = ________ mL。

V_1 = ________ mL，V_2 = ________ mL，V_3 = ________ mL。

【数据处理】

数据处理见表 7-11。

表 7-11　I_2 溶液标定实验数据处理

记录项目	序号		
	1	2	3
$Na_2S_2O_3$ 初始读数 V_0/mL			
终点读数 V/mL			
$Na_2S_2O_3$ 净用量$(V-V_0)$/mL			
$c(I_2)$/mol · L^{-1}			
$\bar{c}(I_2)$/mol · L^{-1}			

【注意事项】

1. 碘容易挥发，应用棕色试剂瓶密封并放置于暗处保存。
2. 滴定过程中，振动要轻，以避免碘挥发。但是，临近终点时要充分摇动。
3. 避免碘液与橡皮接触。

【思考题】

1. 配制 I_2 溶液时，加入 KI 的作用是什么？
2. 用 $Na_2S_2O_3$ 标准溶液标定 I_2 溶液的浓度时，为什么要在弱酸性条件下进行？

实验 21　橙汁中维生素 C 含量的测定

本实验需 3 学时。

【实验目的】

学习直接碘量法测定维生素 C 的原理及操作过程。

【实验原理】

维生素 C(V_c)又称为抗坏血酸，分子式为 $C_6H_8O_6$。由于分子中的烯二醇基具有还原性，能被 I_2 定量氧化成二酮基，其反应式如下：

$$C_6H_8O_6 + I_2 = 2HI + C_6H_6O_6$$

以新配制的淀粉溶液为指示剂，采用直接碘量法，用碘标准溶液滴定至溶液由无色变为蓝色即到达终点。根据 I_2 标准溶液的浓度和所消耗的溶液的体积，可以计算出橙汁中的 V_c 含量：

$$w(V_c) = \frac{c(I_2) \times V \times M(V_c)}{m(橙)}$$

式中，$c(I_2)$是 I_2 标准溶液的浓度，单位为 $mol \cdot L^{-1}$；V 是滴定消耗的 I_2 标准溶液的体积，单位为 mL；$M(V_c)$是 V_c 的摩尔质量，单位是 $g \cdot mol^{-1}$；m(橙)是称取橙汁的质量，单位为 g。

【实验用品】

仪器：酸式滴定管、碘量瓶(250mL)、移液管、分析天平、台式天平、烧杯(100mL)、量筒。

试剂：0.01 $mol \cdot L^{-1}$ I_2 标准溶液(由实验 20 中配制的 I_2 标准溶液稀释 5 倍)、0.01 $mol \cdot L^{-1}$ $Na_2S_2O_3$ 标准溶液(由实验 19 中配制的 $Na_2S_2O_3$ 标准溶液稀释 10 倍)、淀粉溶液(5.0 $g \cdot L^{-1}$)、CH_3COOH(2.0 $mol \cdot L^{-1}$)、$NaHCO_3$、取橙子可食部分捣碎为果浆。

【实验步骤】

准确称取新捣碎的橙汁 30g 置于 100mL 小烧杯中(见图 7-21)，立即加入 10mL 2.0mol · L^{-1} CH_3COOH，定量转移到 250mL 碘量瓶中。加入 2.0mL 淀粉指示剂，立即用 I_2 标准溶液滴定至呈现稳定的蓝色即为终点，记录滴定管读数，并且计算消耗的 I_2 标准溶液的体积。

橙汁称取实验流程如图 7-21 所示。

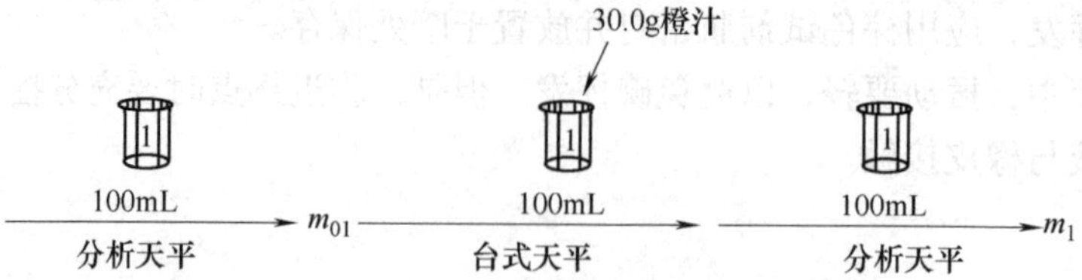

图 7-21　橙汁称取流程

滴定实验流程如图 7-22 所示。

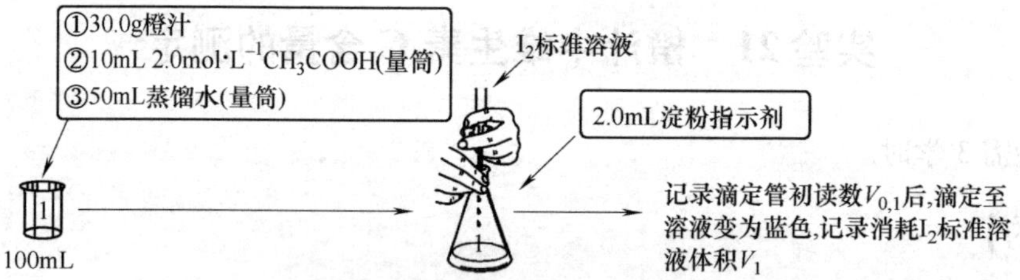

图 7-22　橙汁中维生素 C 含量的测定中滴定流程

对另一份样品进行同样的操作，记录 $V_{0,2}$ 和 V_2。

【数据记录】

m_{01} = ________ g，m_{02} = ________ g。

m_1 = ________ g，m_2 = ________ g。

$V_{0,1}$ = ________ mL，$V_{0,2}$ = ________ mL。

V_1 = ________ mL，V_2 = ________ mL。

【数据处理】

数据处理见表 7-12。

表 7-12　橙汁中维生素 C 含量测定数据处理

记录项目	序号	
	1	2
橙汁质量 m(橙)/g	$m_1 - m_{0,1}$ =	$m_2 - m_{0,2}$ =
滴定管初始读数 V_0/mL		
终点读数 V/mL		
I_2 净用量($V - V_0$)/mL		
w(橙)/mg · g^{-1}		
$\bar{w}$(橙)/mg · g^{-1}		

【注意事项】

维生素 C 很容易被氧化，所以整个实验过程中动作要快，并且使用新煮沸并迅速冷却的蒸馏水。

【思考题】

果浆中加入醋酸的作用是什么？

实验 22　间接碘量法测定铜盐中铜含量

本实验需 4 学时。

【实验目的】

掌握间接碘量法测定铜的原理和方法。

【实验原理】

在弱酸性条件下，Cu^{2+} 与过量的 KI 作用，生成 CuI 沉淀，同时析出 I_2，反应式如下：

$$2Cu^{2+} + 4I^-(过) = 2CuI\downarrow(白) + I_2(红棕)$$

析出的 I_2 以淀粉为指示剂，用 $Na_2S_2O_3$ 标准溶液滴定，滴定至终点时溶液由蓝灰色变为米色，反应式如下：

$$I_2 + 2S_2O_3^{2-} = S_4O_6^{2-} + 2I^-$$

根据 Cu 盐的质量和滴定所消耗的 $Na_2S_2O_3$ 溶液的体积，可以计算出 Cu 盐中 Cu 的含量 $w(Cu)$：

$$w(Cu) = \frac{\bar{c}(Na_2S_2O_3) \times V \times 10^{-3} \times M(Cu)}{m(Cu\ 盐)} \times 100\%$$

式中，$\bar{c}(Na_2S_2O_3)$ 是 $Na_2S_2O_3$ 标准溶液的浓度，单位为 $mol \cdot L^{-1}$；V 是滴定消耗的 $Na_2S_2O_3$ 标准溶液的体积，单位为 mL；$M(Cu)$ 是 Cu 的摩尔质量，单位为 $g \cdot mol^{-1}$；$m(Cu\ 盐)$ 是称取的 Cu 盐试样质量，单位为 g。

Cu^{2+} 与 I^- 之间的反应是可逆的，加入过量 KI 可使 Cu^{2+} 的还原趋于完全。但是，CuI 沉淀强烈吸附 I_2，又会使结果偏低。通常采用的办法是近终点时加入硫氰酸盐，将 CuI 转化为溶解度更小的 CuSCN 沉淀，把吸附的碘释放出来，使反应更为完全：

$$CuI + SCN^- = CuSCN\downarrow + I^-$$

【实验用品】

仪器：酸式滴定管、碘量瓶(250mL)、量筒、分析天平。

试剂：KI 溶液($200g \cdot L^{-1}$)、$Na_2S_2O_3$ 标准溶液[实验 19 中配制，$c(Na_2S_2O_3)$]、淀粉

溶液(5.0g · L^{-1})、KSCN 溶液(100g · L^{-1})、H_2SO_4(1.0 mol · L^{-1})、Cu 盐。

【基本操作】

滴定的基本操作。

【实验步骤】

用减量法准确称取三份 0.45 ~ 0.55g Cu 盐试样，分别置于三个 250mL 碘量瓶中(见图 7-23)。加入 2.5mL 1.0mol · L^{-1} H_2SO_4 和 25ml 蒸馏水使其溶解，再加入 5.0mL 200g · L^{-1} KI 溶液，摇匀后立即用 $Na_2S_2O_3$ 标准溶液滴定至近终点(浅黄色)时，加入 2.0mL 5.0g · L^{-1} 淀粉溶液，继续滴定至溶液由蓝色变为浅蓝灰色。加入 5.0mL 100g · L^{-1} KSCN 溶液，充分摇匀后，继续滴定至溶液由蓝色变为米色时即为终点，记录滴定管读数，并且计算所消耗的 $Na_2S_2O_3$ 溶液的体积。

重复上述操作两次。根据 Cu 盐的质量和滴定所消耗的 $Na_2S_2O_3$ 溶液的体积，计算出 Cu 盐中 Cu 的含量 w(Cu)。

减量法称取 Cu 盐实验流程如图 7-23 所示。

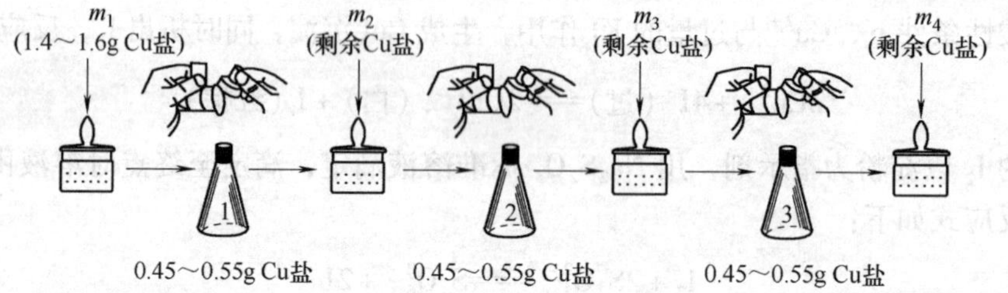

图 7-23　减量法称取 Cu 盐流程

滴定实验流程如图 7-24 所示。

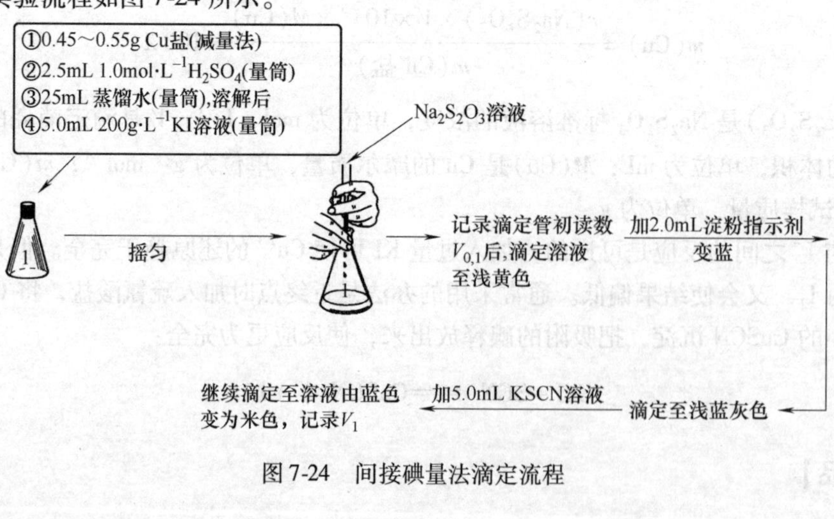

图 7-24　间接碘量法滴定流程

对其他两份样品进行同样的操作，记录 $V_{0,2}$ 和 V_2 与 $V_{0,3}$ 和 V_3。

【数据记录】

m_1 = ________ g，m_2 = ________ g，m_3 = ________ g，m_4 = ________ g。

$V_{0,1}$ = ________ mL，$V_{0,2}$ = ________ mL，$V_{0,3}$ = ________ mL。

V_1 = ________ mL，V_2 = ________ mL，V_3 = ________ mL。

【数据处理】

数据处理见表 7-13。

表 7-13　间接碘量法测定铜盐中铜含量实验数据处理

记录项目	序号		
	1	2	3
Cu 盐质量 m/g	$m_1 - m_2 =$	$m_2 - m_3 =$	$m_3 - m_4 =$
滴定管初始读数 V_0/mL			
滴定管最终读数 V/mL			
$Na_2S_2O_3$ 净用量$(V - V_0)$/mL			
$w(Cu)(\%)$			
$\overline{w}(Cu)(\%)$			

【注意事项】

1. 加淀粉不能太早，因滴定反应中产生大量 CuI 沉淀，若淀粉与 I_2 过早形成蓝色配合物，大量 I_2 被 CuI 沉淀吸附，终点呈较深的灰色，不好观察。

2. 废液应倒入废液桶，严禁倒入水池中。

【思考题】

加入 KSCN 的作用是什么?

实验 23　葡萄糖含量的测定

本实验需 3 学时。

【实验目的】

掌握间接碘量法测定葡萄糖含量的原理及操作。

【实验原理】

I_2 与 NaOH 作用生成次碘酸钠(NaIO)，而葡萄糖($C_6H_{12}O_6$)能定量地被 NaIO 氧化。过量的未与葡萄糖作用的 NaIO，在酸性条件下可转变为 I_2 析出。

I_2 与 NaOH 作用：

$$2NaOH + I_2(\text{定过量}) = NaIO + NaI + H_2O \tag{7-4}$$

葡萄糖与 NaIO 定量作用:

$$C_6H_{12}O_6 + NaIO = C_6H_{12}O_7 + NaI \tag{7-5}$$

根据式(7-4)和(7-5)可得，I_2 与葡萄糖作用时的摩尔比为 1∶1。葡萄糖作用完后，剩余的 NaIO 在碱性条件下可发生歧化反应，其产物在酸性条件下进一步作用生成 I_2，即为加入的 I_2 与葡萄糖作用后剩余的 I_2。该反应式如下:

$$3NaIO(\text{剩余}) = NaIO_3 + 2NaI \tag{7-6}$$

$$NaIO_3 + 5NaI + 6HCl = 3I_2(\text{剩余}) + 6NaCl + 3H_2O \tag{7-7}$$

生成的 I_2 以新配制的淀粉溶液作为指示剂，用 $Na_2S_2O_3$ 标准溶液滴定至溶液的蓝色恰好消失即为终点。其反应式如下:

$$I_2(\text{剩余}) + 2Na_2S_2O_3 = Na_2S_4O_6 + 2NaI$$

根据移取的 I_2 标准溶液和葡萄糖的体积，以及 $Na_2S_2O_3$ 标准溶液的浓度滴定所消耗的体积，可以计算出葡萄糖的含量:

$$\text{葡萄糖的含量} = \frac{\bar{c}(Na_2S_2O_3)[\bar{V}(\text{空白}) - \bar{V}(\text{剩余})] \times M(C_6H_{12}O_6)}{20 \times 2}$$

式中，$\bar{c}(Na_2S_2O_3)$是 $Na_2S_2O_3$ 标准溶液的浓度，单位为 $mol \cdot L^{-1}$；$M(C_6H_{12}O_6)$是 $C_6H_{12}O_6$ 的摩尔质量，单位为 $g \cdot mol^{-1}$；$\bar{V}$(空白)和 $\bar{V}$(剩余)分别是空白实验和葡萄糖含量测定的实验中所消耗的 $Na_2S_2O_3$ 标准溶液的体积，单位为 mL。

【实验用品】

仪器：酸式滴定管、移液管、碘量瓶(250mL)、量筒。

试剂：葡萄糖注射液(0.5%)、I_2 标准溶液[实验 20 中配制，$\bar{c}(I_2)$]、$Na_2S_2O_3$ 标准溶液[实验 19 中配制，$\bar{c}(Na_2S_2O_3)$]、HCl($6.0mol \cdot L^{-1}$)、NaOH($2.0\ mol \cdot L^{-1}$)、淀粉溶液($5.0g \cdot L^{-1}$)。

【基本操作】

1. 滴定的基本操作。
2. 移液管的使用。

【实验步骤】

1. 空白实验

用移液管准确量取 20.00mL I_2 标准溶液，置于 250mL 碘量瓶中，加 20mL 蒸馏水，摇匀。用 $0.1\ mol \cdot L^{-1}Na_2S_2O_3$ 标准溶液滴定至近终点(浅黄色)时，加入 2.0mL 淀粉指示剂，继续滴定至溶液的蓝色恰好消失即为终点，记录滴定管读数，并且计算所消耗的 $Na_2S_2O_3$ 溶液的体积。

重复上述操作一次。计算空白实验所消耗的 $Na_2S_2O_3$ 溶液的体积。

空白实验流程如图 7-25 所示。

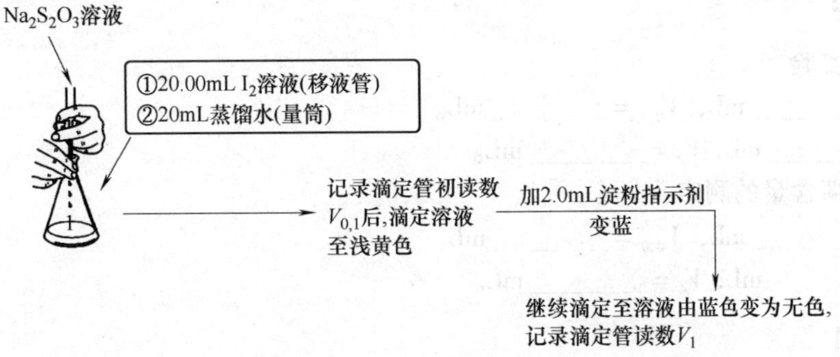

图 7-25　空白实验流程

重复上述操作 1 次，记录 $V_{0,2}$和 V_2。

2. 葡萄糖含量的测定

用移液管准确移取 20.00mL I_2 标准溶液和 20.00mL 葡萄糖置于 250mL 碘量瓶中。边摇动，边用胶头滴管慢慢滴加 2.0mol · L^{-1}NaOH 溶液，直至溶液呈浅黄色，并且不再变浅。将碘量瓶加盖置于暗处 5min。加 2.0mL 6.0mol · L^{-1}HCl 溶液酸化，立即用 $Na_2S_2O_3$ 标准溶液滴定至近终点(浅黄色)时，再加入 2.0mL 5.0g · L^{-1}淀粉指示剂，继续滴定至溶液的蓝色恰好消失即为终点，记录滴定管读数，并且计算所消耗的 $Na_2S_2O_3$ 溶液的体积。

重复上述操作一次。计算葡萄糖含量测定的实验中所消耗的 $Na_2S_2O_3$ 标准溶液的体积。

根据移取的 I_2 标准溶液的体积、葡萄糖的体积，以及 $Na_2S_2O_3$ 标准溶液的浓度和空白实验及葡萄糖含量测定的实验中所消耗 $Na_2S_2O_3$ 标准溶液的体积，计算葡萄糖的含量。

葡萄糖含量测定实验流程如图 7-26 所示。

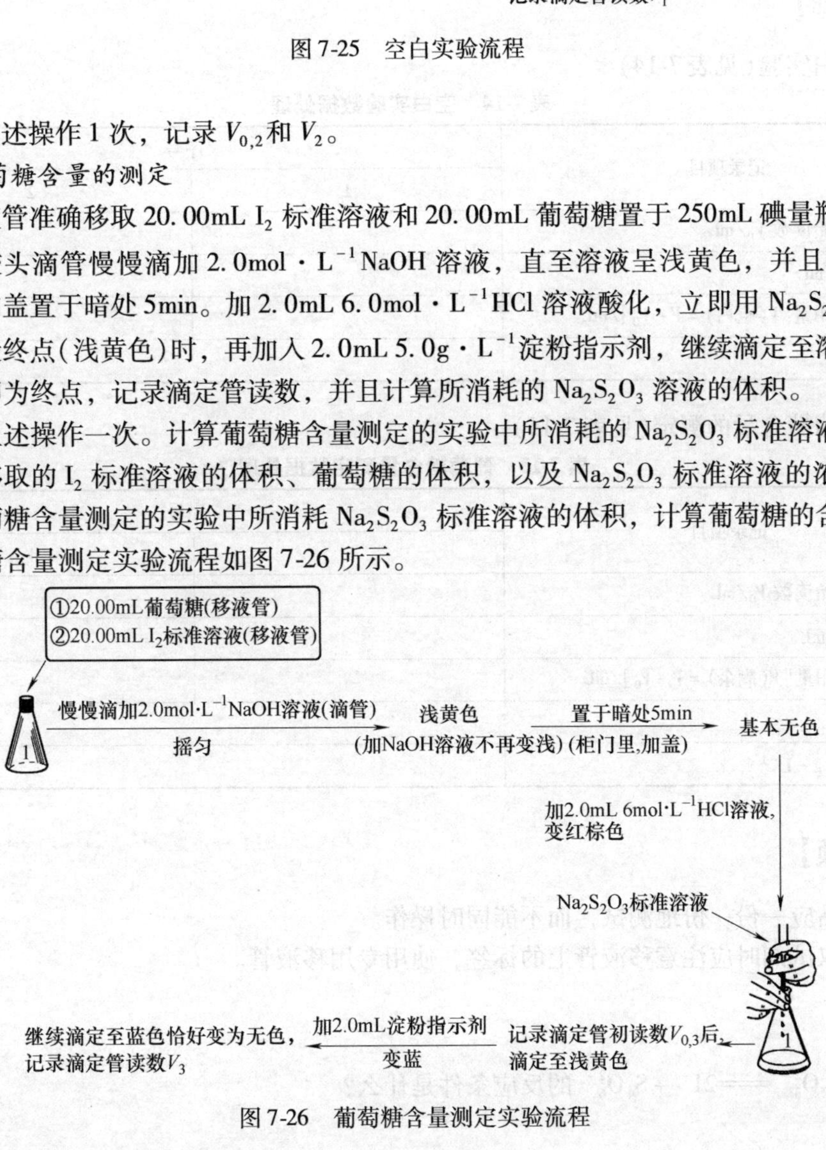

图 7-26　葡萄糖含量测定实验流程

重复滴定一次，记录 $V_{0,4}$和 V_4。

【数据记录】

1. 空白实验

$V_{0,1}$ = ________ mL，$V_{0,2}$ = ________ mL。

V_1 = ________ mL，V_2 = ________ mL。

2. 葡萄糖含量的测定

$V_{0,3}$ = ________ mL，$V_{0,4}$ = ________ mL。

V_3 = ________ mL，V_4 = ________ mL。

【数据处理】

1. 空白实验(见表 7-14)

表 7-14　空白实验数据处理

记录项目	序号	
	1	2
$Na_2S_2O_3$ 初始读数 V_0/mL		
终点读数 V/mL		
$Na_2S_2O_3$ 净用量[V(空白) = $V - V_0$]/mL		
$\bar{V}$(空白)/mL		

2. 葡萄糖含量的测定(见表 7-15)

表 7-15　葡萄糖含量测定数据处理

记录项目	序号	
	3	4
$Na_2S_2O_3$ 初始读数 V_0/mL		
终点读数 V/mL		
$Na_2S_2O_3$ 净用量[V(剩余) = $V - V_0$]/mL		
$\bar{V}$(剩余)/mL		
葡萄糖含量/g · L^{-1}		

【注意事项】

1. 样品应一份一份地测试，而不能同时操作。
2. 移取试剂时应注意移液管上的标签，使用专用移液管。

【思考题】

$I_2 + 2S_2O_3^{2-} \xlongequal{} 2I^- + S_4O_6^{2-}$ 的反应条件是什么？

实验 24　高锰酸钾溶液的配制与标定

本实验需 4 学时。

【实验目的】

1. 了解高锰酸钾($KMnO_4$)标准溶液的配制方法和保存条件。

2. 掌握标定 $KMnO_4$ 溶液的原理和方法。

【实验原理】

$KMnO_4$ 是氧化还原滴定中最常用的氧化剂之一。市售的 $KMnO_4$ 试剂常含有少量 MnO_2 和其他杂质，如硫酸盐、氯化物及硝酸盐等。另外，$KMnO_4$ 的氧化性很强，所以，稳定性不高，在生产、储存及配制溶液的过程中，易与其他还原性物质作用，$KMnO_4$ 还易于见光分解。因此，不能用直接法配制准确浓度的 $KMnO_4$ 溶液。

标定 $KMnO_4$ 溶液的基准试剂有 $H_2C_2O_4 \cdot 2H_2O$、$Na_2C_2O_4$、As_2O_3 和纯铁丝。其中 $Na_2C_2O_4$ 性质稳定，不含结晶水，不宜吸湿，容易提纯，因此 $Na_2C_2O_4$ 最为常用。在热的酸性溶液中，$Na_2C_2O_4$ 与 $KMnO_4$ 之间发生反应如下反应：

$$5C_2O_4^{2-} + 2MnO_4^- + 16H^+ \xlongequal{} 2Mn^{2+} + 10CO_2\uparrow + 8H_2O$$

以 $KMnO_4$ 自身作为指示剂，滴定至终点时溶液由无色变为浅粉色。根据 $Na_2C_2O_4$ 的质量和滴定所消耗的 $KMnO_4$ 溶液的体积，可以计算出 $KMnO_4$ 溶液的浓度 $c(KMnO_4)$。

$$c(KMnO_4) = \frac{\frac{2}{5} \times m(Na_2C_2O_4)}{M(Na_2C_2O_4) \times V(KMnO_4) \times 10^{-3}}$$

式中，$m(Na_2C_2O_4)$是 $Na_2C_2O_4$ 的质量，单位为 g；$M(Na_2C_2O_4)$是 $Na_2C_2O_4$ 的摩尔质量，单位为 $g \cdot mol^{-1}$；$V(KMnO_4)$是滴定消耗的 $KMnO_4$ 标准溶液的体积，单位为 mL。

【实验用品】

仪器：酸式滴定管、锥形瓶(250mL)、称量瓶、分析天平、微孔玻璃漏斗、烧杯(500mL)、试剂瓶(棕色，500mL)、量筒、循环水真空泵、吸滤瓶。

试剂：$KMnO_4$、$Na_2C_2O_4$、H_2SO_4($3.0mol \cdot L^{-1}$)。

【基本操作】

1. 滴定的基本操作。

2. $KMnO_4$ 溶液的配制。

【实验步骤】

1. $0.02mol \cdot L^{-1}$ $KMnO_4$ 溶液的配制

在台式天平上称取约 1.7g $KMnO_4$ 置于大烧杯中，加入适量蒸馏水溶解，并用蒸馏水稀释至 500mL。将溶液加热煮沸约 1h。冷却后用微孔玻璃漏斗过滤，滤液装入棕色试剂瓶中，摇匀后避光放置。

$KMnO_4$ 溶液配制实验流程如图 7-27 所示。

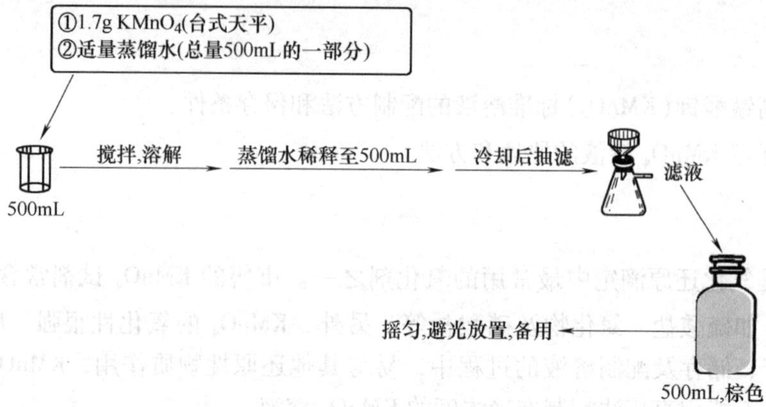

图 7-27　$KMnO_4$ 溶液配制流程

2. $KMnO_4$ 溶液的标定

用减量法准确称取三份 0.2g 左右的 $Na_2C_2O_4$ 基准物，分别置于三个 250mL 锥形瓶中（见图 7-28）。各加入 40mL 蒸馏水和 3.0mL 3.0mol · L^{-1} H_2SO_4 使其溶解。水浴加热至 75 ~ 85℃，趁热滴入 1 ~ 2 滴高锰酸钾溶液。待紫红色褪去以后（溶液中产生了 Mn^{2+}），滴定速度可适当加快，直到溶液呈现浅粉色且保持 30s 不褪色即为终点，记录滴定管读数，并且计算所消耗的$KMnO_4$溶液的体积。

重复上述操作两次。根据 $Na_2C_2O_4$ 的质量和滴定所消耗的 $KMnO_4$ 溶液的体积，计算 $KMnO_4$ 溶液的浓度。

减量法称取 $Na_2C_2O_4$ 实验流程如图 7-28 所示。

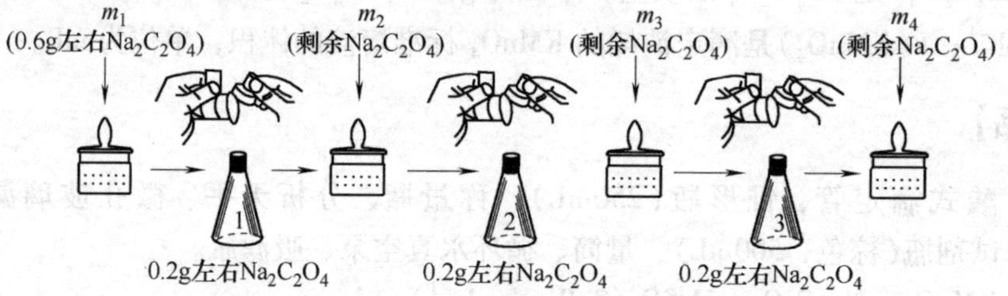

图 7-28　减量法称取 $Na_2C_2O_4$ 流程

$KMnO_4$ 溶液标定实验流程如图 7-29 所示。

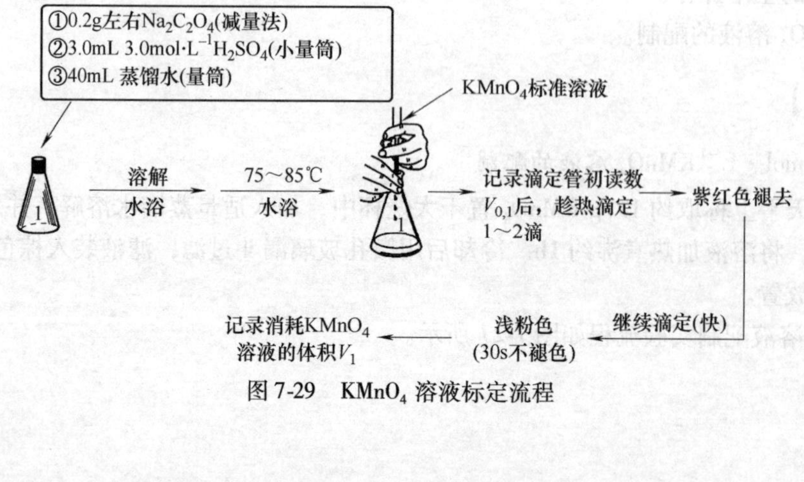

图 7-29　$KMnO_4$ 溶液标定流程

对其他两份试样进行同样的操作，分别记录 $V_{0,2}$ 和 V_2 与 $V_{0,3}$ 和 V_3。

【数据记录】

m_1 = ________ g，m_2 = ________ g，m_3 = ________ g，m_4 = ________ g。

$V_{0,1}$ = ________ mL，$V_{0,2}$ = ________ mL，$V_{0,3}$ = ________ mL。

V_1 = ________ mL，V_2 = ________ mL，V_3 = ________ mL。

【数据处理】

数据处理见表 7-16。

表 7-16　$KMnO_4$ 溶液标定实验数据处理

记录项目	序号		
	1	2	3
$Na_2C_2O_4$ 质量 m/g	$m_1 - m_2$ =	$m_2 - m_3$ =	$m_3 - m_4$ =
$KMnO_4$ 初始读数 V_0/mL			
终点读数 V/mL			
$KMnO_4$ 净用量 $(V - V_0)$/mL			
$c(KMnO_4)/mol \cdot L^{-1}$			
$\bar{c}(KMnO_4)/mol \cdot L^{-1}$			

【注意事项】

1. 室温条件下，$KMnO_4$ 与 $C_2O_4^{2-}$ 之间的反应速度缓慢，故采取加热的手段可以提高反应速度。但是温度又不能太高，如果温度超过 85℃，则 $C_2O_4^{2-}$ 会发生分解。

2. 开始滴定时，反应很慢，如果滴定速度过快则局部 $KMnO_4$ 来不及和 $C_2O_4^{2-}$ 反应而分解。在滴入第一滴 $KMnO_4$ 还没有完全褪色之前，不能加入下一滴。当反应生成 Mn^{2+} 后，可以催化 $KMnO_4$ 与 $C_2O_4^{2-}$ 之间的反应，滴定速度适当加快。

【思考题】

1. 以 $Na_2C_2O_4$ 标定 $KMnO_4$ 溶液浓度时，滴定速度为什么要先慢后快再慢？

2. 以 $Na_2C_2O_4$ 标定 $KMnO_4$ 溶液浓度时，为什么必须在 H_2SO_4 介质中进行？可以用 HNO_3 或 HCl 调节酸度吗？为什么要加热到 75 ~ 85℃？溶液温度过低或过高对实验结果有什么影响？

3. 配制好的 $KMnO_4$ 溶液为什么要存放在棕色试剂瓶中？

实验 25　氯化钡中钡含量的测定

本实验需 16 学时。

【实验目的】

1. 了解测定氯化钡中钡含量的原理和方法。
2. 熟悉并掌握重量分析法的基本操作。
3. 了解晶形沉淀的性质及其沉淀条件。

【实验原理】

采用 $BaSO_4$ 重量法，既可测定 Ba^{2+} 的含量，也可测定 SO_4^{2-} 的含量。

$BaCl_2$ 试样溶于水后，经稀 HCl 酸化，加热至微沸，在不断搅拌下，缓慢加入稀的、热的 H_2SO_4 作为沉淀剂，Ba^{2+} 与 SO_4^{2-} 反应形成晶形沉淀 $SaSO_4$。沉淀经陈化、过滤、洗涤并灼烧至恒重。根据所得 $BaSO_4$ 和试样的质量，便可计算出试样中钡的含量：

$$w(\mathrm{Ba})=\frac{M(\mathrm{Ba})\times m(\mathrm{BaSO_4})}{M(\mathrm{BaSO_4})\times m_s}\times 100\%$$

式中，$m(BaSO_4)$是 $BaSO_4$ 沉淀的质量，单位为 g；$M(BaSO_4)$是 $BaSO_4$ 的摩尔质量，单位为 $g \cdot mol^{-1}$；$M(Ba)$是 Ba 的摩尔质量，单位为 $g \cdot mol^{-1}$；m_s 是 $BaCl_2$ 试样的质量，单位为 g。

【实验用品】

仪器：马弗炉、电炉、瓷坩埚、慢速定量滤纸、玻璃漏斗、分析天平、烧杯(100mL)、烧杯(400mL)、量筒、干燥器、表面皿、玻璃棒、沉淀帚。

试剂：$BaCl_2$ 试样、HCl($2.0mol \cdot L^{-1}$)、H_2SO_4($1.0mol \cdot L^{-1}$)、HNO_3($2.0mol \cdot L^{-1}$)、$AgNO_3$($0.1mol \cdot L^{-1}$)。

【基本操作】

重量分析法的基本操作，包括沉淀、陈化、过滤、洗涤、转移、烘干、炭化、灰化、灼烧、恒重。

【实验步骤】

1. 空坩埚的恒重

将两个洁净的瓷坩埚放在(800 ±20)℃的马弗炉中灼烧至恒重。第一次灼烧 60min，第二次以后每次只灼烧 20min，直至恒重(两次称量的数值相差 <0.5mg)。

空坩埚恒重实验流程如图 7-30 所示。

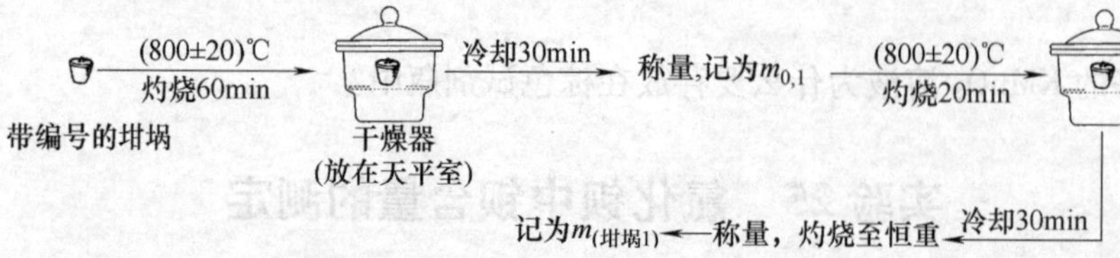

图 7-30　空坩埚恒重流程

重复上述操作一次，记录 $m_{(坩埚2)}$。

2. 沉淀的制备

用减量法准确称取两份0.4～0.6g $BaCl_2$ 试样，分别置于两个400mL烧杯中（见图7-31），加入100mL蒸馏水和3.0mL 2.0mol·L^{-1} HCl，搅拌溶解，水浴加热至近沸，得到 $BaCl_2$ 试液（见图7-32）。

$BaCl_2$ 称取实验流程如图7-31所示。

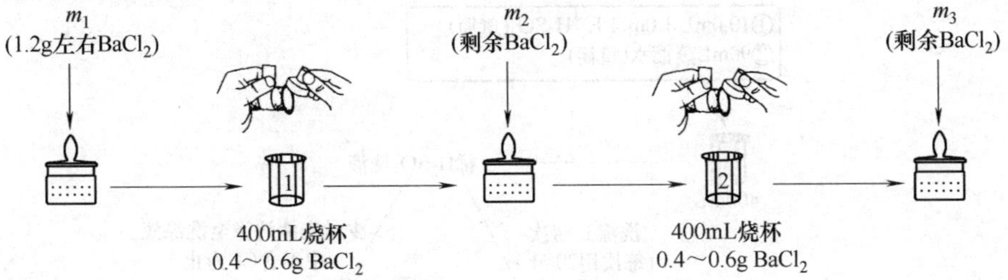

图7-31　$BaCl_2$ 试液的制备

另取4.0mL 1.0mol·L^{-1} H_2SO_4 于100mL烧杯中，加30mL蒸馏水稀释，水浴加热至近沸。在不断搅拌下，用滴管将20mL左右的热 H_2SO_4 溶液逐滴加入到 $BaCl_2$ 试液中（开始不能太快，4～5s加一滴，后面可稍微加快）。待沉淀下沉后，再在上层清液中滴几滴沉淀剂，以检查沉淀是否完全。沉淀完全后，盖上表面皿（切勿将玻璃棒拿出杯外），水浴加热90℃陈化60min，冷却至室温。也可将沉淀于室温放置过夜陈化，即得到 $BaCl_2$ 晶形沉淀。

$BaCl_2$ 溶解度沉淀实验流程如图7-32所示。

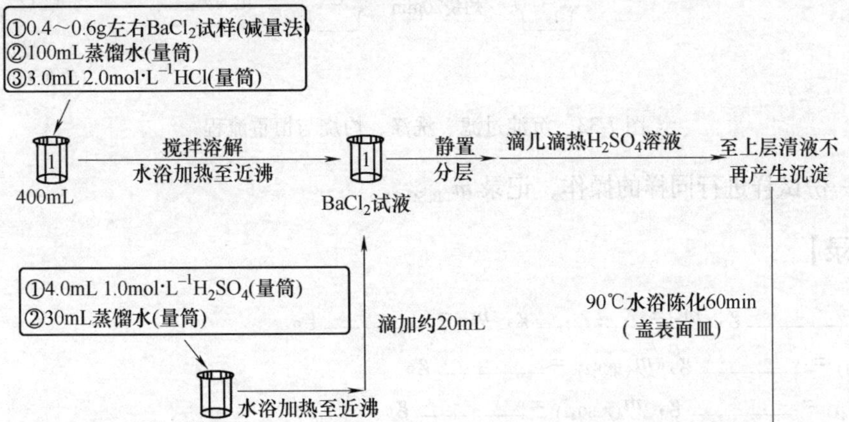

图7-32　沉淀制备流程

3. 沉淀的过滤、洗涤及打包

采用倾泻法，使用慢速定量滤纸进行过滤。用0.1mol·L^{-1}的 H_2SO_4（用10.0mL 1.0mol·L^{-1} H_2SO_4 加蒸馏水至100mL配成）洗涤沉淀3～4次，每次约20mL。然后，将沉淀定量转移到滤纸上，用沉淀帚由上到下擦拭烧杯内壁，并且用折叠滤纸时撕下的小片滤纸擦拭杯壁，将此小片滤纸放于漏斗中，再用少量0.1mol·L^{-1} H_2SO_4 洗涤至洗涤液中不含 Cl^- 为止（检查方法：用试管收集2.0mL滤液，加1滴2.0mol·L^{-1} HNO_3 酸化，加入2滴0.1mol·L^{-1} $AgNO_3$，若无白色浑浊产生，表示 Cl^- 已洗净）（见图7-33）把漏斗中的滤纸取出打包。

4. 沉淀的灼烧和恒重

将折叠好的沉淀滤纸包置于已恒重的瓷坩埚中，于电炉上烘干、炭化、灰化后，在(800 ±20)℃的马弗炉中灼烧至恒重(两次称量的数值相差<0.5mg)(见图 7-33)。根据所得到的 $BaSO_4$ 的质量，计算氯化钡试样中钡的含量。

沉淀过滤、洗涤、灼烧与恒重实验流程如图 7-33 所示。

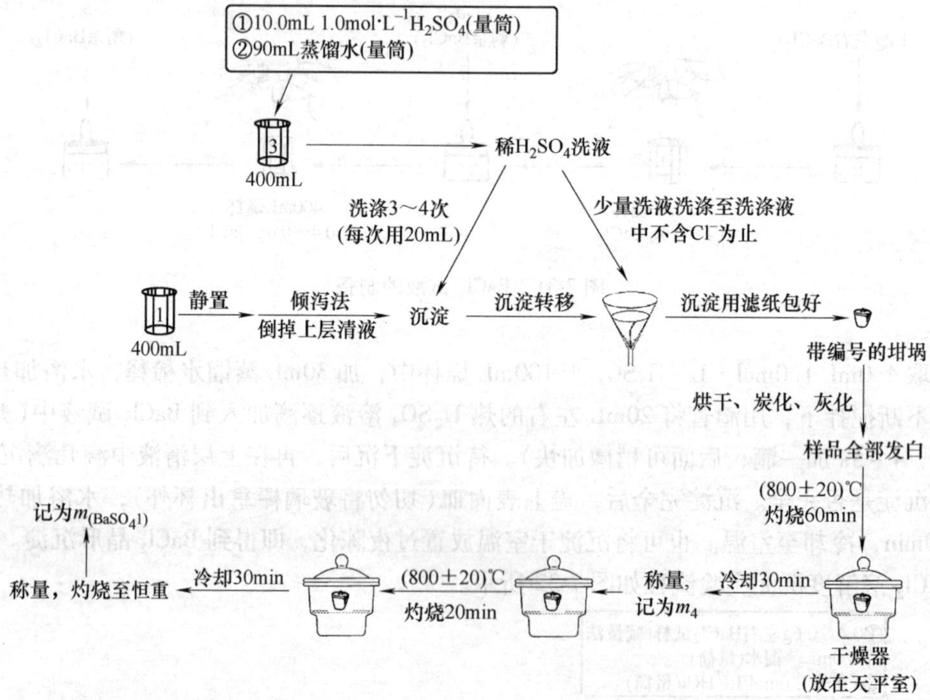

图 7-33 沉淀过滤、洗涤、灼烧与恒重流程

对另一份试样进行同样的操作，记录 $m_{(BaSO_42)}$。

【数据记录】

m_1 = ________ g，m_2 = ________ g，m_3 = ________ g。

$m_{(坩埚1)}$ = ________ g，$m_{(坩埚2)}$ = ________ g。

$m_{(BaSO_41)}$ = ________ g，$m_{(BaSO_42)}$ = ________ g。

【数据处理】

数据处理见表 7-17。

表 7-17 氯化钡中钡含量测定实验数据处理

记录项目	序号 1	序号 2
$BaCl_2$ 试样质量 m_s/g	$m_1 - m_2$ =	$m_2 - m_3$ =
沉淀质量 $m(BaSO_4)$/g	$m_{(BaSO_41)} - m_{(坩埚1)}$ =	$m_{(BaSO_42)} - m_{(坩埚2)}$ =
$w(Ba)(\%)$		
$\overline{w}(Ba)(\%)$		

【注意事项】

1. $BaSO_4$ 重量法通常在 2.0mol·L^{-1}左右的 HCl 介质中进行沉淀，以防止生成$Ba(OH)_2$共沉淀。同时，适当的提高酸度，可以增加 $BaSO_4$ 在沉淀过程中的溶解度，有利于获得大粒的晶形沉淀。

2. $BaSO_4$ 重量法测定 Ba^{2+} 的含量时，一般用稀 H_2SO_4 作沉淀剂。为了使 $BaSO_4$ 沉淀完全，H_2SO_4 必须过量 50% ~100%。过量的 H_2SO_4 在灼烧干燥过程中可以挥发除去。

3. 溶液加热时，需盖表面皿，不能因沸腾而溅失。

4. 滴加沉淀剂时，滴管不能离液面太高，防止溶液溅出。

5. 在上层清液加稀 H_2SO_4 1 ~2 滴，若出现混浊表示沉淀不完全，需继续滴加，直至沉淀完全。

6. 重量分析法中所有称量应使用同一台分析天平。

【思考题】

1. 为什么要在热溶液中沉淀 $BaSO_4$，但要在冷却后过滤？
2. 晶形沉淀为什么要陈化？
3. 炭化和灰化的目的是什么？
4. 若实验中 $BaCl_2$ 和 $BaSO_4$ 形成了共沉淀，将对实验结果产生什么影响？

实验 26　铁的比色测定

本实验需 6 学时。

【实验目的】

1. 了解分光光度计的性能、结构及使用方法。
2. 学会比色法测定中标准曲线的绘制及试样的测定方法。

【实验原理】

Fe^{2+} 在 pH3 ~9 的水溶液中可与邻菲咯啉(又称邻二氮菲，结构式为 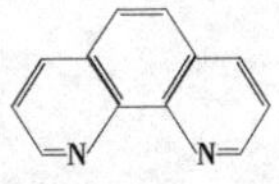，简写为 phen)生成稳定的橙红色配合物，在 $\lambda=510nm$ 处有最大吸收。因此，可用分光光度法测其吸光度，根据朗伯 - 比尔定律测定 Fe^{2+} 的含量。如果用盐酸羟胺还原溶液中的 Fe^{3+}，则此法还可测定总铁含量，从而求出 Fe^{3+} 的含量。反应式如下：

$$2Fe^{3+} + 2NH_2OH \cdot HCl \longrightarrow 2Fe^{2+} + N_2\uparrow + 2H_2O + 4H^+ + 2Cl^-$$

$$Fe^{2+} + 3phen = [Fe(phen)_3]^{2+} \quad (\lg\beta = 21.3，在\ \lambda = 510nm\ 处有最大吸收)$$

朗伯 - 比尔定律表达式为 $A=\kappa bc$。

式中，κ 是各种吸光物质在特定波长和溶剂下的一个特征常数，被称为摩尔吸光系数，是吸光物质的吸光能力的度量，单位为 $L \cdot mol^{-1} \cdot cm^{-1}$；$A$ 为溶液的吸光度，无量纲；b 为液层厚度，单位为cm；c 为溶液的浓度，单位为 $mol \cdot L^{-1}$。

【实验用品】

仪器：722N 型分光光度计、称量瓶、容量瓶(100mL)、容量瓶(或比色管)(50mL)、吸量管、烧杯(100mL)、玻璃棒、分析天平。

试剂：$NH_4Fe(SO_4) \cdot 12H_2O$、邻菲咯啉(0.15% 的水溶液)、盐酸羟胺(10% 水溶液)、CH_3COONa($1.0mol \cdot L^{-1}$)、HCl($6.0mol \cdot L^{-1}$)。

【基本操作】

1. 固定质量称量法的基本操作。
2. 准确浓度溶液的配制。
3. 吸量管的使用方法。
4. 分光光度计的使用方法。

【实验步骤】

1. $200mg \cdot L^{-1}$铁标准溶液的配制

用固定称量法称取 0.1727g $NH_4Fe(SO_4)_2 \cdot 12H_2O$ 置于 100mL 小烧杯中，加入 10mL $6.0mol \cdot L^{-1}$ HCl 和 5.0mL 蒸馏水，水浴加热，搅拌使其完全溶解。溶液移入 100mL 容量瓶中，用蒸馏水稀释定容到刻度线，摇匀备用。

铁标准溶液配制实验流程如图 7-34 所示。

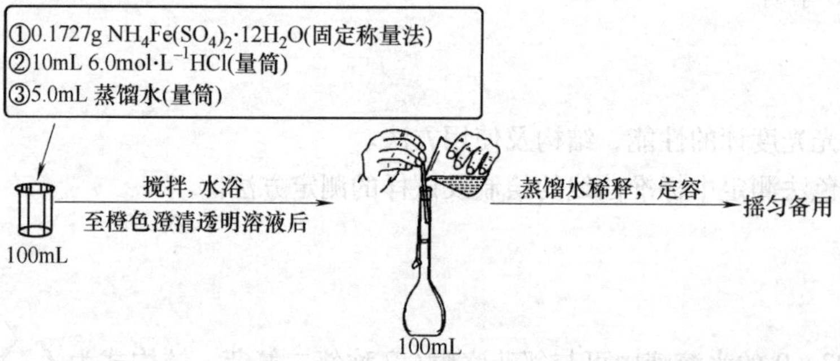

图 7-34　铁标准溶液配制流程

2. 标准曲线的绘制和铁试样中总铁及 Fe^{2+} 含量的测定

将上述试剂按表 7-18 的配比依次加入 8 个带编号的 50mL 容量瓶中，用蒸馏水稀释定容到标线，摇匀。在 510nm 波长下，用1cm 比色皿，以 0 号溶液为参比溶液测其吸光度。以 1 ~5 号溶液铁的体积为横坐标，相对应的吸光度为纵坐标绘制 A-V 标准曲线。6 号和 7 号中的是未知的铁试样溶液，根据 6 号和 7 号溶液的吸光度值从标准曲线上查得相对应的铁的体积，根据铁的体积和浓度计算出铁试样中总铁和 Fe^{2+} 的含量。

表 7-18　标准曲线用溶液配制

编号	0	1	2	3	4	5	6	7
铁标液/mL	0.00	0.20	0.40	0.60	0.80	1.00	0.00（铁试样）	1.00（铁试样）
盐酸羟胺/mL	1.00	1.00	1.00	1.00	1.00	1.00	1.00	0.00
邻菲咯啉/mL	2.00	2.00	2.00	2.00	2.00	2.00	2.00	2.00
CH_3COONa/mL	5.00	5.00	5.00	5.00	5.00	5.00	5.00	5.00
吸光度 A	$A_0=0$	$A_1=$	$A_2=$	$A_3=$	$A_4=$	$A_5=$	$A_6=$	$A_7=$

【数据处理】

1. 以 A_0、A_1、A_2、A_3、A_4、A_5 绘制标准曲线（使用坐标纸，见图 7-35）。

2. 以 A_6 和 A_7 对应的 V_6 和 V_7 按式(7-8)和式(7-9)分别计算铁试样中总铁和 Fe^{2+} 的质量。

$$m(\text{总 Fe}) = c(\text{Fe 标液}) \times V_6 \times 10^{-3} \quad (7\text{-}8)$$

$$m(Fe^{2+}) = c(\text{Fe 标液}) \times V_7 \times 10^{-3} \quad (7\text{-}9)$$

式中，c(Fe 标液)是铁标液的原始浓度，200mg · L^{-1}。

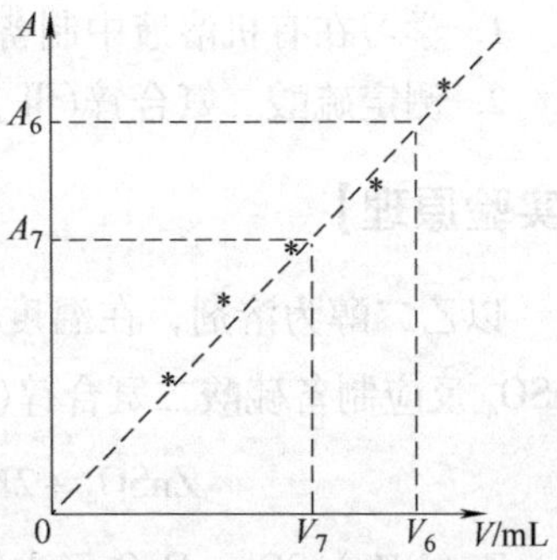

图 7-35　标准曲线

$$w(\text{总 Fe}) = \frac{m(\text{总 Fe})}{c(\text{Fe 试样}) \times V(\text{Fe 试样}) \times 10^{-3}} \times 100\%$$

$$w(Fe^{2+}) = \frac{m(Fe^{2+})}{c(\text{Fe 试样}) \times V(\text{Fe 试样}) \times 10^{-3}} \times 100\%$$

式中，c(Fe 试样)是铁试样的浓度，单位为 mg · L^{-1}，由教师配制给出，V(Fe 试样)是配测定液所取铁试样体积，1.00mL；m(总 Fe)由式(7-8)得到；$m(Fe^{2+})$由式(7-9)得到。

【注意事项】

1. 配制铁标液时，为保证溶质完全移入容量瓶，玻璃棒不应离开烧杯，烧杯内壁残余液也应用少量蒸馏水多次冲洗转移入容量瓶。
2. 配制溶液用小容量瓶应事先编号。
3. 移取试剂应用标记好的吸量管，严禁混用。
4. 试剂加入顺序为先加铁标液和盐酸羟胺，后加 CH_3COONa 和邻菲咯啉。同组的试剂可颠倒加入的先后顺序。
5. 测定铁试样中总铁和亚铁含量时用同一只比色皿，以减小误差。

【思考题】

实验中哪些试剂需要准确配制，哪些不必准确配制？它们是否均应准确加入？为什么？

第 8 章　综合化学实验

实验 27　硫酸二氨合锌(Ⅱ)的制备和红外光谱测定

本实验需 8 学时。

【实验目的】

1. 学习在有机溶液中制备硫酸二氨合锌(Ⅱ)。
2. 测定硫酸二氨合锌(Ⅱ)的红外光谱，学习通过红外光谱来确定物质结构的方法。

【实验原理】

以乙二醇为溶剂，在温度为 120℃时，尿素会缓慢分解，产生 $NH_3·H_2O$。$NH_3·H_2O$ 与 $ZnSO_4$ 反应制备硫酸二氨合锌(Ⅱ)[$Zn(NH_3)_2SO_4·H_2O$]。

$$ZnSO_4 + 2NH_3 \cdot H_2O = Zn(NH_3)_2SO_4 \cdot H_2O + H_2O$$

$Zn(NH_3)_2SO_4·H_2O$ 经水解可得到 ZnO 超细粒子，粒径在 50nm 左右。

原子光谱是具有线状结构的光谱，它是由于原子中的电子发生能级跃迁产生的。原子构成分子后，同样存在分子光谱，但比原子光谱繁杂得多。这是因为在分子中除了有电子的运动外，还有组成分子的原子间的运动，以及分子作为整体的转动。如果不考虑这三种运动形式之间的相互作用，则分子的总能量可以认为是这三种运动能量的和：

$$E = E_e + E_v + E_r$$

电子能级的能量差一般为 $8.1 \times 10^3 \sim 1.62 \times 10^5 cm^{-1}$，相当于紫外光和可见光的能量。因此，由于电子能级的跃迁而产生的光谱叫作紫外可见光谱。

振动能级的能量差一般为 $4.1 \times 10^2 \sim 8.1 \times 10^3 cm^{-1}$，相当于红外光的能量。因此，由于振动能级的跃迁所产生的光谱叫作振动光谱，又称红外光谱。

转动能级的能量差一般为 $41 \sim 4.1 \times 10^2 cm^{-1}$，相当于红外光甚至微波的能量。因此，由于转动能级的跃迁而产生的光谱叫作远红外光谱。分子光谱的类型和辐射区域见表 8-1，$Zn(NH_3)_2SO_4·H_2O$的红外光谱如图 8-1 所示。

表 8-1　分子光谱的类型和辐射区域

辐射区域	波长/10^{-4}cm	光谱类型	辐射区域	波长/10^{-4}cm	光谱类型
真空红外	10 ~ 200	紫外可见光谱	红外	0.75 ~ 1000	振动-转动光谱
紫外	200 ~ 400	紫外可见光谱	微波	10^4cm 数量级	转动光谱
可见	400 ~ 750	紫外可见光谱			

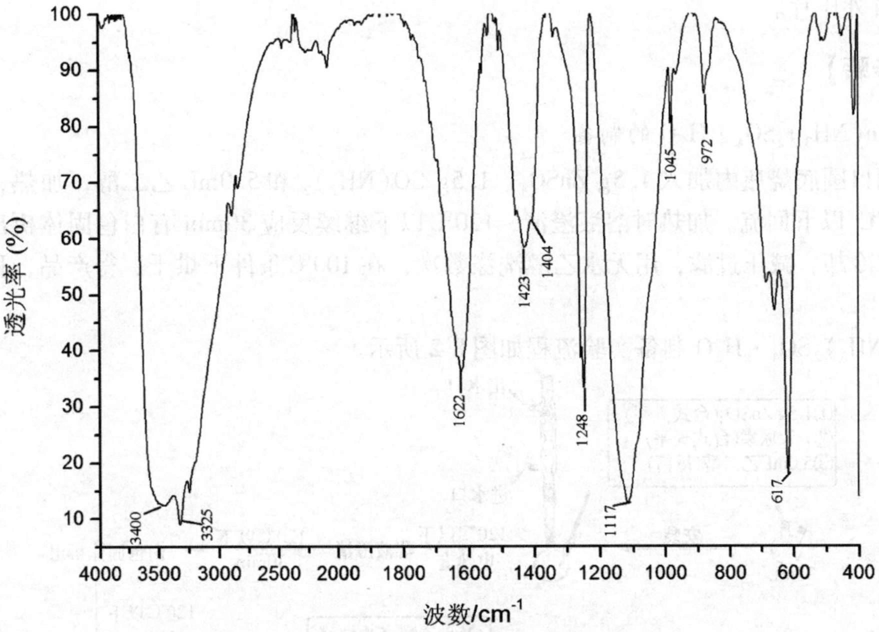

图 8-1　$Zn(NH_3)_2SO_4 \cdot H_2O$ 的红外光谱

$Zn(NH_3)_2SO_4 \cdot H_2O$ 红外光谱的吸收峰值出现在 800 ~ 1 400cm^{-1} 范围，位置分别是 1 423cm^{-1}、1 404cm^{-1}、1 248cm^{-1}、1 117cm^{-1}、1 045cm^{-1}、972cm^{-1}。

游离的 SO_4^{2-} 结构属于四面体对称结构，在红外振动中有两个基频 ν_3 和 ν_4 是活性的，而 ν_1 是红外禁阻的。SO_4^{2-} 作为单齿配体时，ν_3 和 ν_4 分裂成两个谱带；作为二齿配体时，ν_3 和 ν_4 分裂成三条谱带。图 8-1 中的 1 248cm^{-1} 是配位体 NH_3 的振动光谱，是由配位 NH_3 的对称形变产生的。972cm^{-1} 是 SO_4^{2-} 的 ν_1 基频带，1 117cm^{-1} 和 1 045cm^{-1} 是 ν_3 基频带。1 423cm^{-1} 和 1 404cm^{-1} 是 ν_4 的基频带。在 3 400cm^{-1} 处出现强峰和 1 622cm^{-1} 处出现次强峰，说明存在水峰。由此可推断出 $Zn(NH_3)_2SO_4 \cdot H_2O$ 的组成结构为

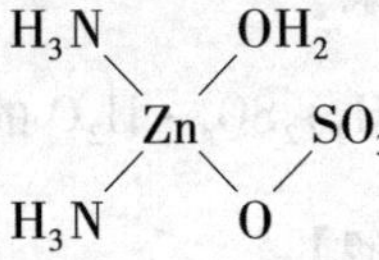

。

【实验用品】

仪器：两口圆底烧瓶（25mL）、烧杯（100mL）、球型冷凝管、温度计（150℃）、布氏漏斗（20mm）、吸滤瓶（10mL）、电热套、IR Affinity－1 傅里叶变换红外光谱仪、量筒、循环水真空泵、台式天平。

试剂：$ZnSO_4$、$CO(NH_2)_2$、乙二醇、无水乙醇、KBr（光谱纯）。

【基本操作】

1. 电热套的使用，加热回流。
2. 冷凝管和温度计的安装。

3. 红外压片。

【实验步骤】

1. $Zn(NH_3)_2SO_4 \cdot H_2O$ 的制备

在两口圆底烧瓶内加入 1.5g $ZnSO_4$、1.5g $CO(NH_2)_2$ 和 5.0mL 乙二醇，加热，温度控制在 120℃ 以下回流。加热时溶液澄清，120℃以下继续反应 30min 有白色固体析出，再反应30min，冷却，减压过滤，用无水乙醇洗涤数次，在 100℃条件下烘干，得产品，称量，计算产率。

$Zn(NH_3)_2SO_4 \cdot H_2O$ 制备实验流程如图 8-2 所示。

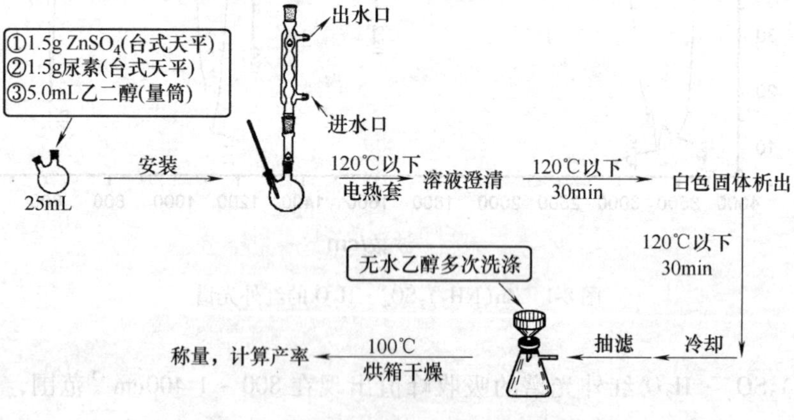

图 8-2　$Zn(NH_3)_2SO_4 \cdot H_2O$ 制备流程

2. 测定 $Zn(NH_3)_2SO_4 \cdot H_2O$ 的红外光谱

在 4 000 ~ 400cm^{-1} 范围内，用 KBr 压片法测定产品的红外光谱，确认在 1 400 ~ 800cm^{-1} 范围内的几个主要峰的位置，与标准 $Zn(NH_3)_2SO_4 \cdot H_2O$ 的红外光谱比对。

【数据记录】

$Zn(NH_3)_2SO_4 \cdot H_2O$ 的质量 m = ________ g。

【数据处理】

理论产量 m_0 = ________ g。

$$产率 = \frac{m}{m_0} \times 100\% = \_\_\_\_\_\_\_\_。$$

【注意事项】

反应温度应控制在 120℃以下。

【思考题】

为什么 $Zn(NH_3)_2SO_4 \cdot H_2O$ 制备实验的温度需控制在 120℃以下而不能过高？

实验 28　三草酸合铁(Ⅲ)酸钾的合成及组成分析

本实验需 12 学时。

【实验目的】

1. 了解三草酸合铁(Ⅲ)酸钾的合成方法。
2. 学习用 $KMnO_4$ 法测定 $C_2O_4^{2-}$ 与 Fe^{3+} 的原理和方法。
3. 巩固无机合成的基本操作。
4. 学习重量分析的基本操作。

【实验原理】

1. 三草酸合铁(Ⅲ)酸钾的合成

三草酸合铁(Ⅲ)酸钾 $K_3[Fe(C_2O_4)_3]\cdot 3H_2O$ 为亮绿色的单斜晶体，易溶于水而难溶于乙醇、丙酮等有机溶剂，光照下易分解。

本实验首先利用 $(NH_4)_2Fe(SO_4)_2\cdot 6H_2O$ 与 $H_2C_2O_4$ 反应制备 $FeC_2O_4\cdot 2H_2O$：

$$(NH_4)_2Fe(SO_4)_2\cdot 6H_2O + H_2C_2O_4 = FeC_2O_4\cdot 2H_2O\downarrow(黄) + (NH_4)_2SO_4 + H_2SO_4 + 4H_2O$$

在过量 $K_2C_2O_4$ 存在下，用 H_2O_2 氧化 $FeC_2O_4\cdot 2H_2O$ 即可制得产物 $K_3[Fe(C_2O_4)_3]\cdot 3H_2O$：

$$6FeC_2O_4\cdot 2H_2O + 3H_2O_2 + 6K_2C_2O_4 = 4K_3[Fe(C_2O_4)_3]\cdot 3H_2O + 2Fe(OH)_3\downarrow(棕)$$

加入适量的 $H_2C_2O_4$ 可将反应中产生的 $Fe(OH)_3$ 转化为产物 $K_3[Fe(C_2O_4)_3]\cdot 3H_2O$：

$$2Fe(OH)_3 + 3H_2C_2O_4 + 3K_2C_2O_4 = 2K_3[Fe(C_2O_4)_3]\cdot 3H_2O(绿)$$

总的反应方程式为

$$2FeC_2O_4\cdot 2H_2O + H_2O_2 + 3K_2C_2O_4 + H_2C_2O_4 = 2K_3[Fe(C_2O_4)_3]\cdot 3H_2O$$

加入乙醇，静置即可很快析出产物的结晶；也可以室温静置一天，得到产物晶体。

$K_3[Fe(C_2O_4)_3]\cdot 3H_2O$ 的理论产量 m_0：

$$m_0 = \frac{m[(NH_4)_2\cdot FeSO_4\cdot 6H_2O]}{M[(NH_4)_2\cdot FeSO_4\cdot 6H_2O]}\times M\{K_3[Fe(C_2O_4)_3]\cdot 3H_2O\}$$

式中，$m[(NH_4)_2SO_4\cdot FeSO_4\cdot 6H_2O]$ 是称取 $(NH_4)_2SO_4\cdot FeSO_4\cdot 6H_2O$ 的质量，单位为 g；$M[(NH_4)_2SO_4\cdot FeSO_4\cdot 6H_2O]$ 是 $(NH_4)_2SO_4\cdot FeSO_4\cdot 6H_2O$ 的摩尔质量，单位为 $g\cdot mol^{-1}$；$M\{K_3[Fe(C_2O_4)_3]\cdot 3H_2O\}$ 是 $K_3[Fe(C_2O_4)_3]\cdot 3H_2O$ 的摩尔质量，单位为 $g\cdot mol^{-1}$。

2. 三草酸合铁(Ⅲ)酸钾的组成分析

(1) 重量分析法测定三草酸合铁(Ⅲ)酸钾中结晶水含量　将一定量产物于 110℃下干燥至恒重，根据失重的情况即可计算出结晶水的含量：

$$\Delta m = m(结晶水) \tag{8-1}$$

(2) $KMnO_4$ 法测定三草酸合铁(Ⅲ)酸钾中 $C_2O_4^{2-}$ 的含量　75～85℃时 $C_2O_4^{2-}$ 在酸性介质中可被 $KMnO_4$ 定量氧化：

$$5C_2O_4^{2-} + 2MnO_4^- + 16H^+ \xlongequal{75\sim 85℃} 2Mn^{2+} + 10CO_2\uparrow + 8H_2O$$

以 $KMnO_4$ 作为自身指示剂，滴定至终点时溶液变为浅粉色。根据三草酸合铁(ⅡI)酸钾的质量和滴定所消耗的 $KMnO_4$ 标准溶液的体积，可以计算出 $C_2O_4^{2-}$ 的含量 $w(C_2O_4^{2-})$。

$$w(C_2O_4^{2-}) = \frac{\frac{5}{2}c(KMnO_4)\times(V_{\mathrm{I}}-V_0)\times10^{-3}\times M(C_2O_4^{2-})}{m}\times100\%$$

式中，m 是试样质量，单位为 g；$c(KMnO_4)$ 为 $KMnO_4$ 标准溶液的浓度，单位为 $mol\cdot L^{-1}$；V_0、V_{I} 分别是滴定管初始读数和第一滴定终点读数，单位为 mL；$M(C_2O_4^{2-})$ 是 $C_2O_4^{2-}$ 的摩尔质量，单位为 $g\cdot mol^{-1}$。

开始滴定时，反应很慢，在滴入第一滴 $KMnO_4$ 没有完全褪色之前，不能加入下一滴。当反应生成 Mn^{2+} 后，可以催化 $KMnO_4$ 与 $C_2O_4^{2-}$ 之间的反应，滴定速度适当加快。接近滴定终点时，滴定速度减慢。因此，滴定过程中滴定速度的变化为慢→快→慢。

(3) $KMnO_4$ 法测定三草酸合铁(Ⅲ)酸钾中 Fe^{3+} 的含量　先用 Zn 粉将 Fe^{3+} 还原为 Fe^{2+}，然后用 $KMnO_4$ 标准溶液滴定 Fe^{2+}：

$$2Fe^{3+} + Zn \xlongequal{\triangle} 2Fe^{2+} + Zn^{2+}$$

$$5Fe^{2+} + MnO_4^- + 8H^+ \xlongequal{\triangle} 5Fe^{3+} + Mn^{2+} + 4H_2O$$

以 $KMnO_4$ 作为自身指示剂，滴定至终点时溶液由无色变为浅粉色，30s 内不褪色。由滴定所消耗的 $KMnO_4$ 标准溶液的体积，可以计算出 Fe^{3+} 的含量 $w(Fe^{3+})$：

$$w(Fe^{3+}) = \frac{5c(KMnO_4)\times(V_{\mathrm{II}}-V_{\mathrm{I}})\times10^{-3}\times M(Fe^{3+})}{m}\times100\%$$

式中，V_{II} 是第二滴定终点读数，单位是 mL；$M(Fe^{3+})$ 是 Fe^{3+} 的摩尔质量，单位为 $g\cdot mol^{-1}$。

(4) K^+ 的含量　配合物减去结晶水、$C_2O_4^{2-}$、Fe^{3+} 的含量后即为 K^+ 的含量：

$$w(K^+) = 1 - w(C_2O_4^{2-}) - w(Fe^{3+}) - w(\text{结晶水})$$

【实验用品】

仪器：烧杯、表面皿、循环水真空泵、水浴锅、称量瓶、干燥器、台式天平、分析天平、酸式滴定管、锥形瓶(250mL)、布氏漏斗、吸滤瓶、烧杯(300～400mL)、滴管、量筒、循环水真空泵。

试剂：$(NH_4)_2Fe(SO_4)_2\cdot6H_2O$、$H_2SO_4$($6.0mol\cdot L^{-1}$、$3.0mol\cdot L^{-1}$)，$H_2C_2O_4$(饱和)、$K_2C_2O_4$(饱和)、$H_2O_2$(5%)、乙醇(95%)、$KMnO_4$ 标准溶液、Zn 粉。

【基本操作】

1. 倾泻法(见图 8-3)过滤。
2. 干燥器的使用方法。
3. 重量分析法的基本操作。

图 8-3　倾泻法操作示意图

【实验步骤】

1. $K_3[Fe(C_2O_4)_3]\cdot 3H_2O$ 的合成

（1）$FeC_2O_4\cdot 2H_2O$ 的制备　称取 5.0g $(NH_4)_2Fe(SO_4)_2\cdot 6H_2O$ 置于 300～400mL 的烧杯中，加 20mL 蒸馏水，并且滴入 5 滴 6.0mol·L^{-1} H_2SO_4 酸化，加热溶解得到浅蓝绿色的 $(NH_4)_2Fe(SO_4)_2$ 溶液。在不断搅拌下加入 25mL 饱和 $H_2C_2O_4$ 溶液，加热至近沸，继续搅拌 5min，静置，待黄色的 $FeC_2O_4\cdot 2H_2O$ 沉淀完全沉降后，用倾泻法弃去上层清液。再用倾泻法以蒸馏水洗涤沉淀 2～3 次，每次用量约 15mL。

（2）$K_3[Fe(C_2O_4)_3]\cdot 3H_2O$ 的制备　往上述沉淀中加入 10mL 饱和 $K_2C_2O_4$ 溶液，水浴加热，继续搅拌至生成深橙色混合物。40℃水浴加热，边搅拌边用滴管缓慢地滴加 12mL 5% H_2O_2 溶液，此时，溶液中有棕色的 $Fe(OH)_3$ 沉淀生成。加完 H_2O_2 后，将溶液加热至近沸，分两批共加入 8.0mL 饱和 $H_2C_2O_4$ 溶液（先加入 5.0mL，然后慢慢滴加 3.0mL）。如果溶液颜色发黄，可适当多加一些饱和 $H_2C_2O_4$ 溶液至体系变成亮绿色的透明溶液。如果体系混浊，可趁热过滤。在滤液中加入 10mL 95% 乙醇，这时如果溶液变浑浊可微热使其变澄清。盖上表面皿，放置暗处，于冰浴中冷却结晶。抽滤，称量，计算产率。产物用滤纸包好，避光保存。

$K_3[Fe(C_2O_4)_3]\cdot 3H_2O$ 合成实验流程如图 8-4 所示。

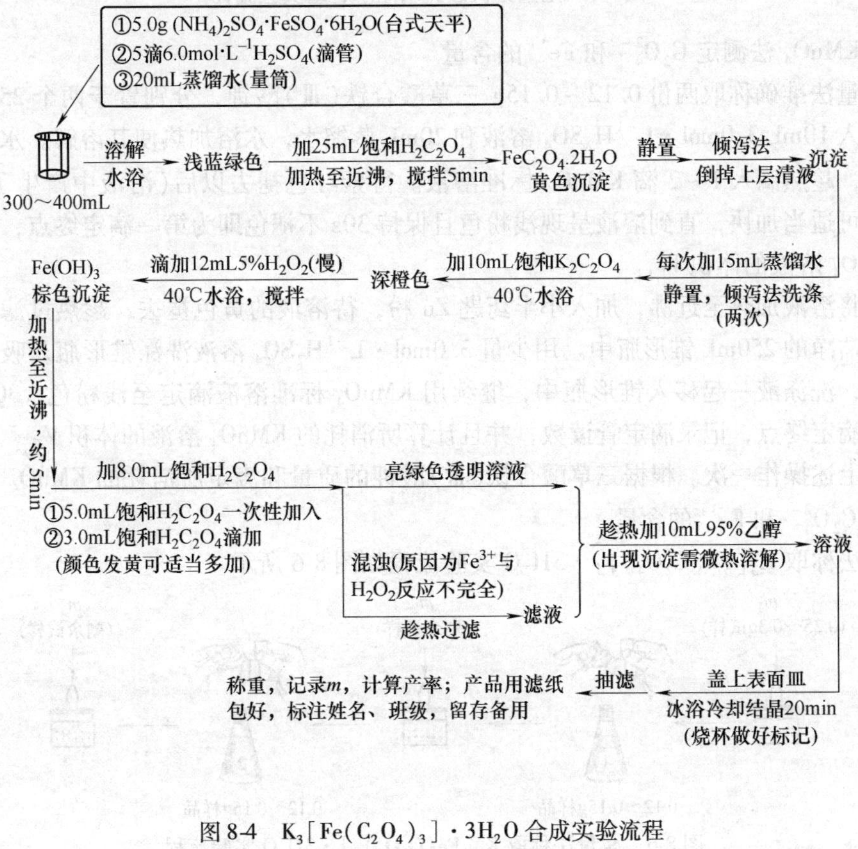

图 8-4　$K_3[Fe(C_2O_4)_3]\cdot 3H_2O$ 合成实验流程

2. $K_3[Fe(C_2O_4)_3]\cdot 3H_2O$ 的组成分析

(1)重量分析法测结晶水含量　将两只带编号的洁净称量瓶于110℃干燥至恒重。第一次干燥1h，第二次以后每次只干燥20min，直至恒重(两次称量的数值相差<0.5mg)，即可计算出空称量瓶的质量 m_0。然后，往称量瓶中装入0.5~0.6g干燥样品，记录称量瓶与样品质量 m_{s0}，并于110℃干燥至恒重(两次称量的数值相差<0.5mg)。根据失重的情况按式(8-1)计算结晶水的含量。

重量分析法测结晶水含量实验流程如图8-5所示。

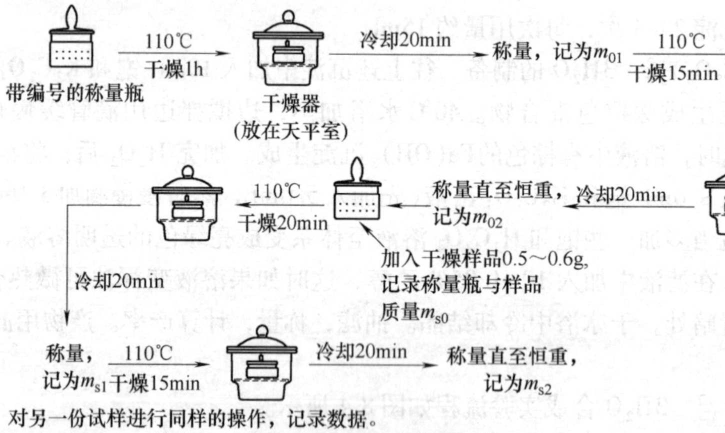

图8-5　重量分析法测结晶水含量实验流程

(2) $KMnO_4$ 法测定 $C_2O_4^{2-}$ 和 Fe^{3+} 的含量

用减量法准确称取两份0.12~0.15g三草酸合铁(Ⅲ)酸钾，分别置于两个250mL锥形瓶中，加入10mL 3.0mol·L^{-1} H_2SO_4 溶液和20mL蒸馏水，水浴加热使其溶解。水浴加热至75~85℃，趁热滴入1~2滴 $KMnO_4$ 标准溶液。待紫红色褪去以后(溶液中产生了 Mn^{2+})，滴定速度可适当加快，直到溶液呈现浅粉色且保持30s不褪色即为第一滴定终点，记录所消耗的 $KMnO_4$ 溶液的体积 $V_{I,1}$。

然后将溶液加热至近沸，加入小半药匙Zn粉，待溶液的黄色褪去，趁热过滤，滤液移入另一个洁净的250mL锥形瓶中。用少量3.0mol·L^{-1} H_2SO_4 溶液洗涤锥形瓶及吸滤瓶内壁的残余液，洗涤液一起移入锥形瓶中，继续用 $KMnO_4$ 标准溶液滴定至浅粉色，30s不褪色即为第二滴定终点，记录滴定管读数，并且计算所消耗的 $KMnO_4$ 溶液的体积 $V_{II,1}$。

重复上述操作一次。根据三草酸合铁(Ⅲ)酸钾的质量和滴定所消耗的 $KMnO_4$ 溶液的体积，计算 $C_2O_4^{2-}$ 和 Fe^{3+} 的含量。

减量法称取 $K_3[Fe(C_2O_4)_3]\cdot 3H_2O$ 实验流程如图8-6所示。

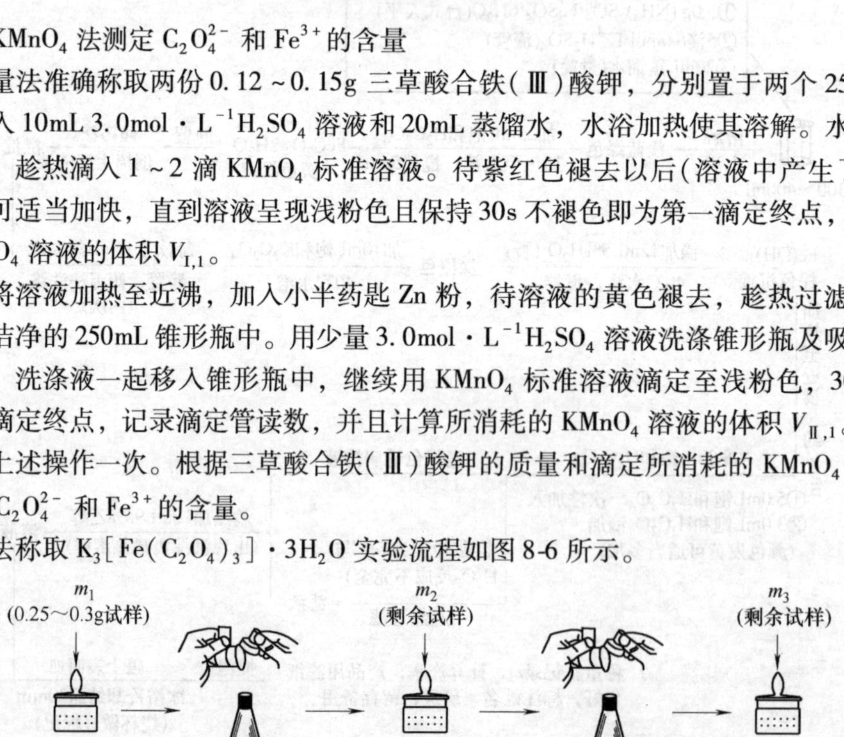

图8-6　减量法称取 $K_3[Fe(C_2O_4)_3]\cdot 3H_2O$ 实验流程

$C_2O_4^{2-}$ 和 Fe^{3+} 含量测定实验流程如图 8-7 所示。

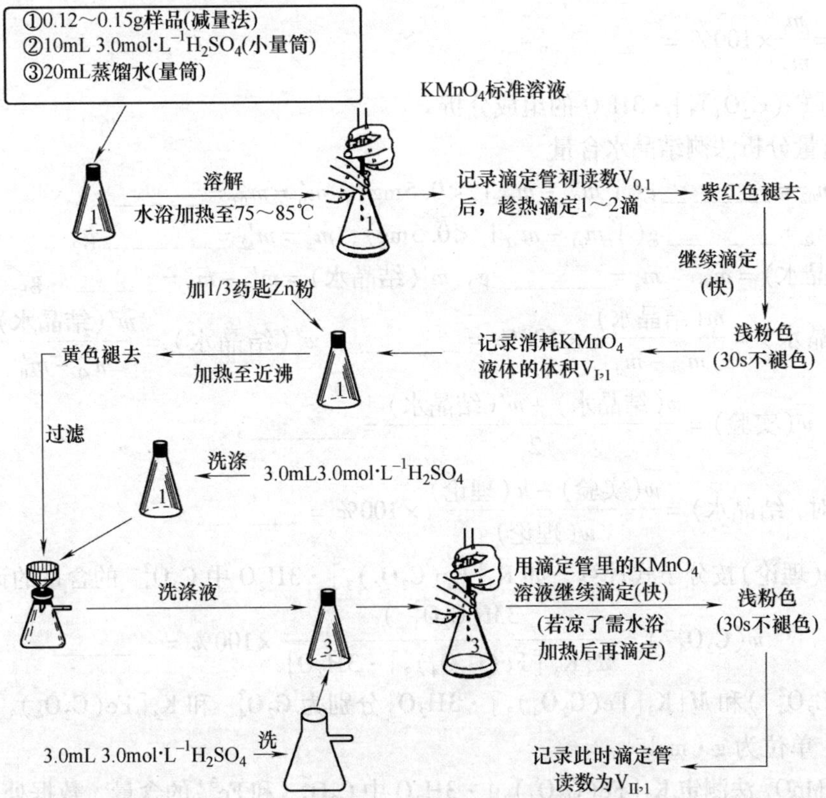

图 8-7　$C_2O_4^{2-}$ 和 Fe^{3+} 含量测定实验流程

对另外一份试样进行同样的操作，记录 $V_{0,2}$、$V_{Ⅰ,2}$、$V_{Ⅱ,2}$。

【数据记录】

1. $K_3[Fe(C_2O_4)_3]\cdot 3H_2O$ 的合成

$K_3[Fe(C_2O_4)_3]\cdot 3H_2O$ 的质量 m =________g。

2. $K_3[Fe(C_2O_4)_3]\cdot 3H_2O$ 的组成分析

（1）重量分析法测结晶水含量

m_{01} =________g，m_{02} =________g，m'_{01} =________g，m'_{02} =________g。

m_{s0} =________g，m_{s1} =________g，m_{s2} =________g，m'_{s0} =________g，m'_{s1} =________g，m'_{s2} =________g。

（2）$KMnO_4$ 法测定 $K_3[Fe(C_2O_4)_3]\cdot 3H_2O$ 中 $C_2O_4^{2-}$ 和 Fe^{3+} 的含量

m_1 =________g，m_2 =________g，m_3 =________g。

$V_{0,1}$ =________mL，$V_{0,2}$ =________mL。

$V_{Ⅰ,1}$ =________mL，$V_{Ⅰ,2}$ =________mL。

$V_{Ⅱ,1}$ =________mL，$V_{Ⅱ,2}$ =________mL。

【数据处理】

1. $K_3[Fe(C_2O_4)_3]\cdot 3H_2O$ 的合成

理论产量 m_0 = ________ g。

产率 $=\frac{m}{m_0}\times 100\%$ = ________。

2. $K_3[Fe(C_2O_4)_3]\cdot 3H_2O$ 的组成分析

(1)重量分析法测结晶水含量

$m_0 = m_{02}$ = ________ g($|m_{01}-m_{02}|<0.5mg$)，$m'_0 = m'_{02}$ = ________ g，

$m_s = m_{s2}$ = ________ g($|m_{s1}-m_{s2}|<0.5mg$)，$m'_s = m'_{s2}$ = ________ g。

m(结晶水) $= m_{s0} - m_s$ = ________ g，m'(结晶水) $= m'_{s0} - m'_s$ = ________ g。

$w(\text{结晶水}) = \frac{m(\text{结晶水})}{m_{s0}-m_0}\times 100\%$ = ________，$w'(\text{结晶水}) = \frac{m'(\text{结晶水})}{m'_{s0}-m'_0}\times 100\%$ = ________。$\overline{w}(\text{实验}) = \frac{w(\text{结晶水})+w'(\text{结晶水})}{2}$ = ________。

$E(\text{相对，结晶水}) = \frac{\overline{w}(\text{实验})-w(\text{理论})}{w(\text{理论})}\times 100\%$ = ________。

注：w(理论)按分子式计算，如 $K_3[Fe(C_2O_4)_3]\cdot 3H_2O$ 中 $C_2O_4^{2-}$ 的含量的计算方法：

$$w(C_2O_4^{2-}) = \frac{3M(C_2O_4^{2-})}{M\{K_3[Fe(C_2O_4)_3]\cdot 3H_2O\}}\times 100\% = \_\_\_\_\_\_\_\_$$

式中，$M(C_2O_4^{2-})$和$M\{K_3[Fe(C_2O_4)_3]\cdot 3H_2O\}$分别为 $C_2O_4^{2-}$ 和 $K_3[Fe(C_2O_4)_3]\cdot 3H_2O$ 的摩尔质量，单位为 $g\cdot mol^{-1}$。

(2) $KMnO_4$ 法测定 $K_3[Fe(C_2O_4)_3]\cdot 3H_2O$ 中 $C_2O_4^{2-}$ 和 Fe^{3+} 的含量　数据处理见表 8-2。

表 8-2　$C_2O_4^{2-}$ 和 Fe^{3+} 含量测定实验数据处理

记录项目	序号	
	1	2
样品质量 m/g	$m_1 - m_2$ =	$m_2 - m_3$ =
滴定管初始读数 V_0/mL		
滴定 $C_2O_4^{2-}$ 结束时读数 V_{I}/mL		
$KMnO_4$ 净用量($V_{\text{I}}-V_0$)/mL		
滴定 Fe^{3+} 结束时读数 V_{II}/mL		
$KMnO_4$ 净用量($V_{\text{II}}-V_{\text{I}}$)/mL		
$w(C_2O_4^{2-})$		
$\overline{w}(C_2O_4^{2-})$		
E(相对，$C_2O_4^{2-}$)		
$w(Fe^{3+})$		
$\overline{w}(Fe^{3+})$		
E(相对，Fe^{3+})		

(3) K^+ 的含量

$$w(K^+) = 1 - \overline{w}(C_2O_4^{2-}) - \overline{w}(Fe^{3+}) - \overline{w}(\text{结晶水})$$

【注意事项】

1. 生成 $FeC_2O_4\cdot 2H_2O$ 沉淀时所加的 $H_2C_2O_4$ 量应足够，以确保沉淀完全。

2. 滴加 H_2O_2 时，可使温度略低于 40℃。

3. 加热至近沸是指放入水浴中加热至近沸。

4. 重量分析法用称量瓶需事先编号。

5. 干燥器每两人共用一个，打开干燥器后，盖子应开口向上安全放置，干燥器底盘应事先用脱脂棉擦干净，取放干燥器应双手端平稳。

6. 重量分析法中所有称量应使用同一台分析天平。

7. $KMnO_4$ 法测定 $K_3[Fe(C_2O_4)_3]\cdot 3H_2O$ 中 $C_2O_4^{2-}$ 和 Fe^{3+} 的含量采用连续滴定法，滴定过程中不应调整滴定管液面刻度。

【思考题】

1. $K_3[Fe(C_2O_4)_3]\cdot 3H_2O$ 制备的最后一步，加入 95% 的乙醇的作用是什么？

2. 合成过程中，滴完 H_2O_2 后为什么还要加热至近沸？

3. $K_3[Fe(C_2O_4)_3]\cdot 3H_2O$ 可用加热脱水法测定其结晶水含量，含结晶水的物质能否都用这种方法进行测定？为什么？

实验 29　硫酸四氨合铜(Ⅱ)的制备及组成分析

本实验需 19 学时。

【实验目的】

1. 学习硫酸四氨合铜(Ⅱ)的制备方法。

2. 掌握分光光度法测定铜的原理和方法。

3. 掌握蒸馏法测定氨的技术。

【实验原理】

1. 硫酸四氨合铜(Ⅱ){$[Cu(NH_3)_4]SO_4\cdot H_2O$}的制备

$[Cu(NH_3)_4]SO_4\cdot H_2O$ 为深蓝色晶体，主要用于印染、纤维、杀虫剂及制备某些含铜的化合物。本实验以硫酸铜为原料，与过量的 $NH_3\cdot H_2O$ 反应来制备：

$$CuSO_4+4NH_3+H_2O=[Cu(NH_3)_4]SO_4\cdot H_2O$$

$[Cu(NH_3)_4]SO_4\cdot H_2O$ 溶于水，不溶于乙醇，因此在 $[Cu(NH_3)_4]SO_4\cdot H_2O$ 溶液中加入乙醇，即可析出 $[Cu(NH_3)_4]SO_4\cdot H_2O$ 晶体。

2. $[Cu(NH_3)_4]SO_4\cdot H_2O$ 中的 Cu^{2+}、SO_4^{2-} 及 NH_3 含量测定

$[Cu(NH_3)_4]SO_4\cdot H_2O$ 中的 Cu^{2+}、SO_4^{2-} 及 NH_3 含量可以用分光光度法、重量分析法、酸碱滴定法分别测定。

(1) 分光光度法测定 Cu^{2+} 含量　$[Cu(NH_3)_4]SO_4\cdot H_2O$ 在酸性介质中被破坏为 Cu^{2+} 及 NH_4^+，加入过量 NH_3 可以形成稳定的深蓝色配离子 $[Cu(NH_3)_4]^{2+}$。

$$[Cu(NH_3)_4]^{2+}+4H^+ \xlongequal{} Cu^{2+}+4NH_4^+$$

$$Cu^{2+}+4NH_3 \xlongequal{} [Cu(NH_3)_4]^{2+}$$

根据朗伯-比尔定律：

$$A = \kappa cb$$

配制一系列已知浓度的铜标准溶液，在一定波长下用分光光度计测定$[Cu(NH_3)_4]^{2+}$溶液的吸光度，绘制标准曲线。由标准曲线法求出Cu^{2+}离子的浓度，从而可以计算出样品中的Cu^{2+}含量。

$$w(Cu^{2+}) = \frac{2 \times c_x \times 100 \times 10^{-3} \times M(Cu^{2+})}{m_s} \times 100\% \tag{8-2}$$

式中，c_x 是标准曲线法求出Cu^{2+}离子的浓度，单位为$mol \cdot L^{-1}$；$M(Cu)$是铜的摩尔质量，单位为$g \cdot mol^{-1}$；m_s 是称取的硫酸四氨合铜质量，单位为g。

（2）酸碱滴定法测定NH_3含量　$[Cu(NH_3)_4]SO_4 \cdot H_2O$在碱性介质中被破坏为CuO和$NH_3$。在加热条件下把氨蒸入过量的HCl标准溶液中，再用标准NaOH溶液进行滴定，从而准确测定样品中的氨含量。反应方程式如下：

$$[Cu(NH_3)_4]SO_4 + 2NaOH = CuO\downarrow + 4NH_3\uparrow + Na_2SO_4 + H_2O$$

$$NH_3 + HCl = NH_4Cl$$

$$NaOH + HCl = NaCl + H_2O$$

$$w(NH_3) = \frac{[c(HCl) \times V(HCl) - c(NaOH) \times V(NaOH)] \times M(NH_3) \times 10^{-3}}{m_s} \times 100\% \tag{8-3}$$

式中，$c(HCl)$是HCl标准溶液的浓度，单位为$mol \cdot L^{-1}$；$V(HCl)$是与氨反应消耗的HCl标准溶液的体积，单位为mL；$c(NaOH)$是NaOH标准溶液的浓度，单位为$mol \cdot L^{-1}$；$V(NaOH)$是滴定消耗的NaOH标准溶液的体积，单位为mL；$M(NH_3)$是NH_3的摩尔质量，单位为$g \cdot mol^{-1}$；m_s 是称取的硫酸四氨合铜的质量，单位为g。

（3）重量分析法测定SO_4^{2-}含量（测定原理参考实验25）

$$w(SO_4^{2-}) = \frac{m(BaSO_4) \times M(SO_4^{2-})}{m_s \times M(BaSO_4)} \times 100\% \tag{8-4}$$

式中，$m(BaSO_4)$是$BaSO_4$沉淀的质量，单位为g；$M(SO_4^{2-})$是SO_4^{2-}的摩尔质量，单位为$g \cdot mol^{-1}$；$M(BaSO_4)$是$BaSO_4$的摩尔质量，单位为$g \cdot mol^{-1}$；m_s 是称取的硫酸四氨合铜的质量，单位为g。

【实验用品】

仪器：台式天平、分析天平、722N型分光光度计、电热鼓风干燥箱、马弗炉、烧杯（400mL、200mL、100mL、50mL）、比色管（25mL）、表面皿、量筒（10mL、25mL）、容量瓶（250mL、100mL）、移液管（10mL）、慢速定量滤纸、锥形瓶（250mL）、布氏漏斗、吸滤瓶、称量瓶、瓷坩埚、循环水真空泵。

试剂：HCl标准溶液（$0.5mol \cdot L^{-1}$）、NaOH标准溶液（$0.5mol \cdot L^{-1}$）、NaOH（10%）、$CuSO_4 \cdot 5H_2O$（固体）、HNO_3（$2.0mol \cdot L^{-1}$）、$BaCl_2$（10%）、$AgNO_3$（$0.1mol \cdot L^{-1}$）、乙醇（无水、95%）、H_2SO_4（$6.0mol \cdot L^{-1}$）、HCl溶液（$2.0mol \cdot L^{-1}$）、$NH_3 \cdot H_2O$（浓、$2.0mol \cdot L^{-1}$、$4.0mol \cdot L^{-1}$）、酚酞（0.2%）。

【基本操作】

1. 减压过滤。
2. 干燥器的使用。
3. 分光光度计和移液管的使用。
4. 重量分析基本操作。

【实验步骤】

1. $[Cu(NH_3)_4]SO_4 \cdot H_2O$ 的制备

在 200mL 的烧杯中加入 10g $CuSO_4 \cdot 5H_2O$，再加 14mL 蒸馏水溶解，在不断搅拌下慢慢加入 50mL 浓 $NH_3 \cdot H_2O$，继续搅拌，使其完全溶解成深蓝色溶液。待溶液冷却后，缓慢加入 35mL 95% 乙醇，即有深蓝色晶体析出。盖上表面皿，静置约 30min，抽滤，并且用 1∶2 乙醇 - $NH_3 \cdot H_2O$ 混合液(乙醇与 $NH_3 \cdot H_2O$ 以 1∶2 体积混合)淋洗晶体两次，每次用量约 8mL，再用 10mL 无水乙醇淋洗。将其在 60℃ 左右烘干 1h，称量，按 $CuSO_4 \cdot 5H_2O$ 的量计算 $[Cu(NH_3)_4]SO_4$ 的产率。包好放入干燥器中备用。

$[Cu(NH_3)_4]SO_4 \cdot H_2O$ 制备实验流程如图 8-8 所示。

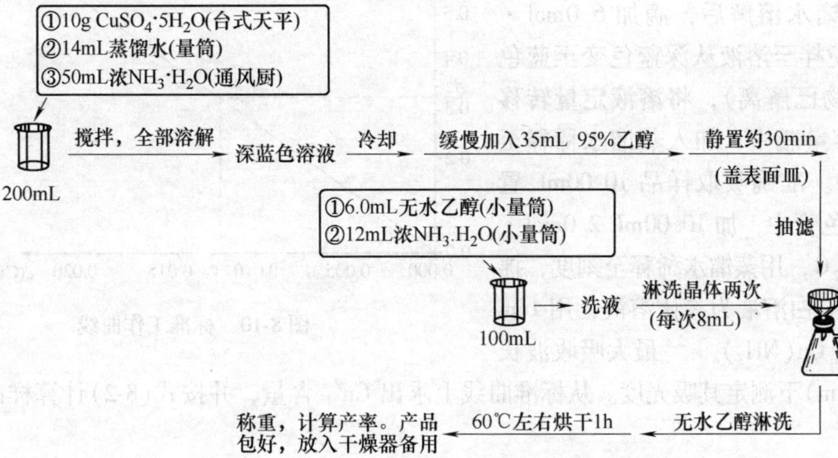

图 8-8　$[Cu(NH_3)_4]SO_4 \cdot H_2O$ 制备实验流程

2. Cu^{2+} 含量测定

(1) 0.020 0mol · L^{-1} $CuSO_4$ 溶液的配制　用固定称量法称取 1.248 4g $CuSO_4 \cdot 5H_2O$ 置于 50mL 小烧杯中，加入 20mL 蒸馏水，搅拌使其完全溶解。溶液移入 250mL 容量瓶中，用蒸馏水稀释定容到刻度线，摇匀备用。

$CuSO_4$ 溶液配制实验流程如图 8-9 所示。

(2) $[Cu(NH_3)_4]^{2+}$ 的标准曲线的绘制　用吸量管分别吸取 0.020 0mol · L^{-1} $CuSO_4$ 标准溶液 10.0mL、8.0mL、5.0mL、2.0mL，注入 4 个 25mL 比色管中，加入 10mL 4.0mol · L^{-1} $NH_3 \cdot H_2O$ 溶液后，用蒸馏水稀释至刻度，摇匀，见表 8-3。以试剂空白溶液为参比溶液，用 1cm 比色皿，在 $[Cu(NH_3)_4]^{2+}$ 的最大吸收波长(λ_{max} = 610nm)下，分别测定它们的吸光度。以吸光度为纵坐标，相应的 Cu^{2+} 含量为横坐标，绘制标准工作曲线(见图 8-10)。

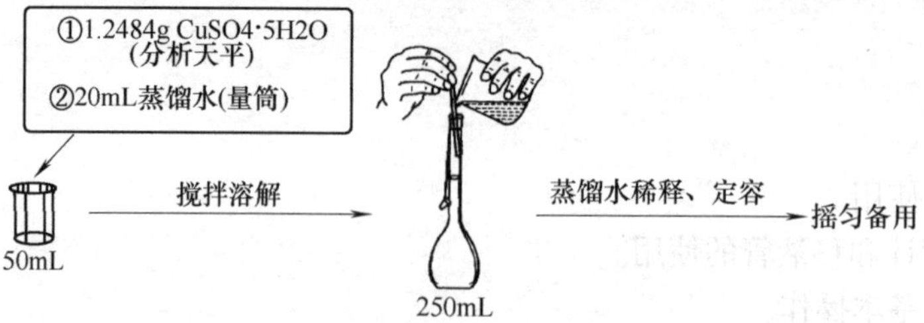

图 8-9　$CuSO_4$ 溶液配制实验流程

表 8-3　标准曲线绘制所需溶液配比

0.020 0mol · L^{-1} $CuSO_4$/mL	10.0	8.0	5.0	2.0
4.0 mol · L^{-1} NH_3 · H_2O/mL	10.0	10.0	10.0	10.0
稀释至刻度，Cu^{2+}/ mol · L^{-1}	0.02	0.016	0.01	0.004
摇匀后测 A				

(3) Cu^{2+} 含量的具体测定　准确称取样品 0.27 ~ 0.29g 于 100mL 烧杯中，加 10mL 蒸馏水溶解后，滴加 6.0mol · L^{-1} H_2SO_4 搅拌至溶液从深蓝色变至蓝色（表示络合物已解离），将溶液定量转移至 100mL 容量瓶中，加入蒸馏水稀释至刻度，摇匀。准确吸取样品 10.00mL 置于 25mL 比色管中，加 10.00mL 2.0mol · L^{-1} NH_3 · H_2O，用蒸馏水稀释至刻度，摇匀。以试剂空白溶液为参比溶液，用 1cm 比色皿，在$[Cu(NH_3)_4]^{2+}$最大吸收波长（λ_{max} =610nm）下测定其吸光度。从标准曲线上求出 Cu^{2+} 含量，并按式(8-2)计算样品中 Cu^{2+} 的含量。

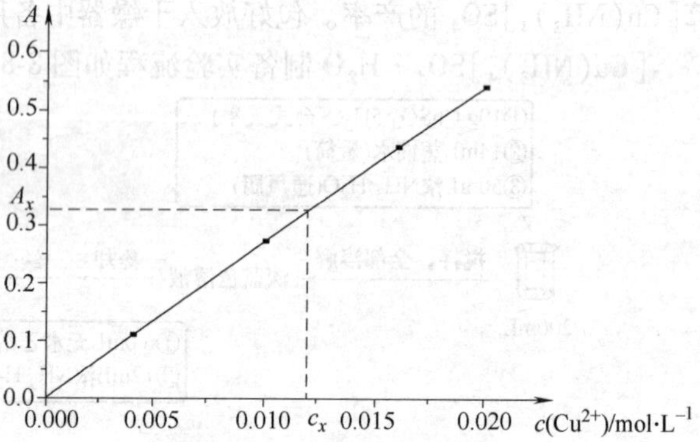

图 8-10　标准工作曲线

Cu^{2+} 含量的具体测定实验流程如图 8-11 所示。

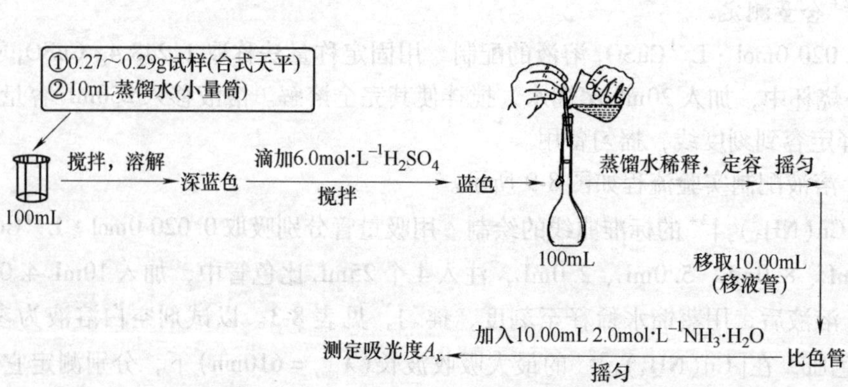

图 8-11　Cu^{2+} 含量具体测定实验流程

重复测定一次。

3. NH_3 含量的测定

NH_3 含量的测定是在简易的测定氮的装置中进行，如图 8-12 所示。测定时先准确称取 0.25～0.30g(m_s)样品置于锥形瓶中，加入 80mL 蒸馏水溶解，然后加入 10.00mL 10% NaOH 溶液。在另一锥形瓶中准确加入 35.00mL [V(HCl)] 0.5 mol·L^{-1} [c(HCl)] HCl 标准溶液。按图 8-12 安装装置，漏斗下端固定于一个锥形瓶上，锥形瓶中注入 3～5mL 10% NaOH 溶液，使漏斗柄插入液面下 2～3cm，整个操作过程中漏斗下端不能露出液面。锥形瓶的橡皮塞要切出一个缺口，使其与另一锥形瓶相通。加热样品溶液，开始时用大火加热，溶液开始沸腾时改为小火，保持微沸状态。蒸出的氨通过导管被标准 HCl 溶液吸收。约 1h 可将氨全部蒸除。取出并拔掉插入 HCl 溶液中的导管，用少量蒸馏水将导管内外可能沾附的溶液洗入锥形瓶内。用0.5mol·L^{-1}NaOH标准溶液滴定过量的 HCl(以酚酞为指示剂)。根据加入的 HCl 标准溶液体积及浓度和滴定所用 NaOH 标准溶液体积[V(NaOH)]及浓度[c(NaOH)]，按式(8-3)计算样品中氨的含量。

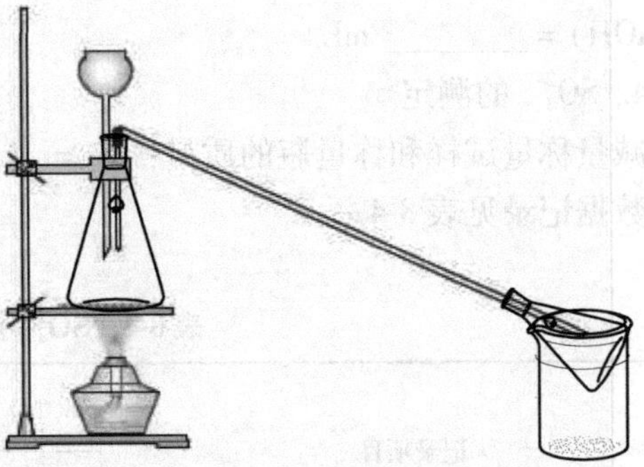

图 8-12　测定氮的装置

4. SO_4^{2-} 含量的测定(参考实验 25)

准确称取在 100～200℃干燥过的试样 0.3g 两份，分别置于 400mL 烧杯中，用蒸馏水 50mL 溶解，加入 6.0mL2.0 mol·L^{-1}HCl，加水稀释至 200mL，盖上表面皿加热至近沸。

另取 10mL 10% $BaCl_2$ 溶液两份，分别置于 100mL 烧杯中，加蒸馏水 40mL，加热至沸。在不断搅拌下，趁热用滴管吸取 $BaCl_2$ 溶液，逐滴加入试液中，沉淀作用完毕后，静置 2min，待 $BaSO_4$ 下沉，于上层清液中加 1～2 滴 $BaCl_2$ 溶液，仔细观察有无浑浊出现，以检验沉淀是否完全，盖上表面皿微沸 10min，在室温下陈化，以使试液上面悬浮微小晶粒完全沉下，溶液澄清。

取慢速定量滤纸两张，按漏斗的大小折好滤纸使其与漏斗很好地贴合，以去离子水润湿，并且使漏斗颈内留有水柱，将漏斗置于漏斗架上，漏斗下面各放一只清洁的烧杯，利用倾泻法小心地把上层清液沿玻璃棒慢慢倾入已准备好的漏斗中，尽可能不让沉淀倒入漏斗滤纸上，以免妨碍过滤和洗涤。当烧杯中清液倾注完后，用热水洗沉淀 4 次(倾泻法)，然后将沉淀定量转移到滤纸上，再用热水洗涤 7～8 次，用 $AgNO_3$ 检验不显浑浊(表示无氯离子)为止。沉淀洗净后，将盛有沉淀的滤纸折叠成小包，移入已在 800℃灼烧至恒重的瓷坩埚中烘干，灰化后再置于 800℃的马弗炉中灼烧 1h，取出，置于干燥器内冷却至室温、称量。根据所得 $BaSO_4$ 质量，按式(8-4)计算试样中 $w(SO_4^{2-})$。

【数据记录】

1. $[Cu(NH_3)_4]SO_4 \cdot H_2O$ 的制备

$[Cu(NH_3)_4]SO_4 \cdot H_2O$ 的产量 m = ________ g。

2. Cu^{2+} 含量的测定

$[Cu(NH_3)_4]SO_4 \cdot H_2O$ 的质量 m_s = ________ g，A_X = ________。

3. NH_3 含量的测定

m_s = ________ g，$c(HCl)$ = ________，$V(HCl)$ = ________ mL，$c(NaOH)$ = ________ g，$V(NaOH)$ = ________ mL。

4. SO_4^{2-} 的测定

减量称量试样和称量瓶的质量：m_1 = ________ g，m_2 = ________ g，m_3 = ________ g。

数据记录见表 8-4。

表 8-4　SO_4^{2-} 测定实验数据记录

记录项目	序号	
	1	2
试样的质量 m/g	$m_1 - m_2$ =	$m_2 - m_3$ =
瓷坩埚的质量 m''/g		
$BaSO_4$ + 瓷坩埚的质量 m'/g		
$BaSO_4$ 的质量 $m(m = m' - m'')$/g		
$w(SO_4^{2-})$		
$\overline{w}(SO_4^{2-})$		

【数据处理】

1. 理论产量 m_0 = ________ g。

产率 $= \frac{m}{m_0} \times 100\%$ = ________。

2. 工作曲线绘制

3. Cu^{2+} 含量计算

$$w(Cu^{2+}) = \frac{2 \times c_x \times 100 \times 10^{-3} \times M(Cu^{2+})}{m_s} \times 100\% = \_\_\_\_\_\_\_\_。$$

4. NH_3 含量计算

$$w(NH_3) = \frac{[c(HCl) \times V(HCl) - c(NaOH) \times V(NaOH)] \times M(NH_3) \times 10^{-3}}{m_s} \times 100\% = \_\_\_\_\_\_\_\_。$$

5. SO_4^{2-} 含量计算

$$w(SO_4^{2-}) = \frac{m(BaSO_4) \times M(SO_4^{2-})}{m_s \times M(BaSO_4)} \times 100\% = \_\_\_\_\_\_\_\_。$$

【注意事项】

1. 要制得比较纯的$[Cu(NH_3)_4]SO_4 \cdot H_2O$晶体，必须注意操作顺序，$CuSO_4$要尽量研细，并且应充分搅拌，否则可能局部生成$Cu_2(OH)_2SO_4$，影响产品质量(反应后溶液应无沉淀，透明)。

2. $[Cu(NH_3)_4]SO_4 \cdot H_2O$生成时放热，在加入乙醇前必须充分冷却，并且静置足够时间。如能放置过夜，则能制得较大颗粒的晶体。

3. 废液和固体废弃物倒入指定容器中。

【思考题】

1. 试拟出测定$[Cu(NH_3)_4]SO_4 \cdot H_2O$中$SO_4^{2-}$含量的实验步骤。

2. $[Cu(NH_3)_4]SO_4 \cdot H_2O$中$Cu^{2+}$、$NH_3$和$SO_4^{2-}$还可以用哪些方法测定?

实验 30　光谱化学序列的测定

本实验需 12 学时。

【实验目的】

1. 学习紫外分光光度法。

2. 通过测定 Co(Ⅲ)配合物的 d-d 光谱，确定有关配体的光谱化学序列。

【实验原理】

在过渡金属配合物中，由于配体场的影响使中心离子原来简并的 d 轨道发生分裂。配体的对称性不同，d 轨道的分裂形式和分裂轨道间的能级差也不同。d 轨道在不同配体场中的分裂如图 8-13 所示。

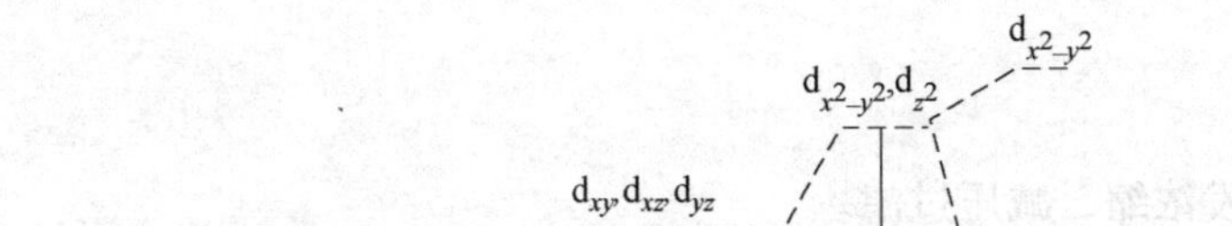

图 8-13　d 轨道在不同配体场中的分裂

电子在分裂后的 d 轨道间的跃迁称为 d-d 跃迁。这种跃迁的能量相当于可见光区的能量范围，这就是过渡金属配合物呈现颜色的原因。

图 8-13 中所示 Δ_o 为八面体场(O_h)两个不同能级 d 轨道之间的能量差，称为分裂能。按照分裂能值相对大小排列的配位体顺序称为“光谱化学序列”，它反映了配体所产生的配位场强度的相对大小。虽然所有配位体与同一种金属离子不能形成完整的光谱化学序列，但是金属配合物的一般光谱化学序列如下：

$$I^- < Br^- < Cl^- < SCN^- < F^- < C_2O_4^{2-} < H_2O < EDTA < en < bipy < CN^- < CO$$

因此，如果配合物中系列左边的配位体被系列右边的配位体所取代，则吸收峰朝短波方向移动或高波数方向移动。

分裂能可以通过测定配合物的吸收光谱来求得。本实验通过测定相同中心离子Co(Ⅲ),分别与五种不同配位体形成八面体配合物，五种配合物的吸收曲线如图 8-14 所示，按式(8-5)分别求出 Δ_o 值。

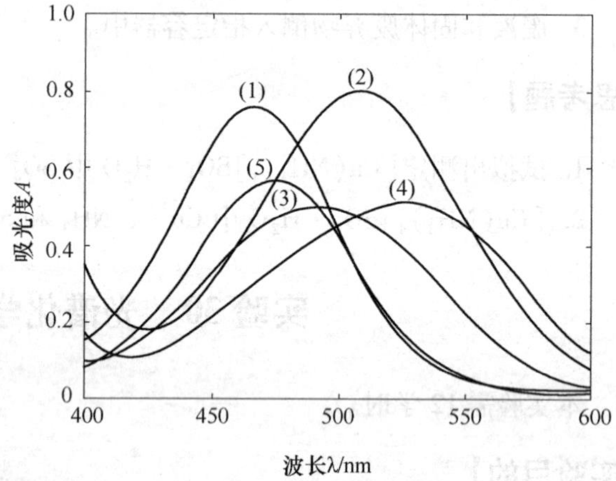

图 8-14　五种配合物的可见吸收光谱

$$\Delta_o = \frac{1}{\lambda} \times 10^7 \qquad (8\text{-}5)$$

式中，Δ_o 是 d^6 电子组态在 O_h 场中的第一跃迁能；λ 为配合物的最大吸收波长，单位为 nm。

【实验用品】

仪器：UV3600 紫外光谱仪、循环水真空泵、电热套、磁力搅拌器、干燥箱、恒温水浴锅、台式天平、布氏漏斗、吸滤瓶、蒸发皿、容量瓶(50mL)、烧杯(50mL、250mL)、圆底烧瓶(100mL)、量筒(10mL、25mL)。

试剂：乙二胺(30%)、$CoCl_2 \cdot 6H_2O$、HCl(浓、6.0mol · L^{-1})、$NH_3 \cdot H_2O$(浓)、NH_4Cl(s)、H_2O_2(30%)、活性炭、$Co(NO_3)_2 \cdot 6H_2O$、$(NH_3)_2CO_3$、乙醇(无水、95%)、乙醚、HNO_3(1∶1)、丙酮。

【基本操作】

1. 溶解，蒸发浓缩，减压过滤。
2. 容量瓶的使用。
3. 紫外分光光度计的使用。

【实验步骤】

1. 配合物的制备

(1) $[Co(en)_3]Cl_3$ 的合成　将 11.8g 30% 乙二胺溶液与 3.2mL 6.0mol · L^{-1} HCl 于 50mL 烧杯中混合后，加入到已盛有 $CoCl_2$ 溶液(4.5g $CoCl_2 \cdot 6H_2O$ 溶于 13mL 蒸馏水中)的 100mL 圆底烧瓶中，然后向溶液中通入强烈的空气流，如冬季室温低于 20℃ 需适当加热。

反应 3h 后，将溶液转移至蒸发皿中，在水浴上蒸发至溶液表面刚出现一层薄膜为止。然后加入 3.0mL 浓 HCl 和 11mL 95% 乙醇，冷却至室温、抽滤，并且以 15mL 无水乙醇分多次洗涤产品，至滤出液清亮为止，称量，计算产率。

$[Co(en)_3]Cl_3$ 合成实验流程如图 8-15 所示。

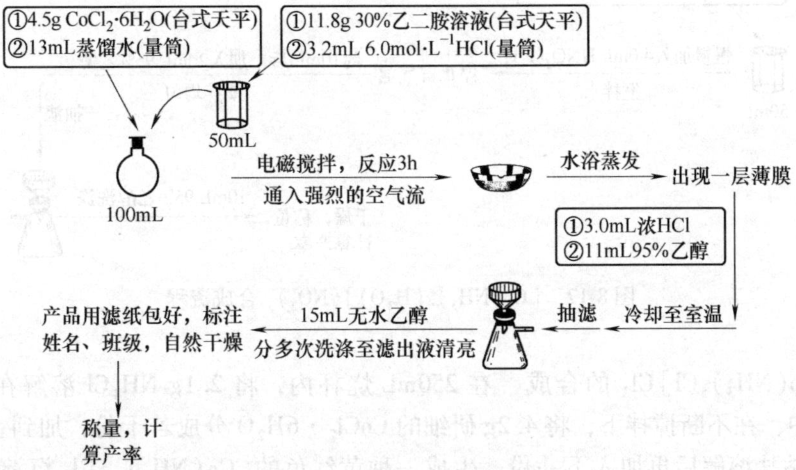

图 8-15　$[Co(en)_3]Cl_3$ 合成流程

(2) $[Co(NH_3)_5(CO_3)]NO_3$ 的合成　将硝酸钴溶液（5g $Co(NO_3)_2 \cdot 6H_2O$ 溶于 10mL 蒸馏水中）、7.5g $(NH_3)_2CO_3$ 和 12.5mL 的浓 $NH_3 \cdot H_2O$ 分别加入到 100mL 的圆底烧瓶中。然后向溶液中缓缓通入空气流，磁力搅拌反应大约 24h 后，将此溶液保持在 −10℃ 左右，冷却 12h 以上。抽滤，固体被完全吸干后，再以 10mL 95% 乙醇和适量乙醚进行洗涤，最后空气干燥，得红色粉末状产品，称量，计算产率。

$[Co(NH_3)_5(CO_3)]NO_3$ 合成实验流程如图 8-16 所示。

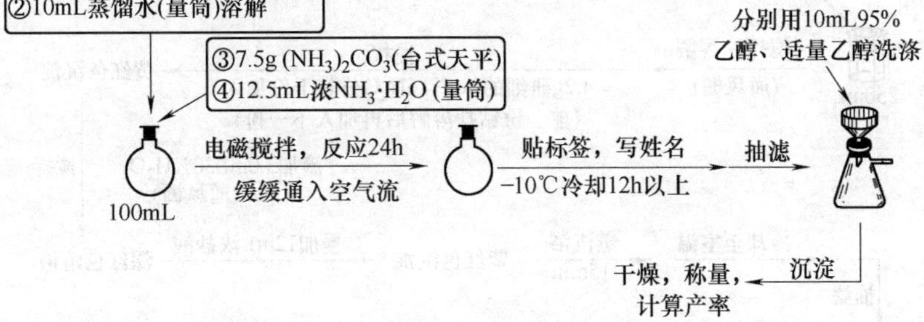

图 8-16　$[Co(NH_3)_5(CO_3)]NO_3$ 合成流程

(3) $[Co(NH_3)_5(H_2O)](NO_3)_3$ 的合成　称取 2.0g $[Co(NH_3)_5(CO_3)]NO_3$ 加入盛有 2.0mL 蒸馏水的 50mL 烧杯中，慢慢加入 4.0mL 1∶1 的 HNO_3，不断搅拌，不产生气泡后，约 10min，再加 20mL 无水乙醇，搅拌混匀后，抽滤，用 10mL 95% 乙醇洗涤，空气干燥，

称量，计算产率。

$[CO(NH_3)_5(H_2O)](NO_3)_3$ 合成实验流程如图 8-17 所示。

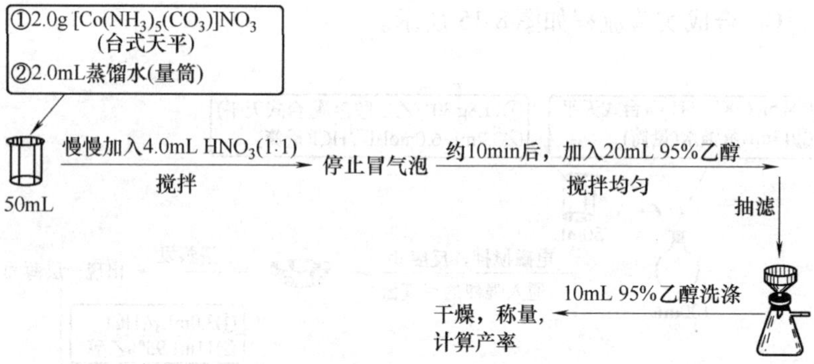

图 8-17　$[Co(NH_3)_5(H_2O)](NO_3)_3$ 合成流程

（4）$[Co(NH_3)_5Cl]Cl_2$ 的合成　在 250mL 烧杯内，将 2.1g NH_4Cl 溶解在 12.5mL 浓 $NH_3 \cdot H_2O$ 中，在不断搅拌下，将 4.2g 研细的 $CoCl_2 \cdot 6H_2O$ 分成若干份，加到上述溶液中，应在前一份钴盐溶解后再加入下一份，生成一种黄红色的 $[Co(NH_3)_6]Cl_2$ 沉淀，同时放出热量。在通风橱中，不断搅拌下，慢慢滴入 3.0mL 30% H_2O_2，反应结束后生成一种深红色的 $[Co(NH_3)_5H_2O]Cl_3$ 溶液，再向此溶液慢慢加入 12mL 浓盐酸。在加入盐酸的过程中，反应混合物的温度上升，并且有 $[Co(NH_3)_5Cl]Cl_2$ 紫红色沉淀产生，再将化合物放在蒸汽浴上，加热 15min，冷却到室温，抽滤，用总量为 9.0mL 的冰水，将沉淀洗涤多次，然后用等体积冰冷的 1:1 盐酸洗涤，再用 5.0mL 无水乙醇洗涤一次，最后用丙酮洗涤一次，自然干燥或在 100 ~ 110℃下干燥 1h，称量，计算产率。

$[Co(NH_3)_5Cl]Cl_2$ 合成实验流程如图 8-18 所示。

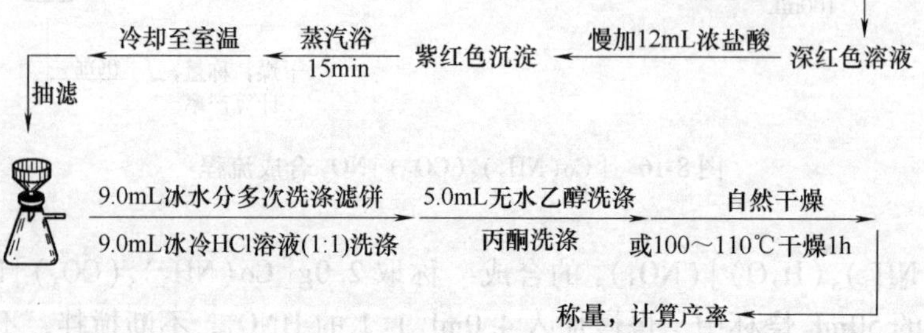

图 8-18　$[Co(NH_3)_5Cl]Cl_2$ 合成流程

(5) $[Co(NH_3)_6]Cl_3$ 的合成　详细步骤见实验 10。

2. 光谱序的测定

(1) 配制 50mL 0.01mol · L^{-1}的上述五种配合物溶液。

①分别计算配制 50mL 0.01mol · L^{-1}五种样品所需的质量(注意质量要用分析天平称量，保留到小数点后四位)，填入表 8-5 中。

表 8-5　0.01mol · L^{-1}五种配合物的称取质量

序号	化合物名称	摩尔质量 M/g · mol^{-1}	配制 50mL 0.01mol · L^{-1}样品质量/g
(1)	$[Co(en)_3]Cl_3$		
(2)	$[Co(NH_3)_5(CO_3)]NO_3$		
(3)	$[Co(NH_3)_5(H_2O)](NO_3)_3$		
(4)	$[Co(NH_3)_5Cl]Cl_2$		
(5)	$[Co(NH_3)_6]Cl_3$		

②将称好的上述样品加少量蒸馏水(10.0mL)溶于 50mL 烧杯中，定量转移至 50mL 容量瓶中，定容摇匀，用于测定紫外光谱。

0.01mol · L^{-1}配合物溶液配制实验流程如图 8-19 所示。

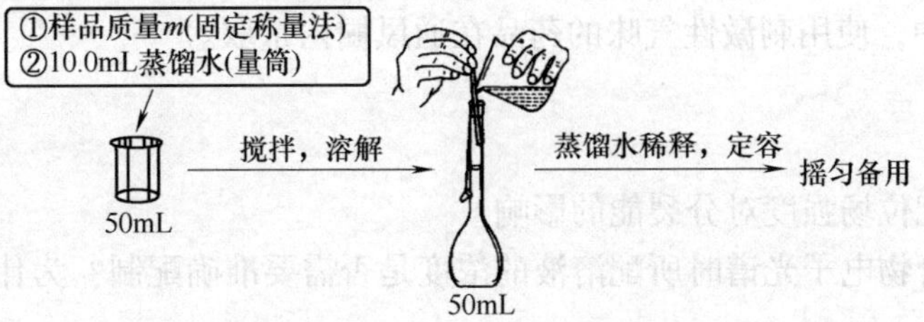

图 8-19　0.01mol · L^{-1}配合物溶液配制流程

依照上述方法，配制五种溶液，贴好标签，摇匀备用。

(2) 按照 UV3600 紫外光谱仪操作步骤，以蒸馏水为空白用 1cm 比色皿，在 600 ~ 400nm 波区对五种配合物分别进行吸收光谱的扫描，即得五种配合物的吸收光谱，确定配合物最大吸收波长，并且按式(8-5)计算五种配体的分裂能 Δ_o。

(3) 由计算所得的 Δ_o 值的相对大小，排列出配合物的光谱化学序列。

【数据记录】

数据记录见表 8-6。

表 8-6　光谱化学序列测定实验数据记录

序号	化合物名称	实验产量 m/g	λ/nm
(1)	$[Co(en)_3]Cl_3$		
(2)	$[Co(NH_3)_5(CO_3)]NO_3$		
(3)	$[Co(NH_3)_5(H_2O)](NO_3)_3$		
(4)	$[Co(NH_3)_5Cl]Cl_2$		
(5)	$[Co(NH_3)_6]Cl_3$		

【数据处理】

数据处理见表 8-7。

表 8-7 光谱化学序列测定实验数据处理

序号	化合物名称	理论产量 m/g	Δ_o/cm^{-1}
(1)	$[Co(en)_3]Cl_3$		
(2)	$[Co(NH_3)_5(CO_3)]NO_3$		
(3)	$[Co(NH_3)_5(H_2O)](NO_3)_3$		
(4)	$[Co(NH_3)_5Cl]Cl_2$		
(5)	$[Co(NH_3)_6]Cl_3$		

注：从测定的谱图上找到 λ 值，填入表中，利用式(8-5)算出分裂能 Δ_o，排出光谱序，将所测定的谱图附于实验报告后。

配合物的光谱化学序列：____________________________________。

【注意事项】

1. 紫外光谱仪在教师的指导下正确使用。
2. 合成过程中，使用刺激性气味的药品在通风橱内量取。

【思考题】

1. 如何解释配位场强度对分裂能的影响？
2. 在测定配合物电子光谱时所配溶液的浓度是否需要准确配制？为什么？

实验 31 过氧化钙的制备及含量测定

本实验需 8 学时。

【实验目的】

1. 掌握在实验室制备过氧化钙的原理和方法。
2. 了解过氧化钙的性质和用途。
3. 掌握测定产品中过氧化钙含量的化学分析方法。

【实验原理】

CaO_2 为白色或淡黄色结晶粉末，室温下稳定，加热到 300℃ 可分解为氧化钙及氧气，难溶于水，可溶于稀酸生成过氧化氢。它可作为杀菌剂、防腐剂、解酸剂、种子及谷物的无毒消毒剂，还可用于食品、化妆品等作为添加剂。

CaO_2 的制备原理：

$CaCl_2$ 在碱性条件下与 H_2O_2 及 $NH_3 \cdot H_2O$ 反应生成 CaO_2。反应方程式：

$$CaCl_2 \cdot 2H_2O + H_2O_2 + 2NH_3 \cdot H_2O + 4H_2O \xlongequal{} CaO_2 \cdot 8H_2O + 2NH_4Cl$$

CaO_2 含量的测定原理：

酸性条件下，CaO_2 与稀酸反应生成 H_2O_2，用 $KMnO_4$ 标准溶液滴定可确定产品中 CaO_2 的含量。为加快反应，可加入微量 $MnSO_4$。反应过程中涉及的反应方程式：

$$CaO_2 + 2HCl = H_2O_2 + CaCl_2$$

$$2MnO_4^{2-} + 5H_2O_2 + 6H^+ = 2Mn^{2+} + 5O_2\uparrow + 8H_2O$$

CaO_2 的质量分数为：

$$w(CaO_2) = \frac{\frac{5}{2} \times c(KMnO_4) \times V(KMnO_4) \times M(CaO_2) \times 10^{-3}}{m(CaO_2)} \times 100\%$$

【实验用品】

仪器：台式天平、分析天平、干燥箱、表面皿、布氏漏斗、吸滤瓶、玻璃棒、温度计、滴管、循环水真空泵、滤纸、干燥器、锥形瓶（250mL）、量筒（10mL）、酸式滴定管（50mL）、烧杯（100mL）。

试剂：$CaCl_2 \cdot 2H_2O(s)$、H_2O_2（30%）溶液、$NH_3 \cdot H_2O$（浓）、乙醇（无水、95%）、$MnSO_4$（$0.1\ mol \cdot L^{-1}$）、HCl（$2\ mol \cdot L^{-1}$）、$KMnO_4$ 标准溶液（$0.02mol \cdot L^{-1}$）。

其他：药勺。

【基本操作】

1. 滴定的基本操作。
2. 溶液的配制。

【实验步骤】

1. CaO_2 的制备

称取 7.5g $CaCl_2 \cdot 2H_2O$ 置于 100mL 烧杯中，用 8.0mL 蒸馏水，在 10℃以下冰水浴中不断搅拌溶解。保持冰水浴条件，加入 25mL 30% H_2O_2 溶液，并且在搅拌下滴加 5.0mL 浓 $NH_3 \cdot H_2O$ 和 20mL 冷水配成的溶液，之后置于冰水中冷却 0.5h，观察白色的过氧化钙晶体的生成。抽滤，用少量冷水洗涤晶体 2～3 次，晶体抽干后，置于烘箱内，在 150℃下烘干 0.5～1h。冷却称量，计算产率。将产品转入干燥的小烧杯中，放于干燥器中备用。

CaO_2 制备实验流程如图 8-20 所示。

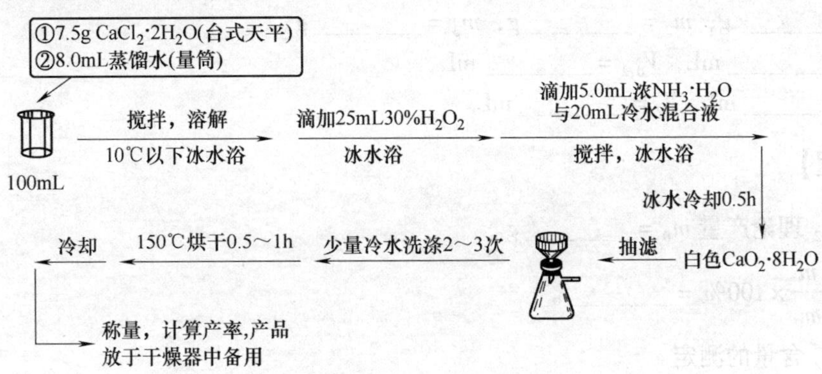

图 8-20　CaO_2 制备流程

2. 产品中 CaO_2 含量的测定

用减量法准确称取 0.14～0.15g CaO_2 产品两份于 250mL 锥形瓶中，加入 50mL 蒸馏水和 15mL 2.0mol·L^{-1} HCl，完全溶解后加入 1.0mL 0.1mol·L^{-1} $MnSO_4$ 溶液，用 0.02mol·L^{-1} $KMnO_4$ 标准溶液滴定至溶液呈微红色，30s 内不褪色，即为终点。计算 CaO_2 的质量分数。若测定值相对平均值偏差大于 0.2% 需再测一份。

产品称取实验流程如图 8-21 所示。

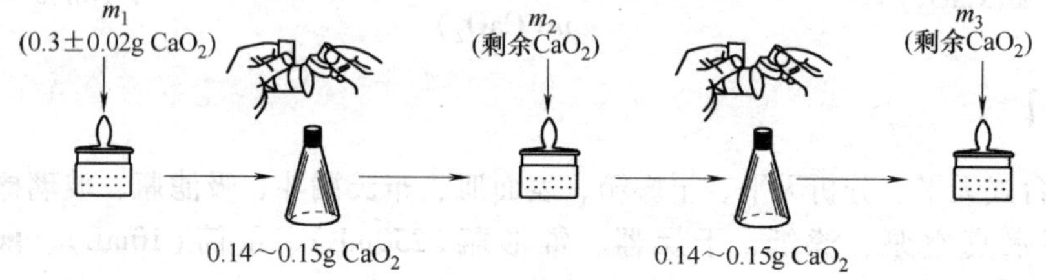

图 8-21　产品称取流程

注：称量瓶去皮，m_1，m_2 为分析天平准确称量质量，保留小数点后 4 位。

滴定实验流程如图 8-22 所示。

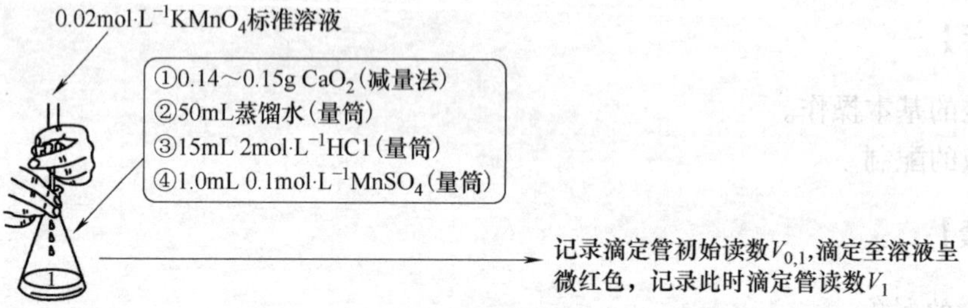

图 8-22　产品中 CaO_2 含量测定中滴定流程

重复测定一次，记录 $V_{0,2}$ 和 V_2。

【数据记录】

CaO_2 的质量 m = ________ g。

m_1 = ________ g，m_2 = ________ g，m_3 = ________ g。

$V_{0,1}$ = ________ mL，$V_{0,2}$ = ________ mL。

V_1 = ________ mL，V_2 = ________ mL。

【数据处理】

1. CaO_2 理论产量 m_0 = ________ g。

产率 = $\frac{m}{m_0}\times 100\%$ = ________。

2. CaO_2 含量的测定

滴定数据处理见表 8-8。

表 8-8　CaO_2 含量测定中滴定实验数据处理

记录项目	序号	
	1	2
称出的 CaO_2 质量 m/g	$m_1 - m_2 =$	$m_2 - m_3 =$
滴定管初始读数 V_0/mL		
滴定管最终读数 V/mL		
消耗 $KMnO_4$ 溶液的体积 $V(KMnO_4)$ [$V(kMnO_4) = V - V_0$]/mL		
$w(CaO_2)$		
$\overline{w}(CaO_2)$		

【注意事项】

1. 进行冰水浴处理时，温度控制在 0 ~ 10℃，不能过高或过低。
2. 反应时必须是在冰水浴中进行剧烈搅拌。
3. 进行定量滴定实验时，注意最后一滴 $KMnO_4$ 标准溶液滴下后溶液变微红色，并且 30s 不褪色，才是滴定终点。

【思考题】

1. 所得产物的主要杂质是什么?
2. 如何提高产品的产率和纯度?

实验 32　1，8-萘二甲酸合铜(Ⅱ)单晶结构的测定

本实验需 18 学时。

【实验目的】

1. 初步掌握单晶培养方法。
2. 初步掌握待测单晶样品制备方法。
3. 了解 X 射线单晶衍射法测定单晶结构的基本原理。

【实验原理】

自然界固体物质所处的状态可粗略地分为晶态和非晶态。处于晶态的固体物质可粗略地分为单晶和多晶。被一个空间点阵贯穿的晶体叫单晶。构成晶态物质的原子按一定规律周期性重复排列，其原子间距与 X 射线波长相当，当 X 射线照射晶体后，晶体作为衍射光栅而产生衍射。衍射效应可分两方面，即晶体的衍射方向和衍射强度，衍射方向与单晶的空间点阵有关，因此根据测得的衍射方向可求出晶体的晶系、晶胞参数及格子类型。在一定衍射方向上的衍射强度与晶胞中原子的种类、数目及分布有关，因此根据测得的衍射强度可求出原子在晶胞中的种类、数目及相对位置。

式(8-5)和式(8-6)分别是劳埃方程和布拉格方程：

$$\boldsymbol{a}\cdot(\boldsymbol{s}-\boldsymbol{s}_0)=a(\cos\alpha-\cos\alpha_0)=h\lambda$$
$$\boldsymbol{b}\cdot(\boldsymbol{s}-\boldsymbol{s}_0)=b(\cos\beta-\cos\beta_0)=k\lambda$$
$$\boldsymbol{c}\cdot(\boldsymbol{s}-\boldsymbol{s}_0)=c(\cos\gamma-\cos\gamma_0)=l\lambda \tag{8-6}$$

式中，$\boldsymbol{a}$，$\boldsymbol{b}$，$\boldsymbol{c}$ 是晶胞参数 a、b、c 相应的向量；$\boldsymbol{s}$ 和 $\boldsymbol{s}_0$ 分别是衍射线和入射线的单位向量；α，β，γ 和 α_0，β_0，γ_0 分别是衍射线 $\boldsymbol{s}$ 和入射线 $\boldsymbol{s}_0$ 与 $\boldsymbol{a}$、$\boldsymbol{b}$、$\boldsymbol{c}$ 之间的方向角；λ 是 X 射线波长；h、k、l 为整数，称为衍射指标。

$$2d_{(hkl)}\sin\theta=n\lambda \tag{8-7}$$

式中，$d_{(hkl)}$ 是晶面指标 hkl 的一组晶面的晶面间距；θ 是晶面指标为 hkl 衍射线的布拉格角；$n=1$，2，3，…，称为衍射级数。

劳埃方程和布拉格方程从不同角度阐明了晶体对 X 射线产生衍射的条件，建立起了衍射方向与晶胞参数间的联系。由劳埃方程可以导出布拉格方程，反之由布拉格方程可以导出劳埃方程。

式(8-7)表示了衍射指标为 hkl 的衍射线的强度：

$$I_{hkl}=K\,|F_{hkl}|^2 \tag{8-8}$$

式中，I_{hkl}是衍射指标为 hkl 的衍射线的衍射强度；K 是一常数，其值与许多因素有关，如洛伦兹因子、极化因子、多重因子、温度因子、吸收因子及单晶样品的大小(晶胞的个数)等。为了由衍射强度求出原子在晶胞中的位置，必须得到逼近真实衍射强度的数据，因此要对实验所得衍射强度数据进行上述各种因素的校正；F_{hkl}是 hkl 衍射的结构因子，它与晶胞中原子种类、数目和分类有关。根据电磁波理论，F_{hkl}的模量 $|F_{hkl}|$ 称为结构振幅。式(8-9)是结构因子表达式：

$$F_{hkl}=\sum_{j=1}^{n}f_je^{i2\pi(hx_j+ky_j+lz_j)}=|F_{hkl}|\,e^{i\alpha_{hkl}} \tag{8-9}$$

式中，hkl 为衍射指标；x_j，y_j，z_j 为第 j 个原子的坐标；n 是晶胞中原子数；α_{hkl}是 hkl 衍射的相角；f_j 为晶胞中第 j 个原子的原子散射因子，可以用式(8-10)表示：

$$f_j=\sum_{1}^{4}a_{j,i}e^{-b_{j,i}\lambda^{-2}\sin^2\theta}+c_j \tag{8-10}$$

式中，参数 $a_{j,i}$、$b_{j,i}$和 c_j 可由 X 射线结晶学国际表查得。目前国际流行的单晶结构解析程序 SHELXTL 中已将各元素的原子散射因子参数集成其中，免去了结构解析时查找原子散射因子参数的工作。

通过对收集到的单晶衍射数据进行前述各种因素的校正后可得到结构振幅 $|F_{hkl}|$。从式(8-9)知，计算结构因子 F_{hkl}还需要有相角 α_{hkl}数据。

结构因子函数 F_{hkl}[式(8-11)]和电子密度分布函数 $\rho(x,\ y,\ z)$[式(8-12)]是一对傅里叶变换和反变换函数：

$$F_{hkl}=\int_0^1\int_0^1\int_0^1\rho(x,y,z)\,e^{2\pi i(hx+ky+lz)}\,V\mathrm{d}x\mathrm{d}y\mathrm{d}z \tag{8-11}$$

$$\rho(x,y,z)=\frac{1}{V}\sum_{h=-\infty}^{+\infty}\sum_{k=-\infty}^{+\infty}\sum_{l=-\infty}^{+\infty}F_{hkl}e^{2\pi i(hx+ky+lz)} \tag{8-12}$$

式中，F_{hkl}是 hkl 衍射的结构因子，$\rho(x,\ y,\ z)$是晶胞中$(x,\ y,\ z)$点的电子密度；V 为晶胞体积；$2\pi(hx+ky+lz)$是 hkl 衍射的相角。这对傅里叶变换表明晶体先在正空间通过 X 射线衍射实验由式(8-10)经傅里叶变换获得倒易空间中的结构因子函数 F_{hkl}，然后根据衍射实验数据再从倒易空间由式(8-11)经傅里叶变换获得正空间的电子密度分布函数。通常晶胞中电子集中在原子核周围，所以电子密度分布函数取得极大值的位置就可能是某原子所在的位置。

通过单晶 X 射线衍射实验测得射线方向和强度，根据衍射实验数据用单晶体学理论和方法推引出相角，从 X 射线结晶学国际表获得计算原子散射因子所需参数并计算出结构振幅，用结构振幅和相角数据计算结构因子，根据结构因子函数和电子密度分布函数的关系求出电子密度并从中引出新的结构参数，再用新的结构参数计算相角和电子密度，如此多次循环，逐步获得逼近真实结构的粗结构。再经多轮最小二乘法精修，得到更精确的原子坐标，直至最终获得逼近真实结构的晶体的对称性，晶胞参数、晶胞中原子种类、数目和各原子在晶胞中的坐标参数、键长、键角、扭转角、氢键、分子在三维空间的堆积、分子间弱相互作用等晶体结构信息。

【实验用品】

仪器：小分子单晶衍射仪、计算机、体视显微镜、水浴锅、分析天平、表面皿、烧杯(25mL、100mL)、圆底烧瓶(25mL)、量筒(10mL、25mL)、吸滤瓶、循环水真空泵、滤纸。

试剂：$Cu(NO_3)_2 \cdot 3H_2O$、1，8-萘二甲酸酐、DMSO、三乙胺。

其他：凡士林、玻璃丝、胶水。

【基本操作】

1. 单晶样品的制备方法。
2. 单晶的 X 射线衍射仪的使用方法。

【实验步骤】

1. 单晶的制备[㊀]

0. 1mol 1，8-萘二甲酸酐和 0. 5mL 三乙胺混溶于 2. 0mL DMSO，搅拌得黏稠溶液，将该溶液边搅拌边滴入溶有 $Cu(NO_3)_2 \cdot 3H_2O$(0. 1mmol，24. 18mg)和 2. 0mL DMSO 溶液中，常温搅拌 1h，抽滤，滤液静置约 1 周后，得到绿色单晶，挑选合适的单晶用于测定。

单晶制备实验流程如图 8-23 所示。

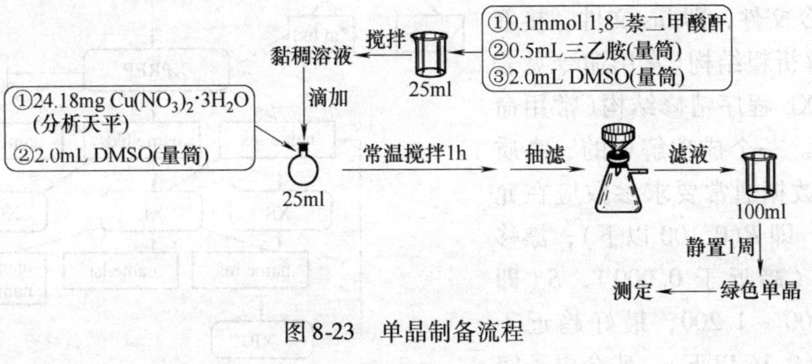

图 8-23　单晶制备流程

㊀ 天津商业大学 2009 级 SRT 项目。项目编号：2011138。
天津商业大学教改项目。项目编号：TJCUYB201130。

2. 单晶结构的测定

（1）准备　用吸管吸取少量单晶置于滤纸上，在体视显微镜下观察单晶外形并挑选出一颗无气泡、无裂纹、棱角分明、外观尺寸约为 0.3mm × 0.3mm × 0.3mm 的单晶，然后用准备好的玻璃丝蘸取少量指甲油并迅速粘好所选的单晶，粘上后使玻璃丝垂直，粘有晶体端向下，约 10s 后单晶即牢固粘接在玻璃丝顶端。待测样品制备结束。

（2）开机　先打开冷凝水的开关，然后打开仪器主机，开计算机。打开测试程序 Crystal clear，新建文件夹和样品名，打开射线，升高压。将准备好的单晶样品插入测角头并调节固紧螺钉加以固定，然后将测角头旋紧固定在仪器的样品座上，打开单晶显微镜照明开关，根据计算机显示屏显示样品位置、用专用工具调节测角头的定位螺丝调节样品位置，完成精确对心。

（3）输参数　初始化仪器，按 Crystal clear 程序的屏幕提示输入相应的仪器工作参数。

（4）样品预扫　安装粘好的晶体，将其调节到中心位置，进行预扫，曝光时间根据晶体的大小和质量确定。

（5）样品的正式扫描　预扫描 12 张照片，若结果理想，可进行正式扫描，正式扫描 540 张照片，大约需要 8h。若结果不理想，更换晶体，重新挑选合适的单晶。

（6）数据还原及结构解析　扫描结束，进行数据还原，得到 . hkl 文件进行晶体结构解析。

【数据记录与处理】

1. 原始数据文件的保存

衍射数据收集完成后，用程序还原衍射数据，保存其中 * m. p4p、* m. hkl、* m. dat 等三个原始数据文件以备解析数据时使用。

2. 解析单晶结构

SHELXTL 运行图如图 8-24 所示。

根据还原数据得到的原始数据文件 * m. p4p 和 * m. hkl，用 SHELXTL 程序包中商务 XPREP 程序定出单晶结构所属的晶系和空间群，并且建立结构解析用的指令文件，即 ins 文件。接着用 XS 程序解析粗结构（常用命令见表 8-9），再用 XL 程序精修结构（常用命令见表 8-9）。一个成功解析的、高质量单晶结构数据通常要求参数应在允许值范围内，即 R(0.100 以下)，漂移值（*shift/su*）（趋近于 0.000），S（即 GOOF）(0.800 ~ 1.200，最好趋近于 1.000)，wR(0.16 以下)，残余电子密度(通常在 1.000 以下，若含重原子可大于 1.000)。

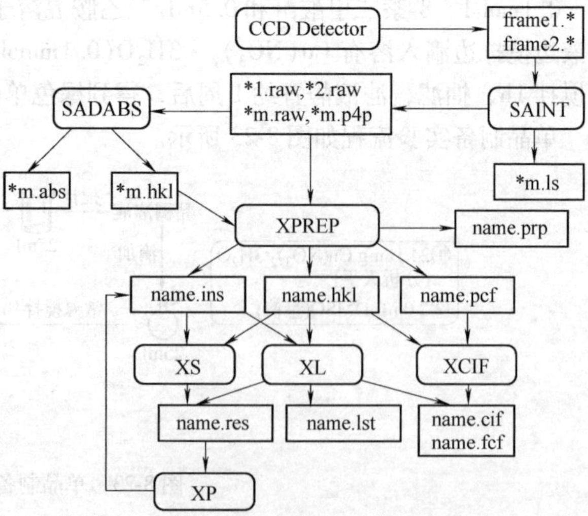

图 8-24　SHELXTL 运行图

表 8-9　常用 XS 和 XL 命令

命令	含义
ACTA	产生 cif 文件
AFIX	将原子坐标强制性地固定在指定位置上，或者在指定位置上产生原子
ANIS	将各向同性换成各向异性精修
BOND	计算键长、键角(加 $H 包括 H 的键长、键角)
BIND	计算指定原子对的键长、键角
CONF	计算扭转角
DELU	限制指定原子具有相似的位移参数
DFIX	限定指定原子对间的距离
EADP	给两个或多个原子指定相同的位移参数
END	指令输入结束
EQIV	提供分子内或分子间键合原子的对称操作码
ESEL	限制 *E* 值的下限、上限
EXTI	对晶体消光效应参数进行精修
EXYZ	让两个或多个原子具有相同的坐标
FLAT	限制指定原子在相同的平面上
FMAP	所计算 Fourier 图的类型
FREE	不计算指定原子对的键长、键角
FVAR	全比例系数
HFIX	限制 H 原子在理想位置上
HKLF	衍射数据的格式
HTAB	计算氢键
ISOR	限制指定原子的位移参数类似于各向同性
L. S.	指定 XL 中用最小二乘法进行精修的轮数
LATT	晶格的类型。依次为 P、I、R、F、A、B、C，无心为负值
MOVE	移动或转换坐标
MPLA	计算平面
OMIT	忽略指定的衍射点或限定 theta 角范围
PART	划分成键原子的范围(用于无序结构)
PLAN	计算和列出 Q 峰的数目
SFAC	晶体中存在的原子的种类
SIMU	限制指定范围内的原子有相同的位移参数
SIZE	晶体的大小
SYMM	所属空间群的对称操作
TEMP	衍射数据收集的温度
TITL	样品的编号(或名称)和空间群
UNIT	晶胞中每种原子的总个数
WGHT	指定所用权重
ZERR	晶胞中分子个数和晶胞参数的标准偏差

3. 绘制分子结构椭球图和晶胞堆积图

用 SHELXTL 程序包中的 XP 程序，根据最终解析所得结果文件 * m. res，绘制分子结构椭球图和晶胞堆积图(常用命令见表 8-10)。

表 8-10 常用 XP 命令

命令	含义
ARAD 0.30 1.52 A1	指定原子半径
CELL	显示晶胞参数
CENT/x Atomnames	计算并显示指定原子的中心
DRAW filename	打印结构图或转换图形文件
ENVI n A1	显示指定原子的环境
EXAM	显示该通道中所有的文件
EXIT	退出 XP
FILE filenames	存储 XP 中产生的文件
FMOL/n	读入数据
FUSE	删除所有对称操作产生的原子
GROW	长出完整的分子
INFO A1	显示一个或所有原子的结构信息
ISOT Atomnames	将指定原子转换成各向同性
JOIN n Atom pairs	改变原子间的键连方式
KILL Atomnames	删除指定的原子(或 Q)
LABL code size	定义如何标注原子和标签的大小
LINE Atom pair	计算两原子间的连线
LINK n Atom pair	改变原子间的键连方式
MATR n	指定所显示图形的取向
MPLN Atomnames	计算指定原子的平面和二面角
NAME X1 A1	重新命名原子
NEXT	读出 SAVE 指令保存的文件
PACK	产生晶体堆积图
PBOX w d xc yc zc	定义格子宽度、深度和中心坐标
PROJ cell	显示旋转目标图形
PUSH dx dy dz sign	移动原子坐标
SAVE filename	保存文件
SGEN s Atomnames	根据对称操作码产生新原子
SYMM	显示该结构的所有对称操作码
TELP s p b d keywords	画、保存图形文件(plt 文件)
UNDO Atom pair	删除指定原子间的键连
UNIQ Atomnames	独立出指定原子所在的单元
VIEW filename	显示 TELP 指令保存的文件

【注意事项】

1. 使用单晶 X 射线衍射仪必须注意防护，在教师的指导下严格按操作规程安全操作，防止 X 射线直接照射人体。X 射线若被人体吸收，有可能造成局部组织灼伤，严重的可使白细胞数目下降、毛发脱落，甚至患上射线病。

2. 单晶 X 射线衍射仪有高压电设备，应经常检查接地线路及其他安全防护设备，防止触电事故发生。

3. 安放单晶 X 射线衍射仪的实验室应保持良好通风，减少由于高压电和 X 射线电离作用产生的有害气体对人体的伤害。

4. 将测角头旋紧在仪器样品座上时应特别小心，一是注意不要把粘在玻璃丝顶端的单晶碰掉；二是注意不可触及 CCD 探测的荧光屏，否则会导致 CCD 灵敏度下降甚至损坏。

【思考题】

1. 单晶和多晶有什么区别？

2. 什么是结构基元？晶胞中所含的分子数与结构基元数之间有什么关系？

3. 用什么命令可找出结构中存在的氢键？用什么命令可在 CIF 中输出找到的氢键？

第9章　趣味化学实验

实验33　番茄的性质

本实验需4学时。

【实验目的】

1. 验证番茄含有机酸的性质。
2. 应用番茄的酸性自制原电池。

【实验原理】

番茄中的有机物属于还原性小分子，着火点低，易燃。纤维素是纸张的主要成分，是一种葡萄糖聚合物，含有多羟基(—OH)。纤维素与番茄中的有机酸部分酯化，可生成有水果香味且着火点较低的酯类化合物。

【实验用品】

仪器：粉碎机、烧杯(50mL)、滴管、试管(10mL)、铜棒、铁棒、检流计、酒精灯、pH试纸、蓝色石蕊试纸。

试剂：锌粒、H_2SO_4(浓)、无水乙醇、番茄。

其他：毛笔、白纸、纱布。

【实验步骤】

1. 番茄汁的制备

番茄又称西红柿。取一个较大的半熟西红柿，洗净，用沸水冲后马上剥皮，切成小块，在粉碎机中打碎(或用两层纱布包起来挤压)取汁，然后过滤即得到纯净的西红柿汁，置于小烧杯中，备用。

2. 酸性测定

1) 用滴管吸取1滴番茄汁，滴到pH试纸上(或蓝色石蕊试纸上)，观察试纸颜色的变化。

2) 取1支试管，滴加10滴番茄汁，加入1~2粒锌粒，观察现象并解释现象。

3. 有机酸的测定

用毛笔蘸取一些番茄汁在白纸上写字或作画，自然干燥后，此纸上几乎看不出什么痕迹。然后，将此纸放在火上稍微烘一下，很快白纸上就会出现焦黄色的字迹或图画。请解释实验现象。

为了进一步证明番茄汁中含有有机酸，还可再做一个实验：在试管中依次加入3.0mL

番茄汁和 2.0mL 无水乙醇，接着逐滴加入 3.0mL 浓 H_2SO_4。摇匀后将试管浸入热水中约 5min，在试管口可闻到水果香味。为什么会产生香味？请解释实验现象。

4. 番茄原电池的制作

利用番茄的酸性，在半熟的番茄中，相隔一定距离，插入一根铜棒和一根铁棒，分别和检流计相连，可以看到检流计指针偏转。请实验者确定电池的正极、负极。

实验 34　橘皮的妙用

本实验需 4 学时。

【实验目的】

1. 了解橘皮经水解反应生产葡萄糖并替代葡萄糖进行银镜反应的原理。
2. 培养学生用化学知识来解决实际问题的能力。

【实验原理】

橘皮中含有纤维素。纤维素是由上千个(平均 3000 个)葡萄糖以糖苷键连接而成的缩聚物。在酸性条件下，纤维素可完全水解，生成 D-(+)-葡萄糖。葡萄糖是醛糖，具有还原性，可被活性 Ag_2O 氧化，其氧化产物为葡萄糖酸盐：

$$CH_2OH(CHOH)_4CHO + 2[Ag(NH_3)_2]OH = CH_2OH(CHOH)_4COONH_4 + 2Ag(s) + 3NH_3 + H_2O$$

【实验用品】

仪器：研钵、试管(10mL)、水浴锅、pH 试纸、量筒(10mL)。

试剂：浓 H_2SO_4、NaOH($2mol \cdot L^{-1}$)、$AgNO_3$($0.1mol \cdot L^{-1}$)、$NH_3 \cdot H_2O$($2mol \cdot L^{-1}$)、葡萄糖(10%)、橘皮。

【实验步骤】

1. 橘皮的预处理

取一些洗净的橘皮，在研钵中捣碎至糊状，用蒸馏水冲洗 1～2 次，洗去香精油。

2. 纤维素的水解

取绿豆大小的一粒橘皮糊，放入一支试管中。滴入 3～5 滴浓 H_2SO_4 作为催化剂，水浴加热 5min，直到溶液呈亮棕色为止。取出试管，加入 1～2mL 蒸馏水，水浴加热 5min，使纤维素充分水解。从水浴中取出试管，滴加 $2mol \cdot L^{-1}$ NaOH 溶液，中和过量的 H_2SO_4，调至 pH8～pH9 为最佳（银镜反应必须在碱性条件下进行，pH 大于 9，镀出的银会发黑。pH 小于 8，银太薄容易脱落）。此时，试管中即为橘皮水解液。

3. 制备银氨配离子溶液

取一支洁净的试管，注入 1mL $0.1mol \cdot L^{-1}$ $AgNO_3$ 溶液，滴入 $2mol \cdot L^{-1}$ $NH_3 \cdot H_2O$ 至起初生成的沉淀恰好溶解为止，再多滴两滴 $NH_3 \cdot H_2O$，反应式如下：

$$Ag^+ + OH^- = AgOH\downarrow \text{（白色）}$$

$$2AgOH = Ag_2O\downarrow \text{（暗棕色）} + H_2O$$

$$Ag_2O + 4NH_3 + H_2O = 2[Ag(NH_3)_2]^+ \text{（无色）} + 2OH^-$$

4. 银镜反应

1）在装有 $[Ag(NH_3)_2]^+$ 的试管中滴入5滴橘皮水解液，振荡，80～90℃水浴中静置1min左右。取出试管，可在试管壁上看到一层光亮的银。

2）另取一支洁净的试管，加入1mL 0.1mol·L^{-1} $AgNO_3$ 溶液，滴入2mol·L^{-1} $NH_3·H_2O$ 至起初生成的沉淀恰好溶解为止，再多加两滴 $NH_3·H_2O$。然后滴入5滴10%葡萄糖溶液，摇匀后放在80～90℃热水浴中静置，观察实验现象，比较其与橘皮水解液的银镜反应有无区别？

3）用苹果皮、梨皮等水果皮进行上述实验。实验现象证明果皮完全能够代替葡萄糖进行银镜反应。

实验35　鸡蛋清的渗透作用

本实验需4学时。

【实验目的】

1. 了解稀溶液的通性之一——渗透压的性质。
2. 培养学生用化学知识解决实际问题的能力。

【实验原理】

稀溶液的渗透必须通过一种膜才能进行。膜上的微孔只能允许溶剂分子通过，而不允许溶质分子通过，这种膜称为半透膜。半透膜可以分为两类：天然半透膜，如动物膀胱、肠衣、细胞膜等；人工半透膜，如硝化纤维素等。若被半透膜隔开的两种溶液的浓度不同，则可发生渗透现象，即稀溶液中的溶剂分子通过半透膜向浓溶液一侧扩散，浓溶液中的液面升高。本实验采用鸡蛋皮内的薄膜作为半透膜进行渗透实验。

【实验用品】

仪器：细玻璃管（20cm）、滴管、烧杯（50mL）。

试剂：HCl（6.0mol·L^{-1}）、蔗糖（5%）、石蜡、红墨水、鸡蛋。

其他：小刀。

【实验步骤】

1. 渗透膜的制备

用锋利的小刀在鸡蛋壳大头的一端挖开一个小圆洞，洞的大小以能在洞内插进一根细玻璃管为宜，然后让鸡蛋壳内的蛋白质和蛋黄从小洞中流出。把鸡蛋壳小的一头（约占整个鸡蛋壳面积的1/3）浸泡在6.0mol·L^{-1} HCl溶液中，使鸡蛋壳溶解掉，此时，只剩下一层薄膜。

2. 渗透实验

用滴管小心且慢慢地将 5% 的蔗糖溶液（蔗糖溶液中预先加入几滴红墨水，便于观察实验现象）从鸡蛋壳大头的小洞中加到鸡蛋壳内，直到加满为止。将一支长约 20cm 的细玻璃管插在蛋壳内的小圆洞内，再把熔化了的石蜡滴在玻璃管与蛋壳的接缝处，使其完全密封。最后，找一个大小合适的烧杯或玻璃杯（瓶），装满清水。把装满蔗糖溶液并带有玻璃管的鸡蛋壳竖直地放在烧杯或玻璃杯（瓶）上，使蛋壳卡在杯口，而薄膜部分则完全浸入水中。很快就会发现红色的蔗糖溶液慢慢地在玻璃管内上升，几个小时以后，溶液就会溢出管口，说明玻璃杯中的水已经渗透到鸡蛋壳里面了。

注意：本实验所用的鸡蛋必须是新鲜的，而不能用石灰（或水玻璃）处理过。

实验 36　食物中铁含量的近似测定

本实验需 4 学时。

【实验目的】

1. 学会用比色法测定食物中铁含量的方法。
2. 了解不同食物中铁含量的相对量。

【实验原理】

铁是人体所必需的微量元素之一，它是血红蛋白的成分之一。Fe^{2+} 对于 O_2 和 CO_2 有运载作用，在氧化还原酶反应中可以传递电子。铁广泛存在于肝、肉、蛋、蔬菜及水果中。人体若缺乏铁则会导致贫血、心悸、头疼等症状。

Fe^{3+} 与 KSCN 可生成血红色物质（$[Fe(SCN)_n]^{3-n}$）。本实验以不同浓度的 Fe^{3+} 溶液与 KSCN 溶液反应，得到一系列 Fe^{3+} 标准溶液。采用比色法即可近似测得不同食物中铁的相对含量。

【仪器药品】

仪器：台式天平、比色管、蒸发皿、干燥箱、吸量管（10.00mL）、烧杯（250mL）、量筒（100mL、10mL）。

试剂：$FeCl_3$（s）、KSCN（$0.1mol \cdot L^{-1}$）、HCl（$1.0mol \cdot L^{-1}$）。

【实验步骤】

1. $FeCl_3$ 标准溶液的配制

1）往 250mL 烧杯中注入 99mL 蒸馏水，再加 1.0g $FeCl_3$，溶解，得到质量分数为 1% 的 $FeCl_3$ 标准溶液。

2）用吸量管移取 10.00mL 1% 的 $FeCl_3$ 溶液置于另一个 250mL 烧杯中，注入 90mL 蒸馏水，摇匀后即得到质量分数为 0.1% 的 $FeCl_3$ 标准溶液。

3）重复上述操作，每次都用前次配好的溶液 10.00mL 与 90mL 蒸馏水混合，即得到质量分数分别为 0.01%、0.001%、0.0001%、0.00001% 的 $FeCl_3$ 标准溶液。

2. 食物中铁含量的测定

用吸量管分别移取上述溶液 5.00mL，置于六个同等规格的比色管中，各加入 5.0mL $0.1mol\cdot L^{-1}$ KSCN 溶液。称取 1.0g 干的水果（如葡萄干、苹果干）或蔬菜（如干豆角）试样。倘若试样不是干品，可提前一天将试样放在干燥箱中烘干，以除去样品中所含的游离水。将称量好的试样放在蒸发皿内，用酒精灼烧，直至烧成灰烬。冷却后，加入 5.0mL $1.0mol\cdot L^{-1}$ HCl 溶液，搅拌后移至与盛有标准溶液同等规格的比色管中，然后再加入 5.0mL $0.1mol\cdot L^{-1}$ 的 KSCN 溶液，混匀后与标准系列溶液相比较。观察该溶液的颜色与标准溶液中哪一质量分数的溶液颜色相近，从而估计试样中铁的含量。将实验结果填入表 9-1 中。

表 9-1　食品中铁含量的近似测定

Fe^{3+} 标液浓度 / 试样编号	1%	0.1%	0.01%	0.001%	0.0001%	0.00001%
1						
2						
3						
4						

注：试样的比色结果符合标准溶液系列中哪个浓度，即在表格中画“✓”表示。

附　录

附录 A　元素的相对原子质量($^{12}C = 12.00$)

元素	符号	相对原子质量	元素	符号	相对原子质量	元素	符号	相对原子质量
银	Ag	107.868 2	钆	Gd	157.25	铂	Pt	195.078
铝	Al	26.981 538	锗	Ge	72.64	镭	Ra	226.025 4
氩	Ar	39.948	氢	H	1.007 94	铷	Rb	85.467 8
砷	As	74.921 6	氦	He	4.002 602	铼	Re	186.207
金	Au	196.966 55	汞	Hg	200.59	铑	Rh	102.905 50
硼	B	10.811	碘	I	126.904 47	钌	Ru	101.07
钡	Ba	137.327	铟	In	114.818	硫	S	32.065
铍	Be	9.012 182	钾	K	39.098 3	锑	Sb	121.760
铋	Bi	208.980 38	氪	Kr	83.8	钪	Sc	44.955 910
溴	Br	79.904	镧	La	138.905 5	硒	Se	78.96
碳	C	12.010 7	锂	Li	6.941	硅	Si	28.085 5
钙	Ca	40.078	镥	Lu	174.967	钐	Sm	150.36
镉	Cd	112.411	镁	Mg	24.305 0	锡	Sn	118.710
铈	Ce	140.116	锰	Mn	54.938 049	锶	Sr	87.62
氯	Cl	35.452 7	钼	Mo	95.94	钽	Ta	180.947 9
钴	Co	58.933 2	氮	N	14.006 74	碲	Te	127.60
铬	Cr	51.996 1	钠	Na	22.989 770	钍	Th	232.038 1
铯	Cs	132.905 45	钕	Nd	144.24	钛	Ti	47.867
铜	Cu	63.546	氖	Ne	20.179 7	铊	Tl	204.383 3
镝	Dy	162.50	镍	Ni	58.693 4	铀	U	238.028 91
铒	Er	167.26	氧	O	15.999 4	钒	V	50.941 5
铕	Eu	151.964	磷	P	30.973 762	钨	W	183.84
氟	F	18.998 403 2	铅	Pb	207.2	钇	Y	88.905 85
铁	Fe	55.845	钯	Pd	106.42	锌	Zn	65.39
镓	Ga	69.723	镨	Pr	140.907 65	锆	Zr	91.224

附录 B　常用化合物的相对分子质量

分子式	相对分子质量	分子式	相对分子质量
AgBr	187.77	CH_3COONa	82.03
AgCl	143.32	C_6H_5OH	94.11
AgCN	133.89	$(C_9H_7N)_3H_3(PO_4\cdot 12MoO_3)$(磷钼酸喹啉)	2 212.73
Ag_2CrO_4	331.73	$COOHCH_2COOH$(丙二酸)	104.06
AgI	234.77	$COOHCH_2COONa$	126.04
$AgNO_3$	169.87	CCl_4	153.81
AgSCN	165.95	CO_2	44.01
Al_2O_3	101.96	Cr_2O_3	151.99
$Al_2(SO_4)_3$	342.15	$Cu(C_2H_3O_2)_2\cdot 3Cu(AsO_2)_2$	1 013.8
As_2O_3	197.84	CuO	79.54
As_2O_5	229.84	Cu_2O	143.09
$BaCO_3$	197.34	CuSCN	121.63
BaC_2O_4	225.35	$CuSO_4$	159.61
$BaCl_2$	208.23	$CuSO_4\cdot 5H_2O$	249.69
$BaCl_2\cdot 2H_2O$	244.26	$FeCl_3$	162.20
$BaCrO_4$	253.32	$FeCl_3\cdot 6H_2O$	270.30
BaO	153.33	FeO	71.85
$Ba(OH)_2$	171.35	Fe_2O_3	159.69
$BaSO_4$	233.39	Fe_3O_4	231.54
$CaCO_3$	100.09	$FeSO_4\cdot H_2O$	169.93
CaC_2O_4	128.10	$FeSO_4\cdot 7H_2O$	278.02
$CaCl_2$	110.98	$Fe_2(SO_4)_3$	399.89
$CaCl_2\cdot H_2O$	129.00	$FeSO_4\cdot (NH_4)_2SO_4\cdot 6H_2O$	392.14
CaF_2	78.07	H_3BO_3	61.83
$Ca(NO_3)_2$	164.09	HBr	80.91
CaO	56.08	$C_4H_6O_6$(酒石酸)	150.09
$Ca(OH)_2$	74.09	HCN	27.03
$CaSO_4$	136.14	H_2CO_3	62.03
$Ca_3(PO_4)_2$	310.18	$H_2C_2O_4$	90.04
$Ce(SO_4)_2$	332.24	$H_2C_2O_4\cdot 2H_2O$	126.07
$Ce(SO_4)_2\cdot 2(NH_4)_2SO_4\cdot 2H_2O$	632.54	HCOOH	46.03
CH_3COOH	60.05	HCl	36.46
CH_3OH	32.04	$HClO_4$	100.46
CH_3COCH_3	58.07	HF	20.01
C_6H_5COOH	122.12	HI	127.91
C_6H_5COONa	144.10	HNO_2	47.01
$C_6H_4COOHCOOK$(邻苯二甲酸氢钾)	204.22	HNO_3	63.01

（续）

分子式	相对分子质量	分子式	相对分子质量
H_2O	18.02	MnO	70.94
H_2O_2	34.02	MnO_2	86.94
H_3PO_4	98.00	$Na_2B_4O_7$	201.22
H_2S	34.08	$Na_2B_4O_7 \cdot 10H_2O$	381.37
H_2SO_3	82.08	$NaBiO_3$	279.97
H_2SO_4	98.08	$NaBr$	102.90
$HgCl_2$	271.50	$NaCN$	49.01
Hg_2Cl_2	472.09	Na_2CO_3	105.99
$KAl(SO_4)_2 \cdot 12H_2O$	474.39	$Na_2C_2O_4$	134.00
$KB(C_6H_5)_4$	358.33	$NaCl$	58.44
KBr	119.01	NaF	41.99
$KBrO_3$	167.01	$NaHCO_3$	84.01
KCN	65.12	NaH_2PO_4	119.98
K_2CO_3	138.21	Na_2HPO_4	141.96
KCl	74.56	$C_{10}H_{14}N_2Na_2O_8 \cdot 2H_2O$（EDTA 二钠盐）	372.24
$KClO_3$	122.55	NaI	149.89
$KClO_4$	138.55	$NaNO_3$	69.00
K_2CrO_4	194.20	Na_2O	61.93
$K_2Cr_2O_7$	294.19	$NaOH$	40.01
$KHC_2O_4 \cdot H_2C_2O_4 \cdot 2H_2O$	254.19	Na_3PO_4	163.94
$KHC_2O_4 \cdot H_2O$	146.14	Na_2S	78.05
KI	166.01	$Na_2S \cdot 9H_2O$	240.18
KIO_3	214.00	Na_2SO_3	126.04
$KIO_3 \cdot HIO_3$	389.92	Na_2SO_4	142.04
$KMnO_4$	158.04	$Na_2SO_4 \cdot 10H_2O$	322.20
KNO_2	85.10	$Na_2S_2O_3$	158.11
K_2O	92.20	$Na_2S_2O_3 \cdot 5H_2O$	248.19
KOH	56.11	Na_2SiF_6	188.06
NH_3	17.03	SO_2	64.06
NH_4Cl	53.49	SO_3	80.06
$(NH_4)_2C_2O_4 \cdot H_2O$	142.11	Sb_2O_3	291.50
$NH_3 \cdot H_2O$	35.05	Sb_2S_3	339.70
$KSCN$	97.18	SiF_4	104.08
K_2SO_4	174.26	$NH_4Fe(SO_4)_2 \cdot 12H_2O$	482.20
$MgCO_3$	84.32	$(NH_4)_2HPO_4$	132.05
$MgCl_2$	95.21	$(NH_4)_3HPO_4 \cdot 12MoO_3$	1 876.53
$MgNH_4PO_4$	137.33	NH_4SCN	76.12
MgO	40.31	$(NH_4)_2SO_4$	132.14
$Mg_2P_2O_7$	222.60	$NiC_8H_{14}O_4N_4$（丁二酮肟镍）	288.91

（续）

分子式	相对分子质量	分子式	相对分子质量
P_2O_5	141.95	$SnCl_2$	189.62
$PbCrO_4$	323.19	SnO_2	150.71
PbO	223.19	TiO_2	79.88
PbO_2	239.19	WO_3	231.83
Pb_3O_4	685.57	$ZnCl_2$	136.30
$PbSO_4$	303.26	ZnO	81.39
SiO_2	60.08	$Zn_2P_2O_7$	304.72
$SnCO_3$	178.72	$ZnSO_4$	161.45

附录 C 不同温度下水的饱和蒸汽压

t/℃	0.0		0.2		0.4		0.6		0.8	
	mmHg	kPa	mmHg	kPa	mmHg	kPa	mmHg	kPa	mmHg	kPa
0	4.579	0.610 5	4.647	0.619 5	4.715	0.628 6	4.785	0.637 9	4.855	0.647 3
1	4.926	0.656 7	4.998	0.666 3	5.070	0.675 9	5.144	0.685 8	5.219	0.695 8
2	5.294	0.705 8	5.370	0.715 9	5.447	0.726 2	5.525	0.736 6	5.605	0.747 3
3	5.685	0.757 9	5.766	0.768 7	5.848	0.779 7	5.931	0.790 7	6.015	0.801 9
4	6.101	0.813 4	6.187	0.824 9	6.274	0.836 5	6.363	0.848 3	6.453	0.860 3
5	6.543	0.872 3	6.635	0.884 6	6.728	0.897 0	6.822	0.909 5	6.917	0.922 2
6	7.013	0.935 0	7.111	0.948 1	7.209	0.961 1	7.309	0.974 5	7.411	0.988 0
7	7.513	1.001 7	7.617	1.015 5	7.722	1.029 5	7.828	1.043 6	7.936	1.058 0
8	8.045	1.072 6	8.155	1.087 2	8.267	1.102 2	8.380	1.117 2	8.494	1.132 4
9	8.609	1.147 8	8.727	1.163 5	8.845	1.179 2	8.965	1.195 2	9.086	1.211 4
10	9.209	1.227 8	9.333	1.244 3	9.458	1.261 0	9.585	1.277 9	9.714	1.295 1
11	9.844	1.312 4	9.976	1.330 0	10.109	1.347 8	10.244	1.365 8	10.380	1.383 9
12	10.518	1.402 3	10.658	1.421 0	10.799	1.439 7	10.941	1.452 7	11.085	1.477 9
13	11.231	1.497 3	11.379	1.517 1	11.528 0	1.537 0	11.680	1.557 2	11.833	1.577 6
14	11.987	1.598 1	12.144	1.619 1	12.302	1.640 1	12.462	1.661 5	12.624	1.683 1
15	12.788	1.704 9	12.953	1.726 9	13.121	1.749 3	13.290	1.771 8	13.461	1.794 6
16	13.634	1.817 7	13.809	1.841 0	13.987	1.864 8	14.166	1.888 6	14.347	1.912 8
17	14.530	1.937 2	14.715	1.961 8	14.903	1.986 9	15.092	2.012 1	15.284	2.037 7
18	15.477	2.063 4	15.673	2.089 6	15.871	2.116 0	16.071	2.142 6	16.272	2.169 4
19	16.477	2.196 7	16.685	2.224 5	16.894	2.252 3	17.105	2.280 5	17.319	2.309 0
20	17.535	2.337 8	17.753	2.366 9	17.974	2.396 3	18.197	2.426 1	18.422	2.456 1
21	18.650	2.486 5	18.880	2.517 1	19.113	2.548 2	19.349	2.579 6	19.587	2.611 4
22	19.827	2.643 4	20.070	2.675 8	20.316	2.706 8	20.565	2.741 8	20.815	2.775 1
23	21.068	2.808 8	21.342	2.843 0	21.583	2.877 5	21.845	2.912 4	22.110	2.947 8

（续）

t/℃	0.0		0.2		0.4		0.6		0.8	
	mmHg	kPa	mmHg	kPa	mmHg	kPa	mmHg	kPa	mmHg	kPa
24	22.377	2.983 3	22.648	3.019 5	22.922	3.056 0	23.198	3.092 8	23.476	3.129 9
25	23.756	3.167 2	24.039	3.204 9	24.326	3.243 2	24.617	3.282 0	24.912	3.321 3
26	25.209	3.360 9	25.509	3.400 9	25.812	3.441 3	26.117	3.482 0	26.426	3.523 2
27	26.739	3.564 9	27.055	3.607 0	27.374	3.649 6	27.696	3.692 5	28.021	3.735 8
28	28.349	3.779 5	28.680	3.823 7	29.015	3.868 3	29.354	3.913 5	29.697	3.959 3
29	30.043	4.005 4	30.392	4.051 9	30.745	4.099 0	31.102	4.146 6	31.461	4.194 4
30	31.824	4.242 8	32.191	4.291 8	32.561	4.341 1	32.934	4.390 8	33.312	4.441 2
31	33.695	4.492 3	34.082	4.543 9	34.471	4.595 7	34.864	4.648 1	35.261	4.701 1
32	35.663	4.754 7	36.068	4.808 7	36.477	4.863 2	36.891	4.918 4	37.308	4.974 0
33	37.729	5.030 1	38.155	5.086 9	38.584	5.144 1	39.018	5.202 0	39.457	5.260 5
34	39.898	5.319 3	40.344	5.378 7	40.796	5.439 0	41.251	5.499 7	41.710	5.560 9
35	42.175	5.622 9	42.644	5.685 4	43.117	5.748 4	43.595	5.812 2	44.078	5.876 6
36	44.563	5.941 2	45.054	6.008 7	45.549	6.072 7	46.050	6.139 5	46.556	6.206 9
37	47.067	6.275 1	47.582	6.343 7	48.102	6.413 0	48.627	6.483 0	49.157	6.553 7
38	49.692	6.625 0	50.231	6.696 9	50.774	6.769 3	51.323	6.842 5	51.879	6.916 6
39	52.442	6.991 7	53.009	7.067 3	53.580	7.143 4	54.156	7.220 2	54.737	7.297 6
40	55.324	7.375 9	55.910	7.451 0	56.510	7.534 0	57.110	7.614 0	57.720	7.695 0

附录 D 常见难溶化合物的溶度积常数(25℃)

分子式	溶度积 K_{sp}	pK_{sp}	分子式	溶度积 K_{sp}	pK_{sp}
Ag_3AsO_4	1.0×10^{-22}	22	Ag_2SO_3	1.5×10^{-14}	13.82
$AgBr$	5.0×10^{-13}	12.3	Ag_2SO_4	1.4×10^{-5}	4.84
$AgBrO_3$	5.50×10^{-5}	4.26	Ag_2Se	2.0×10^{-64}	63.7
$AgCl$	1.8×10^{-10}	9.75	Ag_2SeO_3	1.0×10^{-15}	15
$AgCN$	1.2×10^{-16}	15.92	Ag_2SeO_4	5.7×10^{-8}	7.25
Ag_2CO_3	8.1×10^{-12}	11.09	$AgVO_3$	5.0×10^{-7}	6.3
$Ag_2C_2O_4$	3.5×10^{-11}	10.46	Ag_2WO_4	5.5×10^{-12}	11.26
$Ag_2Cr_2O_4$	1.2×10^{-12}	11.92	$Al(OH)_3$①	4.57×10^{-33}	32.34
$Ag_2Cr_2O_7$	2.0×10^{-7}	6.7	$AlPO_4$	6.3×10^{-19}	18.24
AgI	8.3×10^{-17}	16.08	Al_2S_3	2.0×10^{-7}	6.7
$AgIO_3$	3.1×10^{-8}	7.51	$Au(OH)_3$	5.5×10^{-46}	45.26
$AgOH$	2.0×10^{-8}	7.71	$AuCl_3$	3.2×10^{-25}	24.5
Ag_2MoO_4	2.8×10^{-12}	11.55	AuI_3	1.0×10^{-46}	46
Ag_3PO_4	1.4×10^{-16}	15.84	$Ba_3(AsO_4)_2$	8.0×10^{-51}	50.1
Ag_2S	6.3×10^{-50}	49.2	$BaCO_3$	5.1×10^{-9}	8.29
$AgSCN$	1.0×10^{-12}	12	BaC_2O_4	1.6×10^{-7}	6.79

（续）

分 子 式	溶度积 K_{sp}	pK_{sp}	分 子 式	溶度积 K_{sp}	pK_{sp}
$BaCrO_4$	1.2×10^{-10}	9.93	$CrPO_4\cdot4H_2O$(紫)	1.0×10^{-17}	17
$Ba_3(PO_4)_2$	3.4×10^{-23}	22.44	CuBr	5.3×10^{-9}	8.28
$BaSO_4$	1.1×10^{-10}	9.96	CuCl	1.2×10^{-6}	5.92
BaS_2O_3	1.6×10^{-5}	4.79	CuCN	3.2×10^{-20}	19.49
$BaSeO_3$	2.7×10^{-7}	6.57	$CuCO_3$	2.34×10^{-10}	9.63
$BaSeO_4$	3.5×10^{-8}	7.46	CuI	1.1×10^{-12}	11.96
$Be(OH)_2$①	1.6×10^{-22}	21.8	$Cu(OH)_2$	4.8×10^{-20}	19.32
$BiAsO_4$	4.4×10^{-10}	9.36	$Cu_3(PO_4)_2$	1.3×10^{-37}	36.9
$Bi_2(C_2O_4)_3$	3.98×10^{-36}	35.4	Cu_2S	2.5×10^{-48}	47.6
$Bi(OH)_3$	4.0×10^{-31}	30.4	Cu_2Se	1.58×10^{-61}	60.8
$BiPO_4$	1.26×10^{-23}	22.9	CuS	6.3×10^{-36}	35.2
$CaCO_3$	2.8×10^{-9}	8.54	CuSe	7.94×10^{-49}	48.1
$CaC_2O_4\cdot H_2O$	4.0×10^{-9}	8.4	$Dy(OH)_3$	1.4×10^{-22}	21.85
CaF_2	2.7×10^{-11}	10.57	$Er(OH)_3$	4.1×10^{-24}	23.39
$CaMoO_4$	4.17×10^{-8}	7.38	$Eu(OH)_3$	8.9×10^{-24}	23.05
$Ca(OH)_2$	5.5×10^{-6}	5.26	$FeAsO_4$	5.7×10^{-21}	20.24
$Ca_3(PO_4)_2$	2.0×10^{-29}	28.7	$FeCO_3$	3.2×10^{-11}	10.5
$CaSO_4$	3.16×10^{-7}	5.04	$Fe(OH)_2$	8.0×10^{-16}	15.1
$CaSiO_3$	2.5×10^{-8}	7.6	$Fe(OH)_3$	4.0×10^{-38}	37.4
$CaWO_4$	8.7×10^{-9}	8.06	$FePO_4$	1.3×10^{-22}	21.89
$CdCO_3$	5.2×10^{-12}	11.28	FeS	6.3×10^{-18}	17.2
$CdC_2O_4\cdot3H_2O$	9.1×10^{-8}	7.04	$Ga(OH)_3$	7.0×10^{-36}	35.15
$Cd_3(PO_4)_2$	2.5×10^{-33}	32.6	$GaPO_4$	1.0×10^{-21}	21
CdS	8.0×10^{-27}	26.1	$Gd(OH)_3$	1.8×10^{-23}	22.74
CdSe	6.31×10^{-36}	35.2	$Hf(OH)_4$	4.0×10^{-26}	25.4
$CdSeO_3$	1.3×10^{-9}	8.89	Hg_2Br_2	5.6×10^{-23}	22.24
CeF_3	8.0×10^{-16}	15.1	Hg_2Cl_2	1.3×10^{-18}	17.88
$CePO_4$	1.0×10^{-23}	23	HgC_2O_4	1.0×10^{-7}	7
$Co_3(AsO_4)_2$	7.6×10^{-29}	28.12	Hg_2CO_3	8.9×10^{-17}	16.05
$CoCO_3$	1.4×10^{-13}	12.84	$Hg_2(CN)_2$	5.0×10^{-40}	39.3
CoC_2O_4	6.3×10^{-8}	7.2	Hg_2CrO_4	2.0×10^{-9}	8.7
$Co(OH)_2$(蓝)	6.31×10^{-15}	14.2	Hg_2I_2	4.5×10^{-29}	28.35
$Co(OH)_2$(粉红，新沉淀)	1.58×10^{-15}	14.8	HgI_2	2.82×10^{-29}	28.55
$Co(OH)_2$(粉红，陈化)	2.00×10^{-16}	15.7	$Hg_2(IO_3)_2$	2.0×10^{-14}	13.71
$CoHPO_4$	2.0×10^{-7}	6.7	$Hg_2(OH)_2$	2.0×10^{-24}	23.7
$Co_3(PO_4)_3$	2.0×10^{-35}	34.7	HgSe	1.0×10^{-59}	59
$CrAsO_4$	7.7×10^{-21}	20.11	HgS(红)	4.0×10^{-53}	52.4
$Cr(OH)_3$	6.3×10^{-31}	30.2	HgS(黑)	1.6×10^{-52}	51.8
$CrPO_4\cdot4H_2O$(绿)	2.4×10^{-23}	22.62	Hg_2WO_4	1.1×10^{-17}	16.96

（续）

分 子 式	溶度积 K_{sp}	pK_{sp}	分 子 式	溶度积 K_{sp}	pK_{sp}
$Ho(OH)_3$	5.0×10^{-23}	22.3	$PbSeO_4$	1.4×10^{-7}	6.84
$In(OH)_3$	1.3×10^{-37}	36.9	$Pd(OH)_2$	1.0×10^{-31}	31
$InPO_4$	2.3×10^{-22}	21.63	$Pd(OH)_4$	6.3×10^{-71}	70.2
In_2S_3	5.7×10^{-74}	73.24	PdS	2.03×10^{-58}	57.69
$La_2(CO_3)_3$	3.98×10^{-34}	33.4	$Pm(OH)_3$	1.0×10^{-21}	21
$LaPO_4$	3.98×10^{-23}	22.43	$Pr(OH)_3$	6.8×10^{-22}	21.17
$Lu(OH)_3$	1.9×10^{-24}	23.72	$Pt(OH)_2$	1.0×10^{-35}	35
$Mg_3(AsO_4)_2$	2.1×10^{-20}	19.68	$Pu(OH)_3$	2.0×10^{-20}	19.7
$MgCO_3$	3.5×10^{-8}	7.46	$Pu(OH)_4$	1.0×10^{-55}	55
$MgCO_3\cdot3H_2O$	2.14×10^{-5}	4.67	$RaSO_4$	4.2×10^{-11}	10.37
$Mg(OH)_2$	1.8×10^{-11}	10.74	$Rh(OH)_3$	1.0×10^{-23}	23
$Mg_3(PO_4)_2\cdot8H_2O$	6.31×10^{-26}	25.2	$Ru(OH)_3$	1.0×10^{-36}	36
$Mn_3(AsO_4)_2$	1.9×10^{-29}	28.72	Sb_2S_3	1.5×10^{-93}	92.8
$MnCO_3$	1.8×10^{-11}	10.74	ScF_3	4.2×10^{-18}	17.37
$Mn(IO_3)_2$	4.37×10^{-7}	6.36	$Sc(OH)_3$	8.0×10^{-31}	30.1
$Mn(OH)_4$	1.9×10^{-13}	12.72	$Sm(OH)_3$	8.2×10^{-23}	22.08
MnS(粉红)	2.5×10^{-10}	9.6	$Sn(OH)_2$	1.4×10^{-28}	27.85
MnS(绿)	2.5×10^{-13}	12.6	$Sn(OH)_4$	1.0×10^{-56}	56
$Ni_3(AsO_4)_2$	3.1×10^{-26}	25.51	SnO_2	3.98×10^{-65}	64.4
$NiCO_3$	6.6×10^{-9}	8.18	SnS	1.0×10^{-25}	25
NiC_2O_4	4.0×10^{-10}	9.4	SnSe	3.98×10^{-39}	38.4
$Ni(OH)_2$(新)	2.0×10^{-15}	14.7	$Sr_3(AsO_4)_2$	8.1×10^{-19}	18.09
$Ni_3(PO_4)_2$	5.0×10^{-31}	30.3	$SrCO_3$	1.1×10^{-10}	9.96
α-NiS	3.2×10^{-19}	18.5	$SrC_2O_4\cdot H_2O$	1.6×10^{-7}	6.8
β-NiS	1.0×10^{-24}	24	SrF_2	2.5×10^{-9}	8.61
γ-NiS	2.0×10^{-26}	25.7	$Sr_3(PO_4)_2$	4.0×10^{-28}	27.39
$Pb_3(AsO_4)_2$	4.0×10^{-36}	35.39	$SrSO_4$	3.2×10^{-7}	6.49
$PbBr_2$	4.0×10^{-5}	4.41	$SrWO_4$	1.7×10^{-10}	9.77
$PbCl_2$	1.6×10^{-5}	4.79	$Tb(OH)_3$	2.0×10^{-22}	21.7
$PbCO_3$	7.4×10^{-14}	13.13	$Te(OH)_4$	3.0×10^{-54}	53.52
$PbCrO_4$	2.8×10^{-13}	12.55	$Th(C_2O_4)_2$	1.0×10^{-22}	22
PbF_2	2.7×10^{-8}	7.57	$Th(IO_3)_4$	2.5×10^{-15}	14.6
$PbMoO_4$	1.0×10^{-13}	13	$Th(OH)_4$	4.0×10^{-45}	44.4
$Pb(OH)_2$	1.2×10^{-15}	14.93	$Ti(OH)_3$	1.0×10^{-40}	40
$Pb(OH)_4$	3.2×10^{-66}	65.49	TlBr	3.4×10^{-6}	5.47
$Pb_3(PO_4)_3$	8.0×10^{-43}	42.1	TlCl	1.7×10^{-4}	3.76
PbS	1.0×10^{-28}	28	Tl_2CrO_4	9.77×10^{-13}	12.01
$PbSO_4$	1.6×10^{-8}	7.79	TlI	6.5×10^{-8}	7.19
PbSe	7.94×10^{-43}	42.1	TlN_3	2.2×10^{-4}	3.66

（续）

分子式	溶度积 K_{sp}	pK_{sp}	分子式	溶度积 K_{sp}	pK_{sp}
Tl_2S	5.0×10^{-21}	20.3	$ZnCO_3$	1.4×10^{-11}	10.84
$TlSeO_3$	2.0×10^{-39}	38.7	$Zn(OH)_2$	2.09×10^{-16}	15.68
$UO_2(OH)_2$	1.1×10^{-22}	21.95	$Zn_3(PO_4)_2$	9.0×10^{-33}	32.04
$VO(OH)_2$	5.9×10^{-23}	22.13	α-ZnS	1.6×10^{-24}	23.8
$Y(OH)_3$	8.0×10^{-23}	22.1	β-ZnS	2.5×10^{-22}	21.6
$Yb(OH)_3$	3.0×10^{-24}	23.52	$ZrO(OH)_2$	6.3×10^{-49}	48.2
$Zn_3(AsO_4)_2$	1.3×10^{-28}	27.89			

① 表示化合物形态为无定形。

附录 E　常用氢氧化物沉淀形成和再溶解所需的 pH 值

氢氧化物	开始沉淀时被沉淀离子初始浓度 $1.0\ mol\cdot L^{-1}$	开始沉淀时被沉淀离子初始浓度 $0.01\ mol\cdot L^{-1}$	沉淀完全(残留离子浓度 $<10^{-5}\ mol\cdot L^{-1}$)	沉淀开始溶解	沉淀完全溶解
$Fe(OH)_3$	1.5	2.3	4.1	14	—
$Al(OH)_3$	3.3	4.0	5.2	7.8	10.8
$Cr(OH)_3$	4.0	4.9	6.8	12	15
$Cu(OH)_2$	4.1	4.6	6.9	—	—
$Zn(OH)_2$	5.4	6.4	8.0	10.5	12~13
Ag_2O	6.2	8.2	11.2	12.7	—
$Fe(OH)_2$	6.5	7.5	9.7	13.5	—
$Co(OH)_2$	6.6	7.6	9.2	14.1	—
$Ni(OH)_2$	6.7	7.7	9.5	—	—
$Cd(OH)_2$	7.2	8.2	9.7	—	—
$Mn(OH)_2$	7.8	8.8	10.4	14	—
$Mg(OH)_2$	9.4	10.4	12.4	—	—
$Pb(OH)_2$	—	7.2	8.7	10	13

附录 F　弱酸弱碱在水中的离解常数(25℃、$I=0$)

弱酸	分子式	K_a	pK_a
砷酸	H_3AsO_4	$6.3\times10^{-3}(K_{a1})$	2.20
		$1.0\times10^{-7}(K_{a2})$	7.00
		$3.2\times10^{-12}(K_{a3})$	11.50
亚砷酸	$HAsO_2$	6.0×10^{-10}	9.22
硼酸	H_3BO_3	5.8×10^{-10}	9.24
焦硼酸	$H_2B_4O_7$	$1.0\times10^{-4}(K_{a1})$	4
		$1.0\times10^{-9}(K_{a2})$	9

（续）

弱　酸	分子式	K_a	pK_a
碳酸	$H_2CO_3(CO_2+H_2O)$	$4.2\times10^{-7}(K_{a1})$	6.38
		$5.6\times10^{-11}(K_{a2})$	10.25
氢氰酸	HCN	6.2×10^{-10}	9.21
铬酸	H_2CrO_4	$1.8\times10^{-1}(K_{a1})$	0.74
		$3.2\times10^{-7}(K_{a2})$	6.50
氢氟酸	HF	6.6×10^{-4}	3.18
亚硝酸	HNO_2	5.1×10^{-4}	3.29
过氧化氢	H_2O_2	1.8×10^{-12}	11.75
磷酸	H_3PO_4	$7.6\times10^{-3}(K_{a1})$	2.12
		$6.3\times10^{-3}(K_{a2})$	7.2
		$4.4\times10^{-13}(K_{a3})$	12.36
焦磷酸	$H_4P_2O_7$	$3.0\times10^{-2}(K_{a1})$	1.52
		$4.4\times10^{-3}(K_{a2})$	2.36
		$2.5\times10^{-7}(K_{a3})$	6.60
		$5.6\times10^{-10}(K_{a4})$	9.25
亚磷酸	H_3PO_3	$5.0\times10^{-2}(K_{a1})$	1.30
		$2.5\times10^{-7}(K_{a2})$	6.60
氢硫酸	H_2S	$1.3\times10^{-7}(K_{a1})$	6.88
		$7.1\times10^{-15}(K_{a2})$	14.15
硫酸	H_2SO_4	$1.0\times10^{-2}(K_{a1})$	1.99
亚硫酸	$H_3SO_3(SO_2+H_2O)$	$1.3\times10^{-2}(K_{a1})$	1.90
		$6.3\times10^{-8}(K_{a2})$	7.20
偏硅酸	H_2SiO_3	$1.7\times10^{-10}(K_{a1})$	9.77
		$1.6\times10^{-12}(K_{a2})$	11.8
甲酸	HCOOH	1.8×10^{-4}	3.74
乙酸	CH_3COOH	1.8×10^{-5}	4.74
一氯乙酸	$CH_2ClCOOH$	1.4×10^{-3}	2.86
二氯乙酸	$CHCl_2COOH$	5.0×10^{-2}	1.30
三氯乙酸	CCl_3COOH	0.23	0.64
氨基乙酸盐	$^{+}NH_3CH_2COOH$	$4.5\times10^{-3}(K_{a1})$	2.35
	$^{+}NH_3CH_2COO^{-}$	$2.5\times10^{-10}(K_{a2})$	9.60
抗坏血酸	$-\ CHOH\ -\ CH_2OH$	$5.0\times10^{-5}(K_{a1})$	4.30
		$1.5\times10^{-10}(K_{a2})$	9.82
乳酸	$CH_3CHOHCOOH$	1.4×10^{-4}	3.86
苯甲酸	C_6H_5COOH	6.2×10^{-5}	4.21
草酸	$H_2C_2O_4$	$5.9\times10^{-2}(K_{a1})$	1.22
		$6.4\times10^{-5}(K_{a2})$	4.19
d－酒石酸	CH(OH)COOH | CH(OH)COOH	$9.1\times10^{-4}(K_{a1})$	3.04
		$4.3\times10^{-5}(K_{a2})$	4.37
邻苯二甲酸	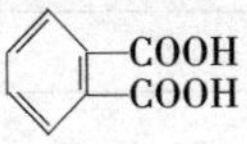	$1.1\times10^{-3}(K_{a1})$	2.95

（续）

弱　酸	分子式	K_a	pK_a
		$3.9\times10^{-6}(K_{a2})$	5.41
柠檬酸	CH_2COOH | $C(OH)COOH$ | CH_2COOH	$7.4\times10^{-4}(K_{a1})$	3.13
		$1.7\times10^{-5}(K_{a2})$	4.76
		$4.0\times10^{-7}(K_{a3})$	6.40
苯酚	C_6H_5OH	1.1×10^{-10}	9.95
乙二胺四乙酸	H_6-EDTA^{2+}	$0.1(K_{a1})$	0.9
	H_5-EDTA^{+}	$3\times10^{-2}(K_{a2})$	1.6
	H_4-EDTA	$1\times10^{-2}(K_{a3})$	2.0
	H_3-EDTA^{-}	$2.1\times10^{-3}(K_{a4})$	2.67
	H_2-EDTA^{2-}	$6.9\times10^{-7}(K_{a5})$	6.17
	$H-EDTA^{3-}$	$5.5\times10^{-11}(K_{a6})$	10.26
氨水	NH_3	1.8×10^{-5}	4.74
联氨	NH_2NH_2	$3.0\times10^{-6}(K_{b1})$	5.52
		$1.7\times10^{-5}(K_{b2})$	14.12
羟胺	NH_2OH	9.1×10^{-6}	8.04
甲胺	CH_3NH_2	4.2×10^{-4}	3.38
乙胺	$C_2H_5NH_2$	5.6×10^{-4}	3.25
二甲胺	$(CH_3)_2NH$	1.2×10^{-4}	3.93
二乙胺	$(C_2H_5)_2NH$	1.3×10^{-3}	2.89
乙醇胺	$HOCH_2CH_2NH_2$	3.2×10^{-5}	4.50
三乙醇胺	$(HOCH_2CH_2)_3N$	5.8×10^{-7}	6.24
六次甲基四胺	$(CH_2)_6N_4$	1.4×10^{-9}	8.85
乙二胺	$NH_2CH_2CH_2NH_2$	$8.5\times10^{-5}(K_{b1})$	4.07
		$7.1\times10^{-8}(K_{b2})$	7.15
吡啶	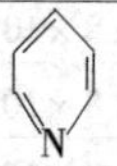	1.7×10^{-5}	8.77

附录G　标准电极电势(298.16K)

1. 在酸性溶液中

电　对	电极反应	$\varphi^{\ominus}/V$
Li^+/Li	$Li^+ + e^- \rightleftharpoons Li$	−3.040 1
Cs^+/Cs	$Cs^+ + e^- \rightleftharpoons Cs$	−3.026
Rb^+/Rb	$Rb^+ + e^- \rightleftharpoons Rb$	−2.98
K^+/K	$K^+ + e^- \rightleftharpoons K$	−2.931
Ba^{2+}/Ba	$Ba^{2+} + 2e^- \rightleftharpoons Ba$	−2.912
Sr^{2+}/Sr	$Sr^{2+} + 2e^- \rightleftharpoons Sr$	−2.89
Ca^{2+}/Ca	$Ca^{2+} + 2e^- \rightleftharpoons Ca$	−2.868
Na^+/Na	$Na^+ + e^- \rightleftharpoons Na$	−2.71

（续）

电　　对	电 极 反 应	$\varphi^{\ominus}$/V
La^{3+}/La	$La^{3+}+3e^{-}=La$	-2.379
Mg^{2+}/Mg	$Mg^{2+}+2e^{-}=Mg$	-2.372
Ce^{3+}/Ce	$Ce^{3+}+3e^{-}=Ce$	-2.336
$H_2(g)/H^{-}$	$H_2(g)+2e^{-}=2H^{-}$	-2.23
AlF_6^{3-}/Al	$AlF_6{}^{3-}+3e^{-}=Al+6F^{-}$	-2.069
Th^{4+}/Th	$Th^{4+}+4e^{-}=Th$	-1.899
Be^{2+}/Be	$Be^{2+}+2e^{-}=Be$	-1.847
U^{3+}/U	$U^{3+}+3e^{-}=U$	-1.798
HfO^{2+}/Hf	$HfO^{2+}+2H^{+}+4e^{-}=Hf+H_2O$	-1.724
Al^{3+}/Al	$Al^{3+}+3e^{-}=Al$	-1.662
Ti^{2+}/Ti	$Ti^{2+}+2e^{-}=Ti$	-1.630
ZrO_2/Zr	$ZrO_2+4H^{+}+4e^{-}=Zr+2H_2O$	-1.553
$[SiF_6]^{2-}/Si$	$[SiF_6]^{2-}+4e^{-}=Si+6F^{-}$	-1.24
Mn^{2+}/Mn	$Mn^{2+}+2e^{-}=Mn$	-1.185
Cr^{2+}/Cr	$Cr^{2+}+2e^{-}=Cr$	-0.913
Ti^{3+}/Ti^{2+}	$Ti^{3+}+e^{-}=Ti^{2+}$	-0.9
H_3BO_3/B	$H_3BO_3+3H^{+}+3e^{-}=B+3H_2O$	-0.869 8
TiO_2/Ti	$TiO_2+4H^{+}+4e^{-}=Ti+2H_2O$	-0.86
Te/H_2Te	$Te+2H^{+}+2e^{-}=H_2Te$	-0.793
Zn^{2+}/Zn	$Zn^{2+}+2e^{-}=Zn$	-0.761 8
Ta_2O_5/Ta	$Ta_2O_5+10H^{+}+10e^{-}=2Ta+5H_2O$	-0.750
Cr^{3+}/Cr	$Cr^{3+}+3e^{-}=Cr$	-0.744
Nb_2O_5/Nb	$Nb_2O_5+10H^{+}+10e^{-}=2Nb+5H_2O$	-0.644
As/AsH_3	$As+3H^{+}+3e^{-}=AsH_3$	-0.608
U^{4+}/U^{3+}	$U^{4+}+e^{-}=U^{3+}$	-0.607
Ga^{3+}/Ga	$Ga^{3+}+3e^{-}=Ga$	-0.549
H_3PO_2/P	$H_3PO_2+H^{+}+e^{-}=P+2H_2O$	-0.508
H_3PO_3/H_3PO_2	$H_3PO_3+2H^{+}+2e^{-}=H_3PO_2+H_2O$	-0.499
$CO_2/H_2C_2O_4$	$2CO_2+2H^{+}+2e^{-}=H_2C_2O_4$	-0.49
Fe^{2+}/Fe	$Fe^{2+}+2e^{-}=Fe$	-0.447
Cr^{3+}/Cr^{2+}	$Cr^{3+}+e^{-}=Cr^{2+}$	-0.407
Cd^{2+}/Cd	$Cd^{2+}+2e^{-}=Cd$	-0.403 0
$Se/H_2Se(aq)$	$Se+2H^{+}+2e^{-}=H_2Se(aq)$	-0.399
PbI_2/Pb	$PbI_2+2e^{-}=Pb+2I^{-}$	-0.365
Eu^{3+}/Eu^{2+}	$Eu^{3+}+e^{-}=Eu^{2+}$	-0.36
$PbSO_4/Pb$	$PbSO_4+2e^{-}=Pb+SO_4^{2-}$	-0.358 8
In^{3+}/In	$In^{3+}+3e^{-}=In$	-0.338 2
Tl^{+}/Tl	$Tl^{+}+e^{-}=Tl$	-0.336
Co^{2+}/Co	$Co^{2+}+2e^{-}=Co$	-0.28

（续）

电　　对	电极反应	$\varphi^{\ominus}/V$
H_3PO_4/H_3PO_3	$H_3PO_4+2H^++2e^-$ ══ $H_3PO_3+H_2O$	-0.276
$PbCl_2/Pb$	$PbCl_2+2e^-$ ══ $Pb+2Cl^-$	-0.267 5
Ni^{2+}/Ni	$Ni^{2+}+2e^-$ ══ Ni	-0.257
V^{3+}/V^{2+}	$V^{3+}+e^-$ ══ V^{2+}	-0.255
H_2GeO_3/Ge	$H_2GeO_3+4H^++4e^-$ ══ $Ge+3H_2O$	-0.182
AgI/Ag	$AgI+e^-$ ══ $Ag+I^-$	-0.152 24
Sn^{2+}/Sn	$Sn^{2+}+2e^-$ ══ Sn	-0.137 5
Pb^{2+}/Pb	$Pb^{2+}+2e^-$ ══ Pb	-0.126 2
$CO_2(g)/CO$	$CO_2(g)+2H^++2e^-$ ══ $CO+H_2O$	-0.12
$P(white)/PH_3(g)$	$P(white)+3H^++3e^-$ ══ $PH_3(g)$	-0.063
Hg_2I_2/Hg	$Hg_2I_2+2e^-$ ══ $2Hg+2I^-$	-0.040 5
Fe^{3+}/Fe	$Fe^{3+}+3e^-$ ══ Fe	-0.037
H^+/H_2	$2H^++2e^-$ ══ H_2	0.000 0
$AgBr/Ag$	$AgBr+e^-$ ══ $Ag+Br^-$	0.071 33
$S_4O_6^{2-}/S_2O_3^{2-}$	$S_4O_6{}^{2-}+2e^-$ ══ $2S_2O_3^{2-}$	0.08
TiO^{2+}/Ti^{3+}	$TiO^{2+}+2H^++e^-$ ══ $Ti^{3+}+H_2O$	0.1
$S/H_2S(aq)$	$S+2H^++2e^-$ ══ $H_2S(aq)$	0.142
Sn^{4+}/Sn^{2+}	$Sn^{4+}+2e^-$ ══ Sn^{2+}	0.151
Sb_2O_3/Sb	$Sb_2O_3+6H^++6e^-$ ══ $2Sb+3H_2O$	0.152
Cu^{2+}/Cu^+	$Cu^{2+}+e^-$ ══ Cu^+	0.153
$BiOCl/Bi$	$BiOCl+2H^++3e^-$ ══ $Bi+Cl^-+H_2O$	0.158 3
SO_4^{2-}/H_2SO_3	$SO_4^{2-}+4H^++2e^-$ ══ $H_2SO_3+H_2O$	0.172
SbO^+/Sb	$SbO^++2H^++3e^-$ ══ $Sb+H_2O$	0.212
$AgCl/Ag$	$AgCl+e^-$ ══ $Ag+Cl^-$	0.222 33
$HAsO_2/As$	$HAsO_2+3H^++3e^-$ ══ $As+2H_2O$	0.248
Hg_2Cl_2/Hg（饱和 KCl）	$Hg_2Cl_2+2e^-$ ══ $2Hg+2Cl^-$（饱和 KCl）	0.268 08
BiO^+/Bi	$BiO^++2H^++3e^-$ ══ $Bi+H_2O$	0.320
UO_2^{2+}/U^{4+}	$UO_2^{2+}+4H^++2e^-$ ══ $U^{4+}+2H_2O$	0.327
$HCNO/CN$	$2HCNO+2H^++2e^-$ ══ $(CN)_2+2H_2O$	0.330
VO^{2+}/V^{3+}	$VO^{2+}+2H^++e^-$ ══ $V^{3+}+H_2O$	0.337
Cu^{2+}/Cu	$Cu^{2+}+2e^-$ ══ Cu	0.341 9
ReO_4^-/Re	$ReO_4{}^-+8H^++7e^-$ ══ $Re+4H_2O$	0.368
Ag_2CrO_4/Ag	$Ag_2CrO_4+2e^-$ ══ $2Ag+CrO_4{}^{2-}$	0.447 0
H_2SO_3/S	$H_2SO_3+4H^++4e^-$ ══ $S+3H_2O$	0.449
Cu^+/Cu	Cu^++e^- ══ Cu	0.521
I_2/I^-	I_2+2e^- ══ $2I^-$	0.535 5
I_3^-/I^-	$I_3^-+2e^-$ ══ $3I^-$	0.536
$H_3AsO_4/HAsO_2$	$H_3AsO_4+2H^++2e^-$ ══ $HAsO_2+2H_2O$	0.560
Sb_2O_5/SbO^+	$Sb_2O_5+6H^++4e^-$ ══ $2SbO^++3H_2O$	0.581

(续)

电 对	电极反应	$\varphi^{\ominus}$/V
TeO_2/Te	$TeO_2 + 4H^+ + 4e^- = Te + 2H_2O$	0.593
UO_2^{+}/U^{4+}	$UO_2^{+} + 4H^+ + e^- = U^{4+} + 2H_2O$	0.612
$HgCl_2/Hg_2Cl_2$	$2HgCl_2 + 2e^- = Hg_2Cl_2 + 2Cl^-$	0.63
$[PtCl_6]^{2-}/[PtCl_4]^{2-}$	$[PtCl_6]^{2-} + 2e^- = [PtCl_4]^{2-} + 2Cl^-$	0.68
O_2/H_2O_2	$O_2 + 2H^+ + 2e^- = H_2O_2$	0.695
$[PtCl_4]^{2-}/Pt$	$[PtCl_4]^{2-} + 2e^- = Pt + 4Cl^-$	0.755
H_2SeO_3/Se	$H_2SeO_3 + 4H^+ + 4e^- = Se + 3H_2O$	0.74
Fe^{3+}/Fe^{2+}	$Fe^{3+} + e^- = Fe^{2+}$	0.771
Hg_2^{2+}/Hg	$Hg_2^{2+} + 2e^- = 2Hg$	0.797 3
Ag^+/Ag	$Ag^+ + e^- = Ag$	0.799 6
OsO_4/Os	$OsO_4 + 8H^+ + 8e^- = Os + 4H_2O$	0.8
NO_3^-/N_2O_4	$2NO_3^- + 4H^+ + 2e^- = N_2O_4 + 2H_2O$	0.803
Hg^{2+}/Hg	$Hg^{2+} + 2e^- = Hg$	0.851
(quartz)SiO_2/Si	(quartz)$SiO_2 + 4H^+ + 4e^- = Si + 2H_2O$	0.857
Cu^{2+}/CuI	$Cu^{2+} + I^- + e^- = CuI$	0.86
$HNO_2/H_2N_2O_2$	$2HNO_2 + 4H^+ + 4e^- = H_2N_2O_2 + 2H_2O$	0.86
Hg^{2+}/Hg_2^{2+}	$2Hg^{2+} + 2e^- = Hg_2^{2+}$	0.920
NO_3^-/HNO_2	$NO_3^- + 3H^+ + 2e^- = HNO_2 + H_2O$	0.934
Pd^{2+}/Pd	$Pd^{2+} + 2e^- = Pd$	0.951
NO_3^-/NO	$NO_3^- + 4H^+ + 3e^- = NO + 2H_2O$	0.957
HNO_2/NO	$HNO_2 + H^+ + e^- = NO + H_2O$	0.983
HIO/I^-	$HIO + H^+ + 2e^- = I^- + H_2O$	0.987
VO_2^+/VO^{2+}	$VO_2^+ + 2H^+ + e^- = VO^{2+} + H_2O$	0.991
$V(OH)_4^+/VO^{2+}$	$V(OH)_4^+ + 2H^+ + e^- = VO^{2+} + 3H_2O$	1.00
$[AuCl_4]^-/Au$	$[AuCl_4]^- + 3e^- = Au + 4Cl^-$	1.002
H_6TeO_6/TeO_2	$H_6TeO_6 + 2H^+ + 2e^- = TeO_2 + 4H_2O$	1.02
N_2O_4/NO	$N_2O_4 + 4H^+ + 4e^- = 2NO + 2H_2O$	1.035
N_2O_4/HNO_2	$N_2O_4 + 2H^+ + 2e^- = 2HNO_2$	1.065
IO_3^-/I^-	$IO_3^- + 6H^+ + 6e^- = I^- + 3H_2O$	1.085
$Br_2(aq)/Br^-$	$Br_2(aq) + 2e^- = 2Br^-$	1.087 3
SeO_4^{2-}/H_2SeO_3	$SeO_4^{2-} + 4H^+ + 2e^- = H_2SeO_3 + H_2O$	1.151
ClO_3^-/ClO_2	$ClO_3^- + 2H^+ + e^- = ClO_2 + H_2O$	1.152
Pt^{2+}/Pt	$Pt^{2+} + 2e^- = Pt$	1.18
ClO_4^-/ClO_3^-	$ClO_4^- + 2H^+ + 2e^- = ClO_3^- + H_2O$	1.189
IO_3^-/I_2	$2IO_3^- + 12H^+ + 10e^- = I_2 + 6H_2O$	1.195
$ClO_3^-/HClO_2$	$ClO_3^- + 3H^+ + 2e^- = HClO_2 + H_2O$	1.214
MnO_2/Mn^{2+}	$MnO_2 + 4H^+ + 2e^- = Mn^{2+} + 2H_2O$	1.224
O_2/H_2O	$O_2 + 4H^+ + 4e^- = 2H_2O$	1.229
Tl^{3+}/Tl^+	$Tl^{3+} + 2e^- = Tl^+$	1.252
$ClO_2/HClO_2$	$ClO_2 + H^+ + e^- = HClO_2$	1.277

（续）

电　对	电极反应	$\varphi^{\ominus}$/V
HNO_2/N_2O	$2HNO_2+4H^++4e^-=N_2O+3H_2O$	1.297
$Cr_2O_7^{2-}/Cr^{3+}$	$Cr_2O_7^{2-}+14H^++6e^-=2Cr^{3+}+7H_2O$	1.33
$HBrO/Br^-$	$HBrO+H^++2e^-=Br^-+H_2O$	1.331
$HCrO_4^-/Cr^{3+}$	$HCrO_4^-+7H^++3e^-=Cr^{3+}+4H_2O$	1.350
$Cl_2(g)/Cl^-$	$Cl_2(g)+2e^-=2Cl^-$	1.358 27
ClO_4^-/Cl^-	$ClO_4^-+8H^++8e^-=Cl^-+4H_2O$	1.389
ClO_4^-/Cl_2	$2ClO_4^-+16H^++14e^-=Cl_2+8H_2O$	1.39
Au^{3+}/Au^+	$Au^{3+}+2e^-=Au^+$	1.401
BrO_3^-/Br^-	$BrO_3^-+6H^++6e^-=Br^-+3H_2O$	1.423
HIO/I_2	$2HIO+2H^++2e^-=I_2+2H_2O$	1.439
ClO_3^-/Cl^-	$ClO_3^-+6H^++6e^-=Cl^-+3H_2O$	1.451
PbO_2/Pb^{2+}	$PbO_2+4H^++2e^-=Pb^{2+}+2H_2O$	1.455
ClO_3^-/Cl_2	$2ClO_3^-+12H^++10e^-=Cl_2+6H_2O$	1.47
$HClO/Cl^-$	$HClO+H^++2e^-=Cl^-+H_2O$	1.482
BrO_3^-/Br_2	$2BrO_3^-+12H^++10e^-=Br_2+6H_2O$	1.482
Au^{3+}/Au	$Au^{3+}+3e^-=Au$	1.498
MnO_4^-/Mn^{2+}	$MnO_4^-+8H^++5e^-=Mn^{2+}+4H_2O$	1.507
Mn^{3+}/Mn^{2+}	$Mn^{3+}+e^-=Mn^{2+}$	1.541 5
$HClO_2/Cl^-$	$HClO_2+3H^++4e^-=Cl^-+2H_2O$	1.570
$HBrO/Br_2(aq)$	$2HBrO+2H^++2e^-=Br_2(aq)+2H_2O$	1.574
NO/N_2O	$2NO+2H^++2e^-=N_2O+H_2O$	1.591
H_5IO_6/IO_3^-	$H_5IO_6+H^++2e^-=IO_3^-+3H_2O$	1.601
$HClO/Cl_2$	$2HClO+2H^++2e^-=Cl_2+2H_2O$	1.611
$HClO_2/HClO$	$HClO_2+2H^++2e^-=HClO+H_2O$	1.645
NiO_2/Ni^{2+}	$NiO_2+4H^++2e^-=Ni^{2+}+2H_2O$	1.678
MnO_4^-/MnO_2	$MnO_4^-+4H^++3e^-=MnO_2+2H_2O$	1.679
$PbO_2/PbSO_4$	$PbO_2+SO_4^{2-}+4H^++2e^-=PbSO_4+2H_2O$	1.691 3
Au^+/Au	$Au^++e^-=Au$	1.692
Ce^{4+}/Ce^{3+}	$Ce^{4+}+e^-=Ce^{3+}$	1.72
N_2O/N_2	$N_2O+2H^++2e^-=N_2+H_2O$	1.766
H_2O_2/H_2O	$H_2O_2+2H^++2e^-=2H_2O$	1.776
$Co^{3+}/Co^{2+}(2mol\cdot L^{-1}H_2SO_4)$	$Co^{3+}+e^-=Co^{2+}(2mol\cdot L^{-1}H_2SO_4)$	1.83
Ag^{2+}/Ag^+	$Ag^{2+}+e^-=Ag^+$	1.980
$S_2O_8^{2-}/SO_4^{2-}$	$S_2O_8^{2-}+2e^-=2SO_4^{2-}$	2.010
O_3/H_2O	$O_3+2H^++2e^-=O_2+H_2O$	2.076
F_2O/F^-	$F_2O+2H^++4e^-=H_2O+2F^-$	2.153
FeO_4^{2-}/Fe^{3+}	$FeO_4^{2-}+8H^++3e^-=Fe^{3+}+4H_2O$	2.20
$O(g)/H_2O$	$O(g)+2H^++2e^-=H_2O$	2.421
F_2/F^-	$F_2+2e^-=2F^-$	2.866
F_2/HF	$F_2+2H^++2e^-=2HF$	3.053

2. 在碱性溶液中

电　对	电极反应	$\varphi^\ominus$/V
$Ca(OH)_2/Ca$	$Ca(OH)_2 + 2e^- \rightleftharpoons Ca + 2OH^-$	−3.02
$Ba(OH)_2/Ba$	$Ba(OH)_2 + 2e^- \rightleftharpoons Ba + 2OH^-$	−2.99
$La(OH)_3/La$	$La(OH)_3 + 3e^- \rightleftharpoons La + 3OH^-$	−2.90
$Sr(OH)_2 \cdot 8H_2O/Sr$	$Sr(OH)_2 \cdot 8H_2O + 2e^- \rightleftharpoons Sr + 2OH^- + 8H_2O$	−2.88
$Mg(OH)_2/Mg$	$Mg(OH)_2 + 2e^- \rightleftharpoons Mg + 2OH^-$	−2.690
$Be_2O_3^{2-}/Be$	$Be_2O_3^{2-} + 3H_2O + 4e^- \rightleftharpoons 2Be + 6OH^-$	−2.63
$HfO(OH)_2/Hf$	$HfO(OH)_2 + H_2O + 4e^- \rightleftharpoons Hf + 4OH^-$	−2.50
H_2ZrO_3/Zr	$H_2ZrO_3 + H_2O + 4e^- \rightleftharpoons Zr + 4OH^-$	−2.36
$H_2AlO_3^-/Al$	$H_2AlO_3^- + H_2O + 3e^- \rightleftharpoons Al + OH^-$	−2.33
$H_2PO_2^-/P$	$H_2PO_2^- + e^- \rightleftharpoons P + 2OH^-$	−1.82
$H_2BO_3^-/B$	$H_2BO_3^- + H_2O + 3e^- \rightleftharpoons B + 4OH^-$	−1.79
HPO_3^{2-}/P	$HPO_3^{2-} + 2H_2O + 3e^- \rightleftharpoons P + 5OH^-$	−1.71
SiO_3^{2-}/Si	$SiO_3^{2-} + 3H_2O + 4e^- \rightleftharpoons Si + 6OH^-$	−1.697
$HPO_3^{2-}/H_2PO_2^-$	$HPO_3^{2-} + 2H_2O + 2e^- \rightleftharpoons H_2PO_2^- + 3OH^-$	−1.65
$Mn(OH)_2/Mn$	$Mn(OH)_2 + 2e^- \rightleftharpoons Mn + 2OH^-$	−1.56
$Cr(OH)_3/Cr$	$Cr(OH)_3 + 3e^- \rightleftharpoons Cr + 3OH^-$	−1.48
$[Zn(CN)_4]^{2-}/Zn$	$[Zn(CN)_4]^{2-} + 2e^- \rightleftharpoons Zn + 4CN^-$	−1.26
$Zn(OH)_2/Zn$	$Zn(OH)_2 + 2e^- \rightleftharpoons Zn + 2OH^-$	−1.249
$H_2GaO_3^-/Ga$	$H_2GaO_3^- + H_2O + 2e^- \rightleftharpoons Ga + 4OH^-$	−1.219
ZnO_2^{2-}/Zn	$ZnO_2^{2-} + 2H_2O + 2e^- \rightleftharpoons Zn + 4OH^-$	−1.215
CrO_2^-/Cr	$CrO_2^- + 2H_2O + 3e^- \rightleftharpoons Cr + 4OH^-$	−1.2
Te/Te^{2-}	$Te + 2e^- \rightleftharpoons Te^{2-}$	−1.143
PO_4^{3-}/HPO_3^{2-}	$PO_4^{3-} + 2H_2O + 2e^- \rightleftharpoons HPO_3^{2-} + 3OH^-$	−1.05
$[Zn(NH_3)_4]^{2+}/Zn$	$[Zn(NH_3)_4]^{2+} + 2e^- \rightleftharpoons Zn + 4NH_3$	−1.04
WO_4^{2-}/W	$WO_4^{2-} + 4H_2O + 6e^- \rightleftharpoons W + 8OH^-$	−1.01
$HGeO_3^-/Ge$	$HGeO_3^- + 2H_2O + 4e^- \rightleftharpoons Ge + 5OH^-$	−1.0
$[Sn(OH)_6]^{2-}/HSnO_2^-$	$[Sn(OH)_6]^{2-} + 2e^- \rightleftharpoons HSnO_2^- + H_2O + 3OH^-$	−0.93
SO_4^{2-}/SO_3^{2-}	$SO_4^{2-} + H_2O + 2e^- \rightleftharpoons SO_3^{2-} + 2OH^-$	−0.93
Se/Se^{2-}	$Se + 2e^- \rightleftharpoons Se^{2-}$	−0.924
$HSnO_2^-/Sn$	$HSnO_2^- + H_2O + 2e^- \rightleftharpoons Sn + 3OH^-$	−0.909
$P/PH_3(g)$	$P + 3H_2O + 3e^- \rightleftharpoons PH_3(g) + 3OH^-$	−0.87
NO_3^-/N_2O_4	$2NO_3^- + 2H_2O + 2e^- \rightleftharpoons N_2O_4 + 4OH^-$	−0.85
H_2O/H_2	$2H_2O + 2e^- \rightleftharpoons H_2 + 2OH^-$	−0.827 7
$Cd(OH)_2/Cd(Hg)$	$Cd(OH)_2 + 2e^- \rightleftharpoons Cd(Hg) + 2OH^-$	−0.809
$Co(OH)_2/Co$	$Co(OH)_2 + 2e^- \rightleftharpoons Co + 2OH^-$	−0.73
$Ni(OH)_2/Ni$	$Ni(OH)_2 + 2e^- \rightleftharpoons Ni + 2OH^-$	−0.72
AsO_4^{3-}/AsO_2^-	$AsO_4^{3-} + 2H_2O + 2e^- \rightleftharpoons AsO_2^- + 4OH^-$	−0.71
Ag_2S/Ag	$Ag_2S + 2e^- \rightleftharpoons 2Ag + S^{2-}$	−0.691
AsO_2^-/As	$AsO_2^- + 2H_2O + 3e^- \rightleftharpoons As + 4OH^-$	−0.68

（续）

电　对	电极反应	$\varphi^{\ominus}$/V
SbO_2^-/Sb	$SbO_2^- + 2H_2O + 3e^- \rightleftharpoons Sb + 4OH^-$	-0.66
ReO_4^-/ReO_2	$ReO_4^- + 2H_2O + 3e^- \rightleftharpoons ReO_2 + 4OH^-$	-0.59
SbO_3^-/SbO_2^-	$SbO_3^- + H_2O + 2e^- \rightleftharpoons SbO_2^- + 2OH^-$	-0.59
ReO_4^-/Re	$ReO_4^- + 4H_2O + 7e^- \rightleftharpoons Re + 8OH^-$	-0.584
$SO_3^{2-}/S_2O_3^{2-}$	$2SO_3^{2-} + 3H_2O + 4e^- \rightleftharpoons S_2O_3^{2-} + 6OH^-$	-0.58
TeO_3^{2-}/Te	$TeO_3^{2-} + 3H_2O + 4e^- \rightleftharpoons Te + 6OH^-$	-0.57
$Fe(OH)_3/Fe(OH)_2$	$Fe(OH)_3 + e^- \rightleftharpoons Fe(OH)_2 + OH^-$	-0.56
S/S^{2-}	$S + 2e^- \rightleftharpoons S^{2-}$	-0.476 27
Bi_2O_3/Bi	$Bi_2O_3 + 3H_2O + 6e^- \rightleftharpoons 2Bi + 6OH^-$	-0.46
NO_2^-/NO	$NO_2^- + H_2O + e^- \rightleftharpoons NO + 2OH^-$	-0.46
$[Co(NH_3)_6]^{2+}/Co$	$[Co(NH_3)_6]^{2+} + 2e^- \rightleftharpoons Co + 6NH_3$	-0.422
SeO_3^{2-}/Se	$SeO_3^{2-} + 3H_2O + 4e^- \rightleftharpoons Se + 6OH^-$	-0.366
Cu_2O/Cu	$Cu_2O + H_2O + 2e^- \rightleftharpoons 2Cu + 2OH^-$	-0.360
$Tl(OH)/Tl$	$Tl(OH) + e^- \rightleftharpoons Tl + OH^-$	-0.34
$[Ag(CN)_2]^-/Ag$	$[Ag(CN)_2]^- + e^- \rightleftharpoons Ag + 2CN^-$	-0.31
$Cu(OH)_2/Cu$	$Cu(OH)_2 + 2e^- \rightleftharpoons Cu + 2OH^-$	-0.222
$CrO_4^{2-}/Cr(OH)_3$	$CrO_4^{2-} + 4H_2O + 3e^- \rightleftharpoons Cr(OH)_3 + 5OH^-$	-0.13
$[Cu(NH_3)_2]^+/Cu$	$[Cu(NH_3)_2]^+ + e^- \rightleftharpoons Cu + 2NH_3$	-0.12
O_2/HO_2^-	$O_2 + H_2O + 2e^- \rightleftharpoons HO_2^- + OH^-$	-0.076
$AgCN/Ag$	$AgCN + e^- \rightleftharpoons Ag + CN^-$	-0.017
NO_3^-/NO_2^-	$NO_3^- + H_2O + 2e^- \rightleftharpoons NO_2^- + 2OH^-$	0.01
SeO_4^{2-}/SeO_3^{2-}	$SeO_4^{2-} + H_2O + 2e^- \rightleftharpoons SeO_3^{2-} + 2OH^-$	0.05
$Pd(OH)_2/Pd$	$Pd(OH)_2 + 2e^- \rightleftharpoons Pd + 2OH^-$	0.07
$S_4O_6^{2-}/S_2O_3^{2-}$	$S_4O_6^{2-} + 2e^- \rightleftharpoons 2S_2O_3^{2-}$	0.08
HgO/Hg	$HgO + H_2O + 2e^- \rightleftharpoons Hg + 2OH^-$	0.097 7
$[Co(NH_3)_6]^{3+}/[Co(NH_3)_6]^{2+}$	$[Co(NH_3)_6]^{3+} + e^- \rightleftharpoons [Co(NH_3)_6]^{2+}$	0.108
$Pt(OH)_2/Pt$	$Pt(OH)_2 + 2e^- \rightleftharpoons Pt + 2OH^-$	0.14
$Co(OH)_3/Co(OH)_2$	$Co(OH)_3 + e^- \rightleftharpoons Co(OH)_2 + OH^-$	0.17
PbO_2/PbO	$PbO_2 + H_2O + 2e^- \rightleftharpoons PbO + 2OH^-$	0.247
IO_3^-/I^-	$IO_3^- + 3H_2O + 6e^- \rightleftharpoons I^- + 6OH^-$	0.26
ClO_3^-/ClO_2^-	$ClO_3^- + H_2O + 2e^- \rightleftharpoons ClO_2^- + 2OH^-$	0.33
Ag_2O/Ag	$Ag_2O + H_2O + 2e^- \rightleftharpoons 2Ag + 2OH^-$	0.342
$[Fe(CN)_6]^{3-}/[Fe(CN)_6]^{4-}$	$[Fe(CN)_6]^{3-} + e^- \rightleftharpoons [Fe(CN)_6]^{4-}$	0.358
ClO_4^-/ClO_3^-	$ClO_4^- + H_2O + 2e^- \rightleftharpoons ClO_3^- + 2OH^-$	0.36
$[Ag(NH_3)_2]^+/Ag$	$[Ag(NH_3)_2]^+ + e^- \rightleftharpoons Ag + 2NH_3$	0.373
O_2/OH^-	$O_2 + 2H_2O + 4e^- \rightleftharpoons 4OH^-$	0.401
IO^-/I^-	$IO^- + H_2O + 2e^- \rightleftharpoons I^- + 2OH^-$	0.485
$NiO_2/Ni(OH)_2$	$NiO_2 + 2H_2O + 2e^- \rightleftharpoons Ni(OH)_2 + 2OH^-$	0.490

（续）

电　对	电极反应	$\varphi^{\ominus}$/V
MnO_4^-/MnO_4^{2-}	$MnO_4^- + e^- = MnO_4^{2-}$	0.558
MnO_4^-/MnO_2	$MnO_4^- + 2H_2O + 3e^- = MnO_2 + 4OH^-$	0.595
MnO_4^{2-}/MnO_2	$MnO_4^{2-} + 2H_2O + 2e^- = MnO_2 + 4OH^-$	0.60
AgO/Ag_2O	$2AgO + H_2O + 2e^- = Ag_2O + 2OH^-$	0.607
BrO_3^-/Br^-	$BrO_3^- + 3H_2O + 6e^- = Br^- + 6OH^-$	0.61
ClO_3^-/Cl^-	$ClO_3^- + 3H_2O + 6e^- = Cl^- + 6OH^-$	0.62
ClO_2^-/ClO^-	$ClO_2^- + H_2O + 2e^- = ClO^- + 2OH^-$	0.66
$H_3IO_6^{2-}/IO_3^-$	$H_3IO_6^{2-} + 2e^- = IO_3^- + 3OH^-$	0.7
ClO_2^-/Cl^-	$ClO_2^- + 2H_2O + 4e^- = Cl^- + 4OH^-$	0.76
BrO^-/Br^-	$BrO^- + H_2O + 2e^- = Br^- + 2OH^-$	0.761
ClO^-/Cl^-	$ClO^- + H_2O + 2e^- = Cl^- + 2OH^-$	0.841
$ClO_2(g)/ClO_2^-$	$ClO_2(g) + e^- = ClO_2^-$	0.95

附录 H　不同温度下常见无机化合物的溶解度[g·(100g H_2O)$^{-1}$]

化学式＼溶解度＼温度/K	273	293	313	333	353	373
AgBr	—	8.4×10^{-6}	—	—	—	3.7×10^{-4}
$AgC_2H_3O_2$	0.73	1.05	1.43	1.93	2.59	—
AgCl	—	1.5×10^{-4}	—	—	—	2.1×10^{-3}
AgCN	—	2.2×10^{-5}	—	—	—	—
Ag_2CO_3	—	3.2×10^{-3}	—	—	—	5×10^{-2}
Ag_2CrO_4	1.4×10^{-3}	—	—	—	—	1.1×10^{-2}
AgI	—	—	—	3×10^{-6}	—	—
$AgIO_3$	—	4×10^{-3}	—	1.8×10^{-2}	—	—
$AgNO_2$	0.16	0.34	0.73	1.39	—	—
$AgNO_3$	122	216	311	440	585	733
Ag_2SO_4	0.57	0.80	0.98	1.15	1.30	1.41
$AlCl_3$	43.9	45.8	47.3	48.1	48.6	49.0
AlF_3	0.56	0.67	0.91	1.1	1.32	1.72
$Al(NO_3)_3$	60.0	73.9	88.7	106	132	160
$Al_2(SO_4)_3$	31.2	36.4	45.8	59.2	73.0	89.0
As_2O_5	59.5	65.8	71.2	73.0	75.1	76.7
As_2S_5	—	5.17×10^{-5} (291K)	—	—	—	—
B_2O_3	1.1	2.2	4.0	6.2	9.5	15.7

（续）

化学式 \ 溶解度 \ 温度/K	273	293	313	333	353	373
$BaCl_2 \cdot 2H_2O$	31.2	35.8	40.8	46.2	52.5	59.4
$BaCO_3$	—	2.2×10^{-3} (291K)	—	—	—	6.5×10^{-3}
BaC_2O_4	—	9.3×10^{-3} (291K)	—	—	—	2.28×10^{-2}
$BaCrO_4$	2.0×10^{-4}	3.7×10^{-4}	—	—	—	—
$Ba(NO_3)_2$	4.95	9.02	14.1	20.4	27.2	34.4
$Ba(OH)_2$	1.67	3.89	8.22	20.94	101.4	—
$BaSO_4$	1.15×10^{-4}	2.4×10^{-4}	—	—	—	4.13×10^{-4}
$BeSO_4$	37.0	39.1	45.8	53.1	67.2	82.8
Br_2	4.22	3.20	—	—	—	—
Bi_2S_3	—	1.8×10^{-5} (291K)	—	—	—	—
$CaBr_2 \cdot 6H_2O$	125	143	213	278	295	312(378K)
$Ca(H_2C_3O_2)_2 \cdot 2H_2O$	37.4	34.7	33.2	32.7	33.5	—
$CaCl_2 \cdot 6H_2O$	59.5	74.5	128	137	147	159
CaC_2O_4	—	6.8×10^{-4} (298K)	—	—	—	—
CaF_2	1.3×10^{-3}	1.6×10^{-3} (298K)	—	—	—	—
$Ca(HCO_3)_2$	16.15	16.60	17.05	17.50	17.95	18.40
CaI_2	64.6	67.6	70.8	74	78	81
$Ca(IO_3)_2 \cdot 6H_2O$	0.090	0.24	0.52	0.65	0.66	—
$Ca(NO_2)_2 \cdot 4H_2O$	63.9	84.5(291K)	—	134	151	178
$Ca(NO_3)_2 \cdot 4H_2O$	102.0	129	191	—	358	363
$Ca(OH)_2$	0.189	0.173	0.141	0.121	0.094	0.076
$CaSO_4 \cdot 1/2H_2O$	—	0.32	0.26(308K)	0.145(338K)	—	0.071
$CdCl_2 \cdot 2.5H_2O$	90	113	—	—	—	—
$CdCl_2 \cdot H_2O$	—	135	135	136	140	147
$Cl_2$①	1.46	0.716	0.451	0.324	0.219	0
CO①	0.0044	0.0028	0.0021	0.0015	0.0010	0
$CO_2$①	0.3346	0.1688	0.0973	0.0576	—	0
$CoCl_2$	43.5	52.9	69.5	93.8	97.6	106
$Co(NO_3)_2$	84.0	97.4	125	174	204	—
$CoSO_4$	25.50	36.1	48.80	55.0	53.8	38.9
$CoSO_4 \cdot 7H_2O$	44.8	65.4	88.1	101	—	—
CrO_3	164.9	167.2	172.5	—	191.6	206.8

（续）

化学式 \ 溶解度 \ 温度/K	273	293	313	333	353	373
CsCl	161.0	187	208.0	230	250.0	271
CsOH	—	395.5(288K)	—	—	—	—
$CuCl_2$	68.6	73.0	87.6	96.5	104	120
CuI_2	—	1.107	—	—	—	—
$Cu(NO_3)_2$	83.5	125	163	182	208	247
$CuSO_4 \cdot 5H_2O$	23.1	32.0	44.6	61.8	83.8	114
$FeCl_2$	49.7	62.5	70.0	78.3	88.7	94.9
$FeCl_3 \cdot 6H_2O$	74.4	91.8	—	—	525.8	535.7
$Fe(NO_3)_2 \cdot 6H_2O$	113	—	—	266	—	—
$FeSO_4 \cdot 7H_2O$	28.8	48.0	73.3	100.7	79.9	57.8
H_3BO_3	2.67	5.04	8.72	14.81	23.62	40.25
HBr①	221.2	204(288K)	—	—	150.5(348K)	130
HCl①	82.3	72.6	63.3	56.1	—	—
$H_2C_2O_4$	3.54	9.52	21.52	44.32	84.5	—
HgBr	—	4×10^{-6} (299K)	—	—	—	—
$HgBr_2$	0.30	0.56	0.91	1.68	2.77	4.9
Hg_2Cl_2	0.00014	0.0002	0.0007	—	—	—
$HgCl_2$	3.63	6.57	10.2	16.3	30.0	61.3
I_2	0.014	0.029	0.052	0.100	0.225	0.445
KBr	53.5	65.3	75.4	85.5	95.0	104.0
$KBrO_3$	3.09	6.91	13.1	22.7	34.1	49.9
$KC_2H_3O_2$	216	256	324	350	381	
$K_2C_2O_4$	25.5	36.4	43.8	53.2	63.6	75.3
KCl	28.0	34.2	40.1	45.8	51.3	56.3
$KClO_3$	3.3	7.3	13.9	23.8	37.6	56.3
$KClO_4$	0.76	1.68	3.73	7.3	13.4	22.3
KSCN	177.0	224	289	372	492	675
K_2CO_3	105	111	117	127	140	156
K_2CrO_4	56.3	63.7	67.8	70.1	72.1	75.6
$K_2Cr_2O_7$	4.7	12.3	26.3	45.6	73	80
$K_3Fe(CN)_6$	30.2	46	59.3	70	—	91
$K_4Fe(CN)_6$	14.3	28.2	41.4	54.8	66.9	74.2
$KHC_4H_4O_6$	0.231	0.523	—	—	—	—
$KHCO_3$	22.5	33.7	47.5	65.6	—	—
$KHSO_4$	36.2	48.6	61.0	76.4	96.1	122
KI	128	144	162	176	192	208

（续）

化学式 \ 溶解度 \ 温度/K	273	293	313	333	353	373
KIO_3	4.60	8.08	12.6	18.3	24.8	32.3
$KMnO_4$	2.83	6.34	12.6	22.1	—	—
KNO_2	279	306	329	348	376	410
KNO_3	13.9	31.6	61.3	106	167	245
KOH	95.7	112	134	154	—	178
K_2PtCl_6	0.48	0.78	1.36	2.45	3.71	5.03
K_2SO_4	7.4	11.10	14.8	18.2	21.4	24.1
$K_2S_2O_8$	1.65	4.70	11.0	—	—	—
$K_2SO_4 \cdot Al_2(SO_4)_3$	3.00	5.90	11.70	24.80	71.0	—
LiCl	69.2	83.5	89.8	98.4	112	128
Li_2CO_3	1.54	1.33	1.17	1.01	0.85	0.72
LiF	—	0.27(291K)	—	—	—	—
LiOH	11.91	12.35	13.22	14.63	16.56	19.12
Li_3PO_4	—	0.039(291K)	—	—	—	—
$MgBr_2$	98	101	106	112	113.7	125.0
$MgCl_2$	52.9	54.6	57.5	61.0	66.1	73.3
MgI_2	120	140	173	—	186	—
$Mg(NO_3)_2$	62.1	69.5	78.9	78.9	91.6	—
$Mg(OH)_2$	—	0.0009 (291K)	—	—	—	0.004
$MgSO_4$	22.0	33.7	44.5	54.6	55.8	50.4
$MnCl_2$	63.4	73.9	88.5	109	113	115
$Mn(NO_3)_2$	102	139	—	—	—	—
MnC_2O_4	0.020	0.028	—	—	—	—
$MnSO_4$	52.9	62.9	60.0	53.6	45.6	35.3
NH_4Br	60.5	76.4	91.2	108	125	145
NH_4SCN	120	170	234	346	—	—
$(NH_4)_2C_2O_4$	2.2	4.45	8.18	14.0	22.4	34.7
NH_4Cl	29.4	37.2	45.8	55.3	65.6	77.3
NH_4ClO_4	12.0	21.7	34.6	49.9	68.9	—
$(NH_4)_2 \cdot Co(SO_4)_2$	6.0	13.0	22.0	33.5	49.0	75.1
$(NH_4)_2CrO_4$	25.0	34.0	45.3	59.0	76.1	—
$(NH_4)_2Cr_2O_7$	18.2	35.6	58.5	86	115	156
$(NH_4)_2 \cdot Cr_2(SO_4)_4$	3.95	10.78(298K)	32.6	—	—	—
$(NH_4)_2 \cdot Fe(SO_4)_2$	12.5	—	33	—	—	—
$(NH_4)_2 \cdot Fe_2(SO_4)_4$	—	—	—	—	—	—
NH_4HCO_3	11.9	21.7	36.6	59.2	109	354

（续）

化学式 \ 溶解度 \ 温度/K	273	293	313	333	353	373
$NH_4H_2PO_4$	22.7	37.4	56.7	82.5	118	173
$(NH_4)_2HPO_4$	42.9	68.9	81.8	97.2	—	—
NH_4I	155	172	191	209	229	250
NH_4MgPO_4	0.0231	0.052	0.036	0.040	0.019	0.0195
$NH_4MnPO_4 \cdot H_2O$	—	—	—	—	—	—
NH_4NO_3	118.3	192	297.0	421.0	580.0	871.0
$(NH_4)_2PtCl_6$	0.289	0.499	0.815	1.44	2.16	3.36
$(NH_4)_2SO_4$	70.6	75.4	81.0	88.0	95	103
$(NH_4)_2SO_4 \cdot Al_2(SO_4)_3$	2.1	7.74	14.9	26.70	—	109.7(368K)
$(NH_4)_2S_2O_8$	58.2	—	—	—	—	—
$(NH_4)_3SbS_4$	71.2	91.2	—	—	—	—
$(NH_4)_2SeO_4$	—	—	—	—	—	197
NH_4VO_3	—	0.48	1.32	2.42	—	—
NaBr	80.2	90.8	107	118	120	121
$Na_2B_4O_7$	1.11	2.56	6.67	19.0	31.4	52.5
$NaBrO_3$	24.2	36.4	48.8	62.6	75.7	90.8
$NaC_2H_3O_2$	36.2	46.4	65.6	139	153	170
$Na_2C_2O_4$	2.69	3.41	4.18	4.93	5.71	6.50
NaCl	35.7	35.9	36.4	37.1	38.0	39.2
$NaClO_3$	79.6	95.9	115	137	167	204
Na_2CO_3	7.0	21.5	49.0	46.0	43.9	—
Na_2CrO_4	31.70	84.0	96.0	115	125	126
$Na_2Cr_2O_7$	163.0	183	215	269	376	415
$Na_4Fe(CN)_6$	11.2	18.8	29.9	43.7	62.1	—
$NaHCO_3$	7.0	9.6	12.7	16.0	—	—
NaH_2PO_4	56.5	86.9	133	172	211	—
Na_2HPO_4	1.68	7.83	55.3	82.8	92.3	104
NaI	159	178	205	257	295	302
$NaIO_3$	2.48	8.08	13.3	19.8	26.6	33.0
$NaNO_3$	73.0	87.6	102	122	148	180
$NaNO_2$	71.2	80.8	94.9	111	133	160
NaOH	—	109	129	174	—	—
Na_3PO_4	4.5	12.1	20.2	29.9	60.0	77.0
$Na_4P_2O_7$	3.16	6.23	13.50	21.83	30.04	40.26
Na_2S	9.6	15.7	26.6	39.1	55.0	—
$NaSb(OH)_6$	—	—	—	—	—	0.3
Na_2SO_3	14.4	26.3	37.2	32.6	29.4	—

（续）

化学式 \ 溶解度 \ 温度/K	273	293	313	333	353	373
Na_2SO_4	4.9	19.5	48.8	45.3	43.7	42.5
$Na_2SO_4 \cdot 7H_2O$	19.5	44.1	—	—	—	—
$Na_2S_2O_3 \cdot 5H_2O$	50.2	70.1	104	—	—	—
$NaVO_3$	—	19.3	26.3	33.0	40.8	—
Na_2WO_4	71.5	73.0	77.6	—	90.8	—
$NiCO_3$	—	0.0093(298K)	—	—	—	—
$NiCl_2$	53.4	60.8	73.2	81.2	86.6	87.6
$Ni(NO_3)_2$	79.2	94.2	119	158	187	—
$NiSO_4 \cdot 7H_2O$	26.2	37.7	50.4	—	—	—
$Pb(C_2H_3O_2)_2$	19.8	44.3	116	—	—	—
$PbCl_2$	0.67	1.00	1.42	1.94	2.54	3.20
PbI_2	0.044	0.069	0.124	0.193	0.294	0.42
$Pb(NO_2)_2$	37.5	54.3	72.1	91.6	111	133
$PbSO_4$	0.0028	0.0041	0.0056	—	—	—
$SbCl_3$	602	910	1368	—		
Sb_2S_3	—	0.000175 (291K)	—	—	—	—
$SnCl_2$	83.9	259.8(288K)	—	—	—	—
$SnSO_4$	—	33(298K)	—	—	—	18
$Sr(C_2H_3O_2)_2$	37.0	41.1	38.3	36.8	36.1	36.4
SrC_2O_4	0.0033	0.0046	—	—	—	—
$SrCl_2$	43.5	52.9	65.3	81.8	90.5	101
$Sr(NO_2)_2$	52.7	65.0	79	97	130	139
$Sr(NO_3)_2$	39.5	69.5	89.4	93.4	96.9	—
$SrSO_4$	0.0113	0.0132	0.0141	0.0131	0.0116	—
$SrCrO_4$	—	0.090	—	—	0.058	—
$Zn(NO_3)_2$	98	118.3	211	—	—	—
$ZnSO_4$	41.6	53.8	70.5	75.4	71.1	60.5

① 表示在压力 1.01325×10^5 Pa 下。

附录 I　实训中常用的量及其单位名称和符号

量的名称	量的符号	单位名称	单位符号	倍数与分数单位
物质的量	n	摩[尔]	mol	mmol 等
质量	m	千克	kg	g、mg、μg 等
体积	V	立方米	m^3	L (dm^3)、mL 等
摩尔质量	M	千克每摩[尔]	kg/mol	g/mol 等

（续）

量的名称	量的符号	单位名称	单位符号	倍数与分数单位
摩尔体积	V_m	立方米每摩[尔]	m^3/mol	L/mol 等
B 的物质的量浓度	c_B	摩[尔]每立方米	mol/m^3	mol/L 等
B 的质量分数	w_B	—	—	—
B 的体积分数	φ_B	—	—	—
滴定度	$T_{s/x}$，T_s	克每毫升	g/mL	—
密度	ρ	千克每立方米	kg/m^3	g/mL、g/m^3
相对原子质量	A_r	—	—	—
相对分子质量	M_r	—	—	—

附录 J　常用酸碱试剂的密度和浓度

试剂名称	化学式	M_r	密度 $\rho/(g \cdot mL^{-1})$	质量分数 $w(\%)$	物质的量浓度 $c_B/(mol \cdot L^{-1})$
浓硫酸	H_2SO_4	98.08	1.84	96	18
浓盐酸	HCl	36.46	1.19	37	12
浓硝酸	HNO_3	63.01	1.42	70	16
浓磷酸	H_3PO_4	98.00	1.69	85	15
冰醋酸	CH_3COOH	60.05	1.05	99	17
高氯酸	$HClO_4$	100.46	1.67	70	12
浓氢氧化钠	NaOH	40	1.43	40	14
浓氨水	$NH_3 \cdot H_2O$	17.03	0.90	28	15

附录 K　常用缓冲溶液的配制

pH 值	配制方法
0	$1mol \cdot L^{-1}$ HCl
1.0	$0.1mol \cdot L^{-1}$ HCl
2.0	$0.01mol \cdot L^{-1}$ HCl
3.6	$NaAc \cdot 3H_2O$ 16g，溶于适量水中，加 $6mol \cdot L^{-1}$ 醋酸 268mL，稀释至 1L
4.0	$NaAc \cdot 3H_2O$ 40g，溶于适量水中，加 $6mol \cdot L^{-1}$ 醋酸 268mL，稀释至 1L
4.5	$NaAc \cdot 3H_2O$ 64g，溶于适量水中，加 $6mol \cdot L^{-1}$ 醋酸 136mL，稀释至 1L
5.0	$NaAc \cdot 3H_2O$ 100g，溶于适量水中，加 $6mol \cdot L^{-1}$ 醋酸 68mL，稀释至 1L
5.7	$NaAc \cdot 3H_2O$ 200g，溶于适量水中，加 $6mol \cdot L^{-1}$ 醋酸 268mL，稀释至 1L
7.0	NH_4Ac 154g，溶于适量水中，稀释至 1L
7.5	NH_4Cl 120g，溶于适量水中，加 $15mol \cdot L^{-1}$ 氨水 2.8mL，稀释至 1L

（续）

pH 值	配 制 方 法
8.0	NH_4Cl 100g，溶于适量水中，加 15mol · L^{-1}氨水 7mL，稀释至 1L
8.5	NH_4Cl 80g，溶于适量水中，加 15mol · L^{-1}氨水 17.6mL，稀释至 1L
9.0	NH_4Cl 70g，溶于适量水中，加 15mol · L^{-1}氨水 48mL，稀释至 1L
9.5	NH_4Cl 60g，溶于适量水中，加 15mol · L^{-1}氨水 130mL，稀释至 1L
10.0	NH_4Cl 54g，溶于适量水中，加 15mol · L^{-1}氨水 294mL，稀释至 1L
10.5	NH_4Cl 18g，溶于适量水中，加 15mol · L^{-1}氨水 350mL，稀释至 1L
11.0	NH_4Cl 6g，溶于适量水中，加 15mol · L^{-1}氨水 414mL，稀释至 1L
12.0	0.01mol · L^{-1} NaOH
13.0	0.1mol · L^{-1} NaOH

附录 L　常用基准物质的干燥条件和应用

基准物质		干燥后的组成	干燥条件和温度	标定对象
名　称	分子式			
碳酸氢钠	$NaHCO_3$	Na_2CO_3	270 ~ 300℃	酸
十水合碳酸钠	$Na_2CO_3 \cdot 10H_2O$	Na_2CO_3	270 ~ 300℃	酸
硼砂	$Na_2B_4O_7 \cdot 10H_2O$	$Na_2B_4O_7 \cdot 10H_2O$	放在装有 NaCl 和蔗糖饱和溶液的密闭器皿中	酸
碳酸氢钾	$KHCO_3$	K_2CO_3	270 ~ 300℃	酸
二水合草酸	$H_2C_2O_4 \cdot 2H_2O$	$H_2C_2O_4 \cdot 2H_2O$	室温，空气干燥	碱或 $KMnO_4$
邻苯二钾酸氢钾	$KHC_8H_4O_4$	$KHC_8H_4O_4$	110 ~ 120℃	碱
重铬酸钾	$K_2Cr_2O_7$	$K_2Cr_2O_7$	140 ~ 150℃	还原剂
溴酸钾	$KBrO_3$	$KBrO_3$	130℃	还原剂
碘酸钾	KIO_3	KIO_3	130℃	还原剂
铜	Cu	Cu	室温，干燥器中保存	还原剂
三氧化二砷	As_2O_3	As_2O_3	室温，干燥器中保存	氧化剂
草酸钠	$Na_2C_2O_4$	$Na_2C_2O_4$	130℃	氧化剂
碳酸钙	$CaCO_3$	$CaCO_3$	110℃	EDTA
锌	Zn	Zn	室温，干燥器中保存	EDTA
氧化镁	MgO	MgO	850℃	EDTA
氧化锌	ZnO	ZnO	900 ~ 1 000℃	EDTA
氯化钠	NaCl	NaCl	500 ~ 600℃	$AgNO_3$
氯化钾	KCl	KCl	500 ~ 600℃	$AgNO_3$
硝酸银	$AgNO_3$	$AgNO_3$	220 ~ 250℃	氯化物
无水碳酸钠	Na_2CO_3	Na_2CO_3	270 ~ 300℃	酸

附录 M　某些离子和化合物的颜色
（离子均指水溶液中的水合离子）

离子或化合物	颜色	离子或化合物	颜色
Ag^+	无	Ag_2CrO_4	砖红
AgBr	淡黄	$Ag_3[Fe(CN)_6]$	橙
AgCl	白	$Ag_4[Fe(CN)_6]$	白
AgCN	白	AgI	黄
Ag_2CO_3	白	$AgNO_2$	白
$Ag_2C_2O_4$	白	Ag_2O	褐
Ag_3PO_4	黄	$CdCO_3$	白
$Ag_4P_2O_7$	白	CdC_2O_4	白
Ag_2S	黑	$Cd_3(PO_4)_2$	白
AgSCN	白	CdS	黄
Ag_2SO_3	白	Co^{2+}	粉红
Ag_3SO_4	白	$CoCl_2$	蓝
$Ag_2S_2O_3$	白	$CoCl_2 \cdot 2H_2O$	紫红
As_2S_3	黄	$CoCl_2 \cdot 6H_2O$	粉红
As_2S_5	黄	$[Co(CN)_6]^{3-}$	紫
Ba^{2+}	无	$[Co(CN)_6]^{2+}$	黄
$BaCO_3$	白	$[Co(CN)_6]^{3+}$	橙黄
BaC_2O_4	白	CoO	灰绿
$BaCrO_4$	黄	Co_2O_3	黑
$BaHPO_4$	白	$Co(OH)_2$	粉红
$Ba_3(PO_4)_2$	白	$Co(OH)_3$	棕褐
$BaSO_3$	白	Co(OH)Cl	蓝
$BaSO_4$	白	$Co_2(OH)_2CO_3$	红
BaS_2O_3	白	$Co_3(PO_4)_2$	紫
Bi^{3+}	无	CoS	黑
BiOCl	白	$[Co(SCN)_4]^{2-}$	蓝
Bi_2O_3	黄	$CoSiO_3$	紫
$Bi(OH)_3$	白	$CoSO_4 \cdot 7H_2O$	红
BiO(OH)	灰黄	Cr^{2+}	蓝
$Bi(OH)CO_3$	白	Cr^{3+}	蓝紫
$BiONO_3$	白	$CrCl_3 \cdot 6H_2O$	绿
Bi_2S_3	黑	Cr_2O_3	绿
Ca^{2+}	无	CrO_3	橙红
$CaCO_3$	白	CrO^{2-}	绿

（续）

离子或化合物	颜色	离子或化合物	颜色
CaC_2O_4	白	CrO_4^{2-}	黄
CaF_2	白	$Cr_2O_7^{2-}$	橙
CaO	白	$Cr(OH)_3$	灰绿
$Ca(OH)_2$	白	$Cr_2(SO_4)_3$	桃红
$CaHPO_4$	白	$Cr_2(SO_4)_3 \cdot 6H_2O$	绿
$Ca_3(PO_4)_2$	白	$Cr_2(SO_4)_3 \cdot 18H_2O$	蓝紫
$CaSO_3$	白	Cu^{2+}	蓝
$[Ni(NH_3)_6]^{2+}$	紫	SnO	黑或绿
NiO	暗绿	SnO_2	白
Ni_2O_3	黑	$Sn(OH)_2$	白
$Ni(OH)_2$	淡绿	$Sn(OH)_4$	白
$Ni(OH)_3$	黑	Sn(OH)Cl	白
$Ni_2(OH)_2CO_3$	浅绿	SnS	棕
$Ni_3(PO_4)_2$	绿	SnS_2	黄
NiS	黑	SnS_3^{2-}	无
Pb^{2+}	无	$SrCO_3$	白
$PbBr_2$	白	SrC_2O_4	白
$PbCl_2$	白	$SrCrO_4$	黄
$[PbCl_4]^{2-}$	无	$SrSO_4$	白
$PbCO_3$	白	Ti^{3+}	紫
PbC_2O_4	白	TiO^{2+}	无
$PbCrO_4$	黄	$[Ti(H_2O_2)]^{2+}$	橘黄
PbI_2	黄	V^{2+}	蓝紫
PbO	黄	V^{3+}	绿
PbO_2	棕褐	VO^{2+}	蓝
Pb_3O_4	红	VO_2^+	黄
$Pb(OH)_2$	白	VO_3^-	无
$Pb_2(OH)_2CO_3$	白	V_2O_5	红棕
PbS	黑	ZnC_2O_4	白
$PbSO_4$	白	$[Zn(NH_3)_4]^{2+}$	无
$[SbCl_6]^{3-}$	无	ZnO	白
$[SbCl_6]^-$	无	$[Zn(OH)_4]^{2-}$	无
Sb_2O_3	白	$Zn(OH)_2$	白
Sb_2O_5	淡黄	$Zn_2(OH)_2CO_3$	白
SbOCl	白	ZnS	白
$Sb(OH)_3$	白		

附录 N　常用指示剂

1. 酸碱指示剂

名称	pH 变色范围	酸色	碱色	pK_a	浓度
甲基紫(第一次变色)	0.13~0.5	黄	绿	0.8	0.1%水溶液
甲酚红(第一次变色)	0.2~1.8	红	黄	—	0.04%乙醇(50%)溶液
甲基紫(第二次变色)	1.0~1.5	绿	蓝	—	0.1%水溶液
百里酚蓝(第一次变色)	1.2~2.8	红	黄	1.65	0.1%乙醇(20%)溶液
茜素黄 R(第一次变色)	1.9~3.3	红	黄	—	0.1%水溶液
甲基紫(第三次变色)	2.0~3.0	蓝	紫	—	0.1%水溶液
甲基黄	2.9~4.0	红	黄	3.3	0.1%乙醇(90%)溶液
溴酚蓝	3.0~4.6	黄	蓝	3.85	0.1%乙醇(20%)溶液
甲基橙	3.1~4.4	红	黄	3.40	0.1%水溶液
溴甲酚绿	3.8~5.4	黄	蓝	4.68	0.1%乙醇(20%)溶液
甲基红	4.4~6.2	红	黄	4.95	0.1%乙醇(60%)溶液
溴百里酚蓝	6.0~7.6	黄	蓝	7.1	0.1%乙醇(20%)
中性红	6.8~8.0	红	黄	7.4	0.1%乙醇(60%)溶液
酚红	6.8~8.0	黄	红	7.9	0.1%乙醇(20%)溶液
甲酚红(第二次变色)	7.2~8.8	黄	红	8.2	0.04%乙醇(50%)溶液
百里酚蓝(第二次变色)	8.0~9.6	黄	蓝	8.9	0.1%乙醇(20%)溶液
酚酞	8.2~10.0	无色	紫红	9.4	0.1%乙醇(60%)溶液
百里酚酞	9.4~10.6	无色	蓝	10.0	0.1%乙醇(90%)溶液
茜素黄 R(第二次变色)	10.1~12.1	黄	紫	11.16	0.1%水溶液
靛胭脂红	11.6~14.0	蓝	黄	12.2	25%乙醇(50%)溶液

2. 氧化还原指示剂

名　称	氧化型颜色	还原型颜色	φ_{ind}/V	浓度
二苯胺	紫	无色	+0.76	1%浓硫酸溶液
二苯胺磺酸钠	紫红	无色	+0.84	0.2%水溶液
亚甲基蓝	蓝	无色	+0.532	0.1%水溶液
中性红	红	无色	+0.24	0.1%乙醇溶液
喹啉黄	无色	黄	—	0.1%水溶液
淀　粉	蓝	无色	+0.53	0.1%水溶液
孔雀绿	棕	蓝	—	0.05%水溶液
劳氏紫	紫	无色	+0.06	0.1%水溶液
邻二氮菲-亚铁	浅蓝	红	+1.06	(1.485g 邻二氮菲+0.695g 硫酸亚铁)溶于 100mL 水
酸性绿	橘红	黄绿	+0.96	0.1%水溶液
专利蓝Ⅴ	红	黄	+0.95	0.1%水溶液

3. 络合指示剂

名称	In 本色	Min 颜色	浓度	适用 pH 范围	被滴定离子	干扰离子
铬黑 T	蓝	葡萄红	与固体 NaCl 混合物(1:100)	6.0~11.0	Ca^{2+}, Cd^{2+}, Hg^{2+}, Mg^{2+}, Mn^{2+}, Pb^{2+}, Zn^{2+}	Al^{3+}, Co^{2+}, Cu^{2+}, Fe^{3+}, Ga^{3+}, In^{3+}, Ni^{2+}, Ti(Ⅳ)
二甲酚橙	柠檬黄	红	0.5%乙醇溶液	5.0~6.0	Cd^{2+}, Hg^{2+}, La^{3+}, Pb^{2+}, Zn^{2+}	—
				2.5	Bi^{3+}, Th^{4+}	
茜素	红	黄	—	2.8	Th^{4+}	—
钙试剂	亮蓝	深红	与固体 NaCl 混合物(1:100)	>12.0	Ca^{2+}	—
酸性铬紫 B	橙	红	—	4.0	Fe^{3+}	—
甲基百里酚蓝	灰	蓝	1%与固体 KNO_3 混合物	10.5	Ba^{2+}, Ca^{2+}, Mg^{2+}, Mn^{2+}, Sr^{2+}	Bi^{3+}, Cd^{2+}, Co^{2+}, Hg^{2+}, Pb^{2+}, Sc^{3+}, Th^{4+}, Zn^{2+}
溴酚红	红	橙黄	—	2.0~3.0	Bi^{3+}	—
	蓝紫	红		7.0~8.0	Cd^{2+}, Co^{2+}, Mg^{2+}, Mn^{2+}, Ni^{3+}	—
	蓝	红		4.0	Pb^{2+}	—
	浅蓝	红		4.0~6.0	Re^{3+}	—
铝试剂	酒红	黄	—	8.5~10.0	Ca^{2+}, Mg^{2+}	—
	红	蓝紫		4.4	Al^{3+}	—
	紫	淡黄		1.0~2.0	Fe^{3+}	—
偶氮胂 III	蓝	红	—	10.0	Ca^{2+}, Mg^{2+}	—

附录 O　物质颜色和吸收光颜色的对应关系

物质颜色	吸收光颜色	波长范围/nm	物质颜色	吸收光颜色	波长范围/nm
黄绿色	紫色	400~450	紫色	黄绿色	560~580
黄色	蓝色	450~480	蓝色	黄色	580~600
橙色	绿蓝色	480~490	绿蓝色	橙色	600~650
红色	蓝绿色	490~500	蓝绿色	红色	650~750
紫红色	绿色	500~560			

附录 P　常见基团和化学键的红外吸收特征频率

化合物	基团	频率/cm^{-1}	波长/μm	强度	振动基团
烷烃	$—CH_3$	2 697±10	3.37	强	C—H 伸缩
		2 972±10	3.48	强	C—H 伸缩
		1 450±20	6.89	中	C—H 弯曲
		1 375±10	7.25	强	C—H 弯曲

（续）

化合物	基团	频率/cm^{-1}	波长/μm	强度	振动基团
烷烃	$—CH_2—$	2.926 ±5	3.42	强	C—伸缩
		2.853 ±5	3.51	强	C—伸缩
		1 565 ±20	6.83	中	C—弯曲
	$—C(CH_3)_3$	1 395 ~ 1 385	7.16 ~ 7.22	中	C—H 弯曲
		1 365 ±5	7.33	强	C—H 弯曲
		1 250 ±5	8.00	强	C—H 伸缩
		1 250 ~ 1 200	8.00 ~ 8.33	强	C—H 伸缩
	$—C(CH_3)_2—$	1 385 ±5	7.22	强	C—H 弯曲
		1 370 ±5	7.30	强	C—H 弯曲
		1 170 ±5	8.55	强	C—H 伸缩
		1 170 ~ 1140	8.55 ~ 8.77	强	C—H 伸缩
	$—(CH_2)_n—$	750 ~ 720	13.33 ~ 13.88	—	C—C 伸缩($n=4$)
不饱和烃	C=C	1 680 ~ 1 620	5.95 ~ 6.17	变化	C=C 伸缩
	C=C(共轭)	~1 600	6.25	强	C=C 伸缩
	—CH=CH—	3 040 ~ 3 010	3.29 ~ 3.32	中	C—H 伸缩
		970 ~ 960	10.30 ~ 10.42	强	C—H 伸缩
	R—C≡CH	2 140 ~ 2 100	4.67 ~ 4.76	中	C≡C 伸缩
	R—C≡C—R	2 260 ~ 2 190	4.47 ~ 4.57	中	C≡C 伸缩
	—C≡C—(共轭)	2 260 ~ 2 235	4.42 ~ 4.47	强	C≡C 伸缩
	≡C—H	3 320 ~ 3 310	3.01 ~ 3.02	中	C—H 伸缩
		680 ~ 610	14.71 ~ 16.39	中	C—H 伸缩
芳烃		3 070 ~ 3 030	3.25 ~ 3.30	强	C—H 伸缩
		1 600 ~ 1 450	6.25 ~ 6.89	中	C—H 伸缩
		900 ~ 695	11.11 ~ 14.39	强	C—H 弯曲
醇和酚	OH(二聚)(分子间氢键)	3 550 ~ 3 540	2.89 ~ 2.90	变化	O—H 伸缩
	(多聚)	3 400 ~ 3 200	2.94 ~ 3.13	强	O—H 伸缩
	伯醇	3 643 ~ 3 630	2.74 ~ 2.75	强	O—H 伸缩
		1 075 ~ 1 000	9.30 ~ 10.00	强	C—O 伸缩
		1 350 ~ 1 260	7.41 ~ 7.93	强	O—H 伸缩
	仲醇	3 635 ~ 3 620	2.75 ~ 2.76	强	O—H 伸缩
		1 120 ~ 1 030	9.83 ~ 9.71	强	C—O 伸缩
		1 350 ~ 1 250	7.41 ~ 7.93	强	O—H 弯曲
	叔醇	3 620 ~ 3 600	2.76 ~ 2.78	强	O—H 伸缩
		1 170 ~ 1 100	8.55 ~ 9.09	强	C—O 伸缩
		1 410 ~ 1 310	7.09 ~ 7.63	中	O—H 弯曲
	酚	3 612 ~ 3 593	2.77 ~ 2.78	强	O—H 伸缩
		1 230 ~ 1 140	8.13 ~ 8.77	强	C—O 伸缩
		1 410 ~ 1 310	7.09 ~ 7.63	中	O—H 弯曲

（续）

化合物	基团	频率/cm^{-1}	波长/μm	强度	振动基团
胺	伯胺	3 398 ~ 3 381	2.92 ~ 2.96	弱	N—H 伸缩
		3 344 ~ 3 324	2.99 ~ 3.01	弱	N—H 伸缩
		1 079 ± 11	9.27	中	C—H 伸缩
		3 400 ~ 3 100	2.94 ~ 3.23	强	N—H 伸缩（氢键）
		1 650 ~ 1 590	6.06 ~ 6.29	强	N—H 弯曲
		900 ~ 650	11.11 ~ 15.38	弱	N—H 弯曲
	仲胺	3 360 ~ 3 310	2.76 ~ 3.02	弱	N—H 伸缩
		1 139 ± 7	8.78	中	C—N 伸缩
		1 600 ~ 1 550	6.06 ~ 6.45	弱	N—H 弯曲
羰基化合物	酮	1 725 ~ 1 705	6.00 ~ 5.87	弱	C═O 伸缩
	芳酮	1 690 ~ 1 680	5.92 ~ 5.95	强	C═O 伸缩
	醛	1 745 ~ 1 730	5.73 ~ 5.78	强	C═O 伸缩
		2 900 ~ 2 700	3.45 ~ 3.70	弱	C—H 伸缩
		1 440 ~ 1 325	6.94 ~ 7.55	强	C—H 弯曲
	酯	1 750 ~ 1 730	5.71 ~ 5.78	强	C═O 伸缩
		1 300 ~ 1 000	7.69 ~ 10.00	强	C—O—C 伸缩
	酸	1 725 ~ 1 700	5.80 ~ 5.88	强	C═O 伸缩
		1700 ~ 1 680	5.88 ~ 5.95	强	C═O 伸缩（芳酸）
		2 700 ~ 2 500	3.70 ~ 4.00	弱	O—H 伸缩（二聚体）
		3 560 ~ 3 500	2.58 ~ 2.86	中	O—H 伸缩（单体）
		1 440 ~ 1 395	6.94 ~ 7.19	弱	C—O 伸缩
		1 320 ~ 1 211	7.58 ~ 8.26	强	C—H 弯曲
羧基化合物	COO^-	1 610 ~ 1 560	6.21 ~ 6.45	强	C═O 伸缩
		1 420 ~ 1 300	7.04 ~ 7.69	中	C═O 伸缩
	酰卤	1 810 ~ 1 970	5.53 ~ 5.59	强	C═O 伸缩
	伯酰胺	1 690 ~ 1 650	5.92 ~ 6.06	强	C═O 伸缩
		~ 3 520	2.84	中	N—H 伸缩
		~ 3 410	2.93	中	N—H 伸缩
		1 420 ~ 1 405	7.04 ~ 7.12	中	C—N 伸缩
	仲酰胺	1 680 ~ 1 630	5.95 ~ 6.13	强	C═O 伸缩
		~ 3 440	2.91	强	N—H 伸缩
		1 570 ~ 1 530	6.37 ~ 6.54	强	N—H 伸缩
		1 300 ~ 1 260	7.69 ~ 7.94	中	C—N 伸缩
	叔酰胺	1 670 ~ 1 630	5.99 ~ 6.13	强	C═O 伸缩
硝基化合物	$C—NO_2$（脂肪族）	1 554 ± 6	6.44	极强	N—O 伸缩
		1 383 ± 6	7.24	极强	N—O 伸缩
	$C—NO_2$（芳香族）	1 555 ~ 1 487	6.43 ~ 6.72	强	N—O 伸缩
		1 357 ~ 1 348	7.37 ~ 7.59	强	N—O 伸缩
		875 ~ 830	11.42 ~ 12.01	中	C—N 伸缩
	O—N═O	1 640 ~ 1 620	6.10 ~ 6.17	强	—N═O 伸缩
		1 285 ~ 1 270	7.78 ~ 7.87	强	—N═O 伸缩

（续）

化合物	基团	频率/cm^{-1}	波长/μm	强度	振动基团
有机卤化物	C—F	1 100 ~ 1 000	9.09 ~ 10.00	强	C—F 伸缩
	C—Cl	830 ~ 500	12.04 ~ 20.00	强	C—Cl 伸缩
	C—Br	600 ~ 500	16.67 ~ 20.00	强	C—Br 伸缩
	C—I	600 ~ 465	16.67 ~ 21.50	强	C—I 伸缩
其他有机化合物	—C—S—H	2 950 ~ 2 500	3.38 ~ 3.90	弱	S—H 伸缩
		700 ~ 590	14.28 ~ 16.95	弱	C—S 伸缩
	C ═S	1 270 ~ 1 254	7.87 ~ 8.03	强	C ═S 伸缩
	C—P—H	2 475 ~ 2 270	4.04 ~ 4.40	中	P—H 伸缩
		1 250 ~ 950	8.00 ~ 10.53	弱	P—H 弯曲
	C—Si—H	2 280 ~ 2 050	4.39 ~ 4.88	极强	Si—H 伸缩
		890 ~ 860	11.24 ~ 11.63	极强	Si—H 弯曲
无机化合物	CO_3^{2-}	1 490 ~ 1 410	6.71 ~ 7.09	极强	C—O 伸缩
		880 ~ 860	11.36 ~ 12.50	中	C—O 弯曲
	SO_4^{2-}	1 130 ~ 1 080	8.85 ~ 9.62	极强	S—O 伸缩
		680 ~ 610	14.71 ~ 16.40	中	S—O 弯曲
	NO_2^-	1 250 ~ 1 230	8.00 ~ 8.13	强	N—O 伸缩
		1 360 ~ 1 340	7.35 ~ 7.46	强	N—O 伸缩
		840 ~ 800	11.90 ~ 12.50	弱	N—O 弯曲
	NO_3^-	1 380 ~ 1 350	7.25 ~ 7.41	级强	N—O 伸缩
		840 ~ 815	11.90 ~ 12.26	中	N—O 弯曲
	NH_4^+	3 300 ~ 3 030	3.03 ~ 3.33	极强	N—H 伸缩
		1 485 ~ 1 390	6.73 ~ 7.19	中	N—H 弯曲
	PO_4^{3-} HPO_4^{2-} $H_2PO_4^-$	1 100 ~ 1 000	9.09 ~ 10.00	强	P—O 伸缩
	ClO_3^-	980 ~ 930	10.20 ~ 10.75	极强	Cl—O 伸缩
	ClO_4^-	1 140 ~ 1 060	8.77 ~ 9.43	极强	Cl—O 伸缩
	Cr_2O_7	950 ~ 900	10.35 ~ 11.11	强	Cr—O 伸缩
	CN^-，CNO^-，CNS^-	2 200 ~ 2 000	4.55 ~ 5.00	强	C—N 伸缩

附录 Q　实验报告格式

实验报告格式示例一：

实验名称：摩尔气体常数的测定

________系________专　业________年级________班

学号________姓名________同组姓名________实验日期________

一、实验目的

1. 巩固分析天平的使用。

2. 练习测量气体体积的操作(量气管液面位置的观察、仪器装置的检漏)。

3. 进一步理解气体分压的概念。

二、实验原理

一定量的金属镁(Mg)和过量的稀酸作用，产生一定量的氢气(H_2)，在一定的温度(T)和压力(p)下，测定被置换的氢气体积$V(H_2)$。根据分压定律，算出氢气的分压：$p(H_2)=p-p(H_2O)$。假定在实验条件下，氢气服从理想气体行为，可根据气态方程计算出摩尔气体常数R：

$$R=\frac{p(H_2)V(H_2)\times 2.016}{m(H_2)T}$$

其中

$$m(H_2)=\frac{2.016\times m(Mg)}{M(Mg)}$$

式中，$M(Mg)$为Mg的相对原子质量。所以

$$R=\frac{p(H_2)V(H_2)M(Mg)}{m(Mg)T}$$

三、实验步骤

1. 称量

用分析天平准确称取三份镁条，每份质量约(0.030±0.005)g。

2. 安装

如附图-1所示，装配仪器，赶出气泡。

3. 检漏

把漏斗下移一段距离，并且固定。如果量气管中液面稍稍下降后(约3~5min)即恒定，说明装置不漏气。如装置漏气，检查原因，并且改进装置，重复试验，直至不漏气为止。

4. 测定

用漏斗加5.0mL稀H_2SO_4到试管内(且勿使酸沾在试管壁上)，用少量水润湿镁条，沾于试管上部内壁上。调整漏斗高度，使量气管液面保持在略低于刻度“0”的位置，塞紧磨口塞，检查是否漏气。使量气管和漏斗内液面保持同一水平，读量气管液面的位置，记录。抬高试管底部，使镁条与酸接触。同时降低漏斗位置，使两液面大体水平。待试管冷却至室温，保持两液面同一水平，记下液面位置，稍等1~2min再记录液面位置。

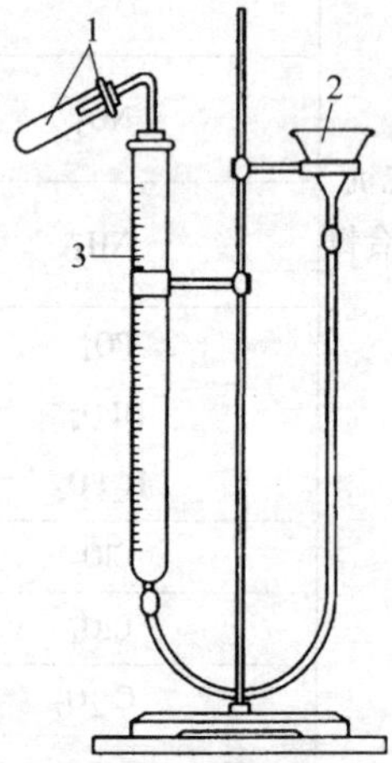

附图-1　摩尔气体常数测定装置

1—反应管　2—漏斗

3—量气管

5. 平行实验

用另两份已称量的镁条重复测定实验。

四、数据记录和处理

将相关数据填入附表-1。

附表-1

实验序号	1	2	3
镁条质量 $m(Mg)/g$			
反应后量气管液面位置/mL			
反应前量气管液面位置/mL			
氢气体积 $V(H_2)/mL$			
室温 T/K			
大气压 p/Pa			
T 时水的饱和蒸气压 $p(H_2O)/Pa$			
氢气分压 $p(H_2)/Pa$			
摩尔气体常数 R			
$\overline{R}$			
相对误差 $\left(\frac{\overline{R}-R_{理}}{R_{理}}\times 100\%\right)$			

五、问题与讨论（结合实际谈学习本实验的收获、体会和意见）

实验报告格式示例二：

实验名称：硝酸钾的制备

__________系__________专　业__________年级__________班

学号__________姓名__________同组姓名__________实验日期__________

一、实验目的

1. 利用钾盐、硝酸盐在不同温度时溶解度不同的性质来制备硝酸钾。
2. 学习称量、溶解、加热、冷却、过滤等无机制备的基本操作。

二、实验原理

当 KCl 和 $NaNO_3$ 溶液混合时，混合溶液中同时存在 K^+、Na^+、Cl^-、NO_3^- 4 种离子，由它们组成的 4 种盐，在不同的温度下有不同的溶解度，利用 NaCl、KNO_3 的溶解度随温度变化规律的不同，高温除去 NaCl 固体，滤液冷却得到 KNO_3。

三、实验步骤（流程图）

制备硝酸钾的流程如附图-2 所示。

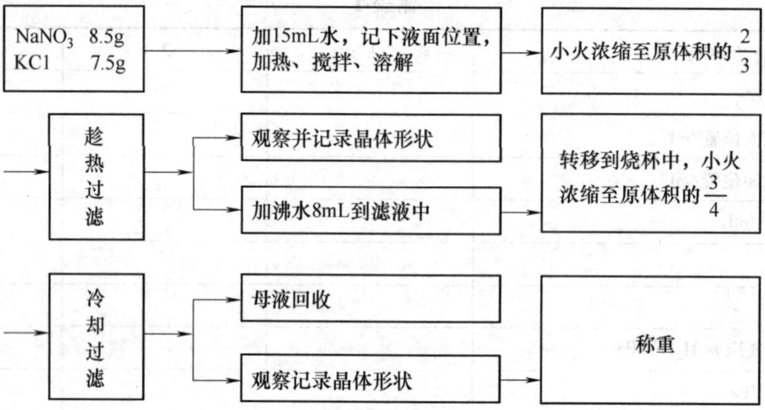

附图-2　制备硝酸钾的流程图

四、数据记录和处理

实验室温度：________℃。

理论产量：

$$KCl + NaNO_3 = KNO_3 + NaCl$$

$$m(KNO_3) = \frac{8.5g \times 101g \cdot mol^{-1}}{85g \cdot mol^{-1}} = 10.1g$$

产品外观：

实际产量：

产率：$\frac{\text{实际产量}}{\text{理论产量}} \times 100\%$。

五、问题与讨论(结合实际谈学习本实验的收获、体会和意见)

参 考 文 献

[1] 南京大学《无机及分析化学实验》编写组. 无机及分析化学实验［M］. 北京：高等教育出版社，2006.

[2] 吴茂英，肖楚民. 微型无机化学实验［M］. 北京：化学工业出版社，2006.

[3] 浙江大学普通化学教研组. 普通化学实验［M］. 北京：高等教育出版社，2008.

[4] 华东化工学院无机化学教研组. 无机化学实验［M］. 3版. 北京：高等教育出版社，2004.

[5] 陈小明，蔡继文. 单晶结构分析原理与实践［M］. 2版. 北京：科学出版社，2007.

[6] 章文伟. 综合化学实验［M］. 北京：高等教育出版社，2009.

[7] 朱湛，张强. 新大学化学实验［M］. 北京：北京理工大学出版社，2007.

[8] 诸葛健，王正祥. 工业微生物实验技术手册［M］. 北京：中国轻工业出版社，1994.

[9] 张英. 生物与化学基本技能实训指导［M］. 广州：广东科技出版社，2004.

[10] 刘珍. 化验员读本：下册 仪器分析［M］. 3版. 北京：化学工业出版社，1998.

[11] 武汉大学. 分析化学实验［M］. 4版. 北京：高等教育出版社，2001.